UTB FÜR WISSEN SCHAFT

UTB 782

Eine Arbeitsgemeinschaft der Verlage

Wilhelm Fink Verlag München
A. Francke Verlag Tübingen und Basel
Paul Haupt Verlag Bern · Stuttgart · Wien
Hüthig Fachverlage Heidelberg
Verlag Leske + Budrich GmbH Opladen
Lucius & Lucius Verlagsgesellschaft Stuttgart
Mohr Siebeck Tübingen
Quelle & Meyer Verlag Wiebelsheim
Ernst Reinhardt Verlag München und Basel
Ferdinand Schöningh Verlag Paderborn · München · Wien · Zürich
Eugen Ulmer Verlag Stuttgart
Vandenhoeck & Ruprecht Göttingen und Zürich
WUV Wien

Von Ludwig Schätzl:
Wirtschaftsgeographie
in 3 Bänden

Wirtschaftsgeographie 1
Theorie UTB 782

Wirtschaftsgeographie 2
Empirie UTB 1052

Wirtschaftsgeographie 3
Politik UTB 1383

Ludwig Schätzl (Hrsg.)
Wirtschaftsgeographie der Europäischen Gemeinschaft

UTB 1767

Ludwig Schätzl

Wirtschaftsgeographie 1

Theorie

Mit 44 Abbildungen

8., überarbeitete Auflage 2001

Ferdinand Schöningh
Paderborn · München · Wien · Zürich

Dr. oec. publ. *Ludwig Schätzl*, geboren 1938 in Ruhpolding/Obb., Studium der Wirtschaftswissenschaften und der Geographie an der Universität München: Promotion 1967 (München), Habilitation in Geographie 1973 (Gießen). Forschungs- und Lehrtätigkeit an den Universitäten München, Ibadan (Nigeria), Gießen, Berlin, Hannover. Seit 1978 Professor der Geographie am Geographischen Institut der Universität Hannover.

Die Deutsche Bibliothek – CIP-Einheitsaufnahme

Schätzl, Ludwig:
Wirtschaftsgeographie: in 3 Bänden/Ludwig Schätzl. –
Paderborn; München; Wien; Zürich: Schöningh

1. Theorie. – 8., überarb. Aufl. – 2001
(UTB für Wissenschaft: Uni-Taschenbücher; 782)
ISBN 3-8252-0782-X (UTB)
ISBN 3-506-99427-1 (Schöningh)

8., überarb. Aufl. 2001

Gedruckt auf umweltfreundlichem, chlorfrei gebleichtem Papier
(mit 50 % Altpapieranteil)

(Verlag Ferdinand Schöningh GmbH, Jühenplatz 1, D-33098 Paderborn)
Internet: www.schoeningh.de
ISBN 3-506-99427-1

Printed in Germany.
Herstellung: Ferdinand Schöningh, Paderborn
Einbandgestaltung: Atelier Reichert, Stuttgart

UTB-Bestellnummer: ISBN 3-8252-0782-X

Inhaltsverzeichnis

Wirtschaftsgeographie 1

Theorie

Inhaltsverzeichnis der nachfolgenden Bände

Wirtschaftsgeographie 2

Empirie

3. Empirische Raumwirtschaftsforschung

Theoretische und methodische Grundlagen der empirischen Raumwirtschaftsforschung; Indikatorenauswahl, Methoden der Datengewinnung, Methoden der Datenanalyse (u.a. Methoden der Struktur-, Wachstums- und Wirkungsanalyse)
Empirische Analyse ökonomischer Raumsysteme auf unterschiedlichen Maßstabsebenen; mondiale Maßstabsebene (Disparitäten in der sozioökonomischen Entwicklung, Analyse einzelner Determinanten des räumlichen Differenzierungsprozesses); kontinentale, nationale und lokale Maßstabsebenen (Wachstumsregion Südostasien, Intergrationsraum Westeuropa, Transformationsregion Mittel- und Osteuropa)

Wirtschaftsgeographie 3

Politik

4. Raumwirtschaftspolitik

Theoretische und methodische Grundlagen der Raumwirtschaftspolitik; Ziele, Strategien, Instrumente, Erfolgskontrolle
Raumwirtschaftspolitik im mondialen Maßstab; Weltwirtschaftsordnung und sozioökonomische Disparitäten zwischen Industrie- und Entwicklungsländern, Strategien zum Abbau der Disparitäten, Instrumente zur Steuerung der Güter- und Faktorströme, Strukturanpassung
Raumwirtschaftspolitik im kontinentalen Maßstab; Formen und Beispiele supranationaler Kooperation, Europäische Gemeinschaft/Europäische Union (Grundzüge des Integrationsprozesses, Regionalpolitik, Entwicklungspolitik), ASEAN

Raumwirtschaftspolitik im nationalen Maßstab; Darstellung der Grundzüge der räumlichen Entwicklung und der Raumwirtschaftspolitik am Beispiel von drei Ländern unterschiedlichen Entwicklungsstandes, dem Entwicklungsland Malaysia, dem Schwellenland Südkorea und dem Industrieland Großbritannien.

Vorwort

Vorliegende Arbeit ist eine Einführung in die Wirtschaftsgeographie und verfolgt einen raumwirtschaftlichen Ansatz. Sie setzt sich das Ziel, einen möglichen Weg aufzuzeigen, um die Wettbewerbsfähigkeit der geographischen Wissenschaft gegenüber Nachbardisziplinen auch in Zukunft zu erhalten. Nach Überzeugung des Verfassers ist die Geographie aufgerufen, neben der empirischen Regionalanalyse sich in stärkerem Maße als bisher an der Theoriebildung und an der regionalpolitischen Diskussion zu beteiligen. Entsprechend dieser Zielsetzung befassen sich der Band Wirtschaftsgeographie 1 mit der Raumwirtschaftstheorie und die Bände Wirtschaftsgeographie 2 und 3 mit der empirischen Raumwirtschaftsforschung und der Raumwirtschaftspolitik. Im vorliegenden ersten Band wird sowohl bei der Auswahl der behandelten Theorien als auch hinsichtlich deren Präsentation dem einführenden Charakter der Arbeit Rechnung getragen.

Die achte Auflage des Bandes Wirtschaftsgeographie 1, Theorie, behält im wesentlichen die Systematik der vorhergehenden Auflagen bei. Behandelt werden Standorttheorien, räumliche Mobilitätstheorien sowie regionale Wachstums- und Entwicklungstheorien. Neben diesen Fundamenten der raumwirtschaftlichen Theoriebildung wird das Taschenbuch um ein Kapitel „New Economic Geography" erweitert. Es stellt jüngere Konzepte zur Diskussion, die durch Berücksichtigung veränderter Rahmenbedingungen in einer Wissensgesellschaft zur Weiterentwicklung der Raumwirtschaftstheorie beitragen. Für Vorschläge zur Ergänzung der achten Auflage des Theoriebandes bedanke ich mich bei Professor *Rolf Sternberg*, Universität zu Köln, *Dr. Knut Koschatzky*, Fraunhofer-Institut für Systemtechnik und Innovationsforschung, Karlsruhe, sowie Professor *Hans-Joachim Heinemann* und *Dr. Ingo Liefner*, Universität Hannover. Dank gebührt auch Herrn *Peter A. Elspaß* und Frau *Ingrid Mehrmann* für redaktionelle Arbeiten.

Ludwig Schätzl

1. ZUM BEGRIFF UND INHALT DER WIRTSCHAFTSGEOGRAPHIE

Inhalt und Aufgabenstellung der Wirtschaftsgeographie haben sich in der Vergangenheit grundlegend gewandelt. Nach einer kurzen Darstellung der Entwicklungstendenzen der klassischen Wirtschaftsgeographie und der disziplinären Verknüpfung von Geographie und Wirtschaftswissenschaft wird ein an den Erkenntnissen der Regionalwissenschaft orientierter Ansatz der Wirtschaftsgeographie zur Diskussion gestellt.

1.1 Entwicklungstendenzen der wirtschaftsgeographischen Forschung

Die grundsätzliche Aufgabe der Geographie vom Altertum bis ins 19. Jahrhundert bestand in der länderkundlichen Beschreibung der Welt. Darstellungsgegenstand waren „Land und Leute" des eigenen Staatsterritoriums und fremder Länder sowie die Darstellung der Handelswege. Geographen – von *Herodot* bis *Humboldt* – bereisten, erforschten und beschrieben unbekannte Länder und versuchten, das geographische Wissen über die Erde zu aggregieren und zu kartieren. Die Geographie war praxisorientiert und auf die Bedürfnisse von Staat und Wirtschaft ausgerichtet. Wirtschaftsgeographische Aspekte waren noch eingebettet in die Beschreibung allgemeiner geographischer Sachverhalte.

Im Zuge der Expansion des Abendlandes ab dem Ende des 15. Jahrhunderts, der graduellen Aufhebung der nationalen Isolation der europäischen Staaten, der Ausdehnung des Welthandels und des sich abzeichnenden Transformationsprozesses von einer agro-kommerziellen Welt zur städtisch-industriellen Welt kam es innerhalb der Geographie zu einer Spezialisierung auf wirtschaftsgeographische Fragestellungen, die in der zweiten Hälfte des 19. Jahrhunderts zur Herausbildung einer Produktenkunde, einer Welthandelsgeographie und einer mehr statistisch ausgerichteten Wirtschaftskunde führte. Die Hauptinhalte waren die Vermittlung von Fakten über die Verbreitung einzelner landwirtschaftlicher und bergbaulicher Rohstoffe sowie über Austauschbeziehungen von Welthandelsgütern. Diese Wirtschaftsgeographie, als deren wichtigster Repräsentant *K. Andree* (1861–1874) anzusehen ist, war praxisnah, aber noch relativ unsystematisch.

Das in Verbindung mit der politischen und wirtschaftlichen Expansion des Abendlandes entstandene Interesse der Öffentlichkeit an geographischen Fragestellungen und das Bedürfnis des Staates an Ergebnissen der geographischen Wissenschaft führten ab 1871 zur Errichtung von Lehrstühlen für Geographie an Universitäten und Handelshochschulen im Deutschen Reich. Nicht zuletzt zu erklären aus der unterschiedlichen naturwissenschaftlichen bzw. geisteswissenschaftlichen Ausbildung der ersten geographischen Hochschullehrer, zeichneten sich bereits Ende des 19. Jahrhunderts zwei Hauptrichtungen geographischer Forschung ab: die Physiogeographie, deren Hauptvertreter *F. von Richthofen* (1883) war, und die von *F. Ratzel* (1882) begründete Anthropogeographie. Die Einheit der Wissenschaft sollte einmal durch den Landbegriff (Länderkunde), zum anderen über den Landschaftsbegriff (Landschaftskunde) erhalten bleiben. Beeinflußt durch grundlegende methodische Fortschritte in der Naturwissenschaft, wurde zunächst die physiogeographisch-geomorphologische Forschungsrichtung dominierend.

Diese Akzentuierung naturwissenschaftlicher Betrachtungsweisen, Inhalte und Methoden hat auch die Entwicklung der Anthropogeographie und mit ihr der Wirtschaftsgeographie geprägt und war aufgrund ihrer mehr oder weniger naturdeterministischen Ausrichtung wenig fruchtbar. Daneben machte sich die am „Bild der Landschaft“ (z. B. *O. Schlüter* 1906) orientierte Einschränkung des Forschungsgegenstandes störend bemerkbar, und zwar bis in die jüngste Gegenwart. Was die Wirtschaftsgeographie anbetrifft, so setzte sich die von *W. Götz* (1882, S. 354–388) vertretene „wirtschaftliche Geographie“ durch, in der die Verbreitung wirtschaftlicher Erscheinungen und wirtschaftlicher Produkte in Abhängigkeit von physisch-geographischen Faktoren, d. h. von den natürlichen

Grundlagen der Erde gesehen wurde. Als eine ihrer Hauptaufgaben wurde die Erarbeitung und Bereitstellung der geographischen Grundlagen für die Wirtschaft bezeichnet. Naturdetermination und Aufgabenstellung bewirkten für die Entwicklung einer wissenschaftlichen Wirtschaftsgeographie einen „Leerlauf von zwei Generationen" (*E. Otremba* 1966, S. 9).

Neue Impulse für die wirtschaftsgeographische Forschung brachte die Zeit zwischen dem Ersten und Zweiten Weltkrieg. Grundlegende Arbeiten der wichtigsten Repräsentanten dieser Entwicklungsphase, etwa von *A. Rühl*, *R. Lütgens*, *L. Waibel*, *W. Credner*, *P. H. Schmidt* und *Th. Kraus*, hat *E. Wirth* (1969) in den Sammelband „Wirtschaftsgeographie" aufgenommen.

Drei Entwicklungstendenzen, die für die weitere Entwicklung des Fachs von Bedeutung sind, zeichneten sich bereits damals ab (vgl. hierzu auch *D. Bartels* 1968).

1. Die Entwicklung vom Naturdeterminismus, d. h. von der einseitigen Bestimmung menschlichen Handelns durch die Gegebenheiten der Natur, über das Wechselwirkungsprinzip z. B. bei *R. Lütgens* (1921, S. 131–154), nach dem die Wirtschaftsgeographie die Wechselbeziehungen zwischen dem Erdraum und seiner Erfüllung und dem wirtschaftenden Menschen behandelt, bis zur Auffassung von *Th. Kraus* (1957, S. 110–119), der die Auswirkungen von Naturgunst bzw. -ungunst reduziert auf den betriebswirtschaftlichen Faktor Kosten und den Weg freimacht zur Erklärung der räumlichen Ordnung der Wirtschaft als Ergebnis von Entscheidungen des wirtschaftenden Menschen.
2. Die inhaltliche Veränderung des Landschaftsbegriffs, von der Morphologie der Kulturlandschaft im Sinne *O. Schlüters* (1906), der Wirtschaftslandschaft als die vom wirtschaftenden Menschen umgestaltete Naturlandschaft, der Wirtschaftsformation *L. Waibels* (1927), die auch nicht physiognomisch faßbare Elemente beinhaltet, bis zum Verständnis des Wirtschaftsraumes als sozioökologisches System (*Th. Kraus* 1933).
3. Die Hinwendung, wenngleich zunächst noch zögernd, der Wirtschaftsgeographie zu modell-theoretischen Fragestellungen. Erste Berührungen mit der Sozialökonomie führten dazu, daß Wirtschaftsgeographen wirtschafts- und sozialwissenschaftliche Me-

thoden und Modelle bei der Raumanalyse einsetzten – beispielsweise haben *E. Obst* (1926) und *L. Waibel* (1933) die Standorttheorie *von Thünens* empirisch überprüft. *W. Christaller* (1933) leistete einen eigenständigen Beitrag zur Erstellung einer Theorie der räumlichen Ordnung der Wirtschaft.

Trotz dieser für die weitere Entwicklung der Wirtschaftsgeographie wichtigen Fortschritte konzentriert sich das geographische Interesse in der Zeit zwischen dem Ersten und dem Zweiten Weltkrieg noch weitgehend auf länderkundliche Darstellungen sowie auf jene Auswirkungen menschlichen Handelns, die sich physiognomisch in der Landschaft dokumentieren. In den Lehr- und Handbüchern, die in dieser Entwicklungsphase ihren geistigen Ursprung haben, findet dies einen sichtbaren Ausdruck. Der Schwerpunkt der Lehrbücher von *R. Lütgens*, *E. Otremba* et al. (1950–1960), *A. Hettner* (1957) und *E. Obst* (1959) liegt in der Behandlung von Produktionsräumen, Wirtschaftszweigen bzw. einzelnen Produkten (vgl. auch *E. Weigt* 1960).

Ähnlich wie im 19. und beginnenden 20. Jahrhundert die Naturwissenschaften haben nach dem Zweiten Weltkrieg die Wirtschafts- und Sozialwissenschaften die Entwicklung der geographischen Forschung geprägt. Die physische Geographie wendet sich, soweit das heute schon beurteilt werden kann, immer stärker der Aufgabe zu, Beiträge zur Beseitigung der durch menschliches Handeln entstandenen Funktionsstörungen und Engpässe im Ökosystem zu leisten sowie Richtlinien über die künftige Belastbarkeit des Naturhaushaltes zu erstellen. Die Geographie des Menschen versucht – neben der Fortführung der klassischen Lehrmeinungen – in fruchtbarer Auseinandersetzung mit neuen theoretischen, empirischen und methodischen Erkenntnissen der Soziologie und der Wirtschaftswissenschaften neue wissenschaftliche Ansätze zu erarbeiten. Die Entwicklung der Sozialgeographie aus der disziplinären Verknüpfung geographischer und soziologischer Fragestellungen hat *E. Thomale* (1972) untersucht. Die Beziehungen zwischen Geographie und Wirtschaftswissenschaften werden im folgenden umrissen.

1.2 Disziplinäre Verknüpfung von Geographie und Wirtschaftswissenschaft

Die Beziehungen zwischen der Geographie und der Wirtschafts- und Sozialwissenschaft wurden beeinflußt durch Veränderungen des Forschungsgegenstandes mit der Entwicklung von der Agrar- zur Industrie- und Wissensgesellschaft sowie von einem Wandel des Verständnisses über die Einheit der Wissenschaften.

E. Otremba (1973, S. 13–24) weist für das 18. Jahrhundert auf die Einheit von Gegenstand und Methode bei Geographie und Nationalökonomie hin. Der Ausgangspunkt des Physiokraten *F. Quesnay* (1758) sind die natürlichen Grundlagen des Reichtums der Nationen. Auch *A. Smith* (1776) befaßt sich mit den natürlichen und sozialen Ursachen des Wohlstands der Nationen und ihrer Bürger; seine Überlegungen über eine internationale Arbeitsteilung beinhalten die Vorstellung von einer räumlichen Ordnung der Wirtschaft.

Im Anschluß an diese frühen Ansätze zur Integration kam es zu einer Arbeitsteilung zwischen der Wirtschaftswissenschaft und der Wirtschaftsgeographie. Beeinflußt vom rationalen Denken des 18. Jahrhunderts, entwickelten die Vertreter der klassischen Schule die Nationalökonomie zu einer abstrakten theoretischen Wissenschaft.[1] Mittels der deduktiven Methode wird aus wenigen axiomatischen Lehrsätzen das ganze System der Wirtschaft entwickelt. Beispielsweise wurde die Variable „Raum" eliminiert; Angebot und Nachfrage trafen sich am punktuellen Markt. Im Gegensatz hierzu verstand sich die Wirtschaftsgeographie entsprechend dem darwinistischen Denken des 19. Jahrhunderts mehr als deskriptive empirische Wissenschaft (vgl. *R. B. McNee* 1970, S. 407). Sie bemühte sich um die exakte Beschreibung der Individualität des Raumes. In Ergänzung zur Wirtschaftswissenschaft untersuchte die Wirtschaftsgeographie die räumliche Verteilung der Urproduktion und der Welthandelsströme und später die Verbreitung von Wirtschaftsformen.

[1] Im Unterschied zur klassischen Schule, die zunächst eine führende Stellung in der Nationalökonomie errang, leitete die historische Schule (vertreten z. B. von *G. Schmoller*) ökonomische Gesetze mittels der induktiven Methode ab, d. h. aus der Betrachtung der Wirklichkeit.

Während die Wirtschaftswissenschaft sich um die Einheit von Wirtschaft und Gesellschaft bemühte, versuchte die Geographie, die Einheit von Physio- und Anthropogeographie, d. h. von Natur und Mensch, aufrechtzuerhalten. In diesem Bemühen um die Einheit des Faches, aber auch um sich von der Wirtschaftswissenschaft abzugrenzen, verengte die Wirtschaftsgeographie ihr Forschungsfeld auf in der Landschaft sichtbare Bauelememente der Wirtschaft unter Betonung der Abhängigkeit des menschlichen Handelns von physisch-geographischen Faktoren (vgl. *E. Thomale* 1972, S. 61ff.). Aus dieser Subordination in eine naturwissenschaftlich ausgerichtete Geographie wurde die Wirtschaftsgeographie zwischen den Weltkriegen herausgeführt. Im Interesse einer Erweiterung der wirtschaftsgeographischen Problemstellung strebte *P. H. Schmidt* (1925, 1932) eine Überwindung der Trennung von Geographie, Nationalökonomie und Soziologie an. Er verstand die Wirtschaftsgeographie als eigenständige Disziplin, die sich um die Synthese von Wirtschaftsforschung und Geographie bemüht. Am prononciertesten war die im übrigen weitgehend programmatisch bleibende Auffassung von *A. Rühl* (1938). Aus der Erkenntnis, daß der Ausgangspunkt wirtschaftsgeographischer Forschung nicht die Erdoberfläche oder die natürlichen Bedingungen, sondern der wirtschaftende Mensch ist, wies er die Wirtschaftsgeographie als Disziplin der Wirtschafts- und Sozialwissenschaften aus.

Wirtschaftliche, gesellschaftliche und regionale Funktionsstörungen und Engpässe im Ablauf des Industrialisierungsprozesses führten zu einer Erweiterung des Problemfeldes und damit des Forschungsgegenstandes von Wirtschafts- und Sozialwissenschaft und Geographie sowie zu einer Intensivierung der Beziehungen zwischen den Disziplinen. Weltwirtschaftsdepression und Massenarbeitslosigkeit Ende der zwanziger und Anfang der dreißiger Jahre widerlegten die Ansicht der Klassiker, daß durch ein flexibles Zins-, Preis-, Lohngefüge ein Gleichgewicht bei Vollbeschäftigung hergestellt wird. Es war *J. M. Keynes* (1936), der eine Wirtschaftstheorie zur Überwindung der Unterbeschäftigung erstellte und aus den Ergebnissen seiner Analyse der Bildung, Schwankung und Verteilung des Volkseinkommens die Forderung ableitete, auch in einer freien Marktwirtschaft die volkswirtschaftlichen Makrogrößen Investitionen und Sparen durch die Wirtschaftspolitik des Staates, z. B. durch Konjunkturpolitik, zu beeinflussen.[1] Die Erfahrungen aus der Weltwirtschaftskrise bewirkten in der Nationalökonomie, etwa mit dem Übergang vom Laissez-faire-Liberalismus zum Ansatz von *J. M. Keynes*, entscheidende wissenschaftliche Fortschritte. Für die Geographie bedeutet das wachsende Erkennen der Notwendigkeit der Mitgestaltung des Wirtschaftsablaufs durch den Staat die Hinwendung zu Planungsproblemen. Zu einem anderen Kernproblem unserer Gesellschaft, den räumlichen Ungleichgewichten (Disparitäten), haben sowohl die Wirtschafts- und Sozialwissenschaft als auch die Geographie Lösungsansätze erarbeitet. Die Wirtschaftswissenschaft löste sich von der Vorstellung eines „Wunderlandes ohne räumliche Dimension" (*W. Isard* 1956). Die Variable „Raum" wurde in deduktive Modelle eingebaut, und in zunehmendem Maße wurde gerade bei regionalwissenschaftlichen Fragestellungen die Bedeutung empirischer Untersuchungen erkannt. Die Geographie beginnt aus der Fülle der vorliegenden empirischen Arbeiten induktive Theorien zu erstellen. Die Wirtschaftswissenschaften in der ökonomischen Regionalpolitik, die Geographie verstärkt in der Regionalplanung, leisten Beiträge zur künftigen Gestaltung der räumlichen Ordnung von Wirtschaft und Gesellschaft. Es setzt sich die Erkenntnis durch, daß zur Behandlung des so komplexen Forschungsgegenstandes, wie ihn die räumliche Ordnung der Wirtschaft und Gesellschaft darstellt, theoretische, empirische und regionalpolitische Untersuchungen notwendig sind. Nach der langen Periode des unverknüpften Nebeneinanders bewegen sich die Wirtschafts- und Sozialwissenschaft und die Geographie wieder aufeinander zu.

Es gibt Gründe zur Annahme, daß sich die interdisziplinäre Kooperation der Regionalwissenschaften angesichts der veränderten Rahmenbedingungen in einer Wissensgesellschaft verstärkt. Weltweit vollzieht sich ein Übergang von der Industriegesellschaft zur

[1] Die Keynes'sche Wirtschaftstheorie, nach der eine Erhöhung der wirksamen Nachfrage nach Investitions- und Konsumgütern zu einer Erhöhung von Volkseinkommen und Beschäftigungsniveau führt, vernachlässigt das Angebotspotential und ist daher nur bedingt als Lösungsansatz zur Überwindung der strukturbedingten Unterbeschäftigung z. B. in Entwicklungsländern geeignet.

Wissensgesellschaft; Wissen wird zur entscheidenden Ressource für eine nachhaltige Wirtschaftsentwicklung. Dieser Paradigmenwechsel hat tiefgreifende Auswirkungen auf den räumlichen Differenzierungsprozeß, und zwar auf allen Maßstabsebenen. Die Raumwirtschaftstheorie und Raumwirtschaftspolitik muß daher neue, an die Erfordernisse einer Wissensgesellschaft angepaßte Konzepte erarbeiten. Unter dem gemeinsamen Dach einer „New Economic Geography" stellen die Wirtschaftswissenschaften neue Wachstumstheorien und neue Außenhandelstheorien vor. Beispielsweise durch die endogene Erklärung des technischen Fortschritts leisten diese Ansätze einen wichtigen Beitrag, neoklassische Modelle an die Realität anzunähern. Die Wirtschaftsgeographie beteiligt sich, häufig in Kooperation mit anderen Disziplinen, an der Entwicklung neuer, in der Regel nicht formalisierter Konzepte der zyklischen und evolutionären Regionalentwicklung. Sie betonen die wachsende Bedeutung von Informationen, Wissen und Lernprozessen für die Erklärung interregionaler Unterschiede im Entwicklungsstand und in der Entwicklungsdynamik. Aus diesen neuen theoretischen Erkenntnissen lassen sich Argumente für eine Neubewertung der staatlichen Wirtschafts-, Technologie- und Regionalpolitik ableiten. Im Kapitel 2.4 werden theoretische Konzepte der „New Economic Geography" ausführlicher diskutiert.

1.3 Raumwirtschaftlicher Ansatz

In Kapitel 1.1 wird auf die Notwendigkeit hingewiesen, den Forschungsgegenstand der Wirtschaftsgeographie auf die Gesamtheit der ökonomischen Aktivitäten des Menschen auszudehnen. Es ist heute unbestritten, daß die Annahme der einseitigen Bestimmung menschlichen Handelns durch die Gegebenheiten der Natur (Naturdeterminismus) ebenso überholt ist wie die Einengung der Betrachtung auf jene Auswirkungen menschlichen Handelns, die in der Landschaft sichtbar werden. Kapitel 1.2 zeigt die enge disziplinäre Verknüpfung von Wirtschaftswissenschaft und Wirtschaftsgeographie. Während sich die Wirtschaftswissenschaft mit ökonomischen Systemen beschäftigt, erforscht die Wirtschaftsgeographie die räumliche Dimension dieser ökonomischen Systeme. Ausgehend von obigen Ergebnissen, läßt sich *Wirtschaftsgeographie* definieren als die *Wissenschaft von der räumlichen Ordnung und der räumlichen Organisation der Wirtschaft*. Sie stellt sich in dem im folgenden vertretenen raumwirtschaftlichen Ansatz die Aufgabe, räumliche Strukturen und ihre Veränderungen – aufgrund interner Entwicklungsdeterminanten und räumlicher Interaktionen – zu erklären, zu beschreiben und zu bewerten. Dabei sind die Verteilung ökonomischer Aktivitäten im Raum (Struktur), die räumlichen Bewegungen von Produktionsfaktoren, Gütern und Dienstleistungen (Interaktion) sowie deren Entwicklungsdynamik (Prozeß) als interdependentes Raumsystem zu verstehen.

Wie Nachbarwissenschaften setzt sich auch die wirtschaftsgeographische Wissenschaft aus den Teilbereichen *Theorie, Empirie* und *Politik* zusammen, die in enger Wechselbeziehung zueinander stehen (vgl. *W. Isard* und *T. A. Reiner* 1966, S. 1–16; *L. Schätzl* 1974, S. 124–134; *H. Siebert* 1970a, Sp. 2690–2705).

Die Notwendigkeit der theoretischen Erklärung der räumlichen Ordnung der Wirtschaft ist heute in der Wirtschaftsgeographie unstrittig. Durch die bewußte Beschränkung auf wesentliche, den räumlichen Differenzierungsprozeß bestimmende Faktoren und durch die Möglichkeit, sozusagen unter Laborbedingungen, Modellvariable kontrolliert verändern zu können, leisten Theorien und Modelle einen entscheidenden Beitrag, den Wirkungsmechanismus und die Dynamik ökonomischer Systeme zu erklären. Es ist eine unverzichtbare Forderung der Geographie, die erstellten Raummodelle mit der Realität zu konfrontieren. Die empirische Raumwirtschaftsforschung ist notwendig, um deduktive Erklärungsansätze zu testen oder auf induktivem Weg zusätzliche theoretische Erkenntnisse zu gewinnen. Die empirische Erfassung, Beschreibung und Analyse räumlicher Strukturen, Interaktionen und Prozesse in der Vergangenheit und Gegenwart dienen als Grundlage für Regionalprognosen und sind eine wesentliche Voraussetzung, um regionalpolitische Entscheidungen treffen zu können. Die Ergebnisse empirischer Untersuchungen sind somit von Bedeutung für die Theoriebildung, für die Lösung aktueller Regionalprobleme und für die Gestaltung künftiger Prozeßabläufe. Bei realistischer Einschätzung der Interessen und des Forschungspotentials der Geographie ist davon auszugehen, daß die Empirie wie in der Vergangenheit und Gegenwart auch in der Zukunft das Schwergewicht wirtschaftsgeographischer Forschung darstellen wird. Schließlich dienen empirisch überprüfte Modelle der räumlichen Ordnung der Wirtschaft als Entscheidungshilfen für die Raumwirtschaftspolitik. Der Wirtschaftsgeographie wird damit neben der Theoriebildung und der empirischen Regionalanalyse die Aufgabe zugewiesen, einen Beitrag zur Lenkung des räumlichen Prozeßablaufs in Richtung auf eine Optimierung wirtschafts- und gesellschaftspolitischer Zielsetzungen zu leisten.

Das vorliegende dreibändige Lehrbuch gliedert die Wirtschaftsgeographie aus formalen und inhaltlichen Gründen in die Teilbereiche Theorie, Empirie und Politik. Damit soll zunächst formal zum Ausdruck gebracht werden, welches Gewicht innerhalb der Wirtschaftsgeographie der Verfasser der Theoriebildung und der Raumwirtschaftspolitik – neben der empirischen Raumanalyse – zumißt. Entscheidend für die gewählte Gliederung ist jedoch ein inhaltliches Argument. Die Verteilung ökonomischer Aktivitäten im Raum, die Verflechtungsbeziehungen zwischen den Standorten sowie die Veränderung von Raumstruktur und Interaktionen in der Zeit sind als *ökonomisches Raumsystem*, als interdependente Gesamtheit, zu verstehen. Zwischen den einzelnen Teilelementen des Systems besteht wechselseitige Abhängigkeit, d. h. die Veränderung einer Variablen hat Auswirkungen auf andere Systemelemente. Ökonomische Raumsysteme können auf unterschiedlichem räumlichem Aggregationsgrad betrachtet werden; das Spektrum reicht von einfachen Zwei-Regionen-Modellen (z. B. Stadt-Umland) bis zu komplexen hierarchischen Systemen vom Typ *Christaller*, *Lösch* oder *Lasuén*, *Friedmann*. Ein ökonomisches System ist Teil eines gesamtgesellschaftlichen Systems und als solches mit anderen Subsystemen verbunden. Unter diesem systemanalytischen Gesichtspunkt erscheint eine Gliederung der Wirtschaftsgeographie in objektbezogene oder funktionsbezogene Teildisziplinen weniger geeignet (vgl. *R. McDaniel* und *M. E. Eliot Hurst* 1968).

Vorliegender Band „*Wirtschaftsgeographie 1*“ befaßt sich mit der Raumwirtschaftstheorie. Aus der Vielzahl der bislang entwickelten theoretischen Erklärungsversuche ökonomischer Raumsysteme können im Rahmen dieser Arbeit nur einige Ansätze vorgestellt werden. Die Auswahl der behandelten Theorien und Modelle erfolgt unter zwei Gesichtspunkten. Erstens sollen die in der raumwissenschaftlichen/wirtschaftsgeographischen Diskussion als grundlegend angesehenen Theorien diskutiert werden, und zweitens sollen die ausgewählten Einzelbeiträge langfristige Entwicklungstendenzen der Theoriebildung aufzeigen. Die Raumwirtschaftstheorien lassen sich in drei Theoriekomplexe unterteilen, die zunächst unverbunden schienen und unabhängig voneinander entstanden, die Standorttheorien, die räumlichen Mobilitätstheorien und die regionalen Wachstums- bzw. Entwicklungstheorien. Die Standorttheorien in Kapitel 2.1 werden in Theorien der unternehmerischen Standortwahl und in Standortstrukturtheorien gegliedert. Die Behandlung der einzelwirtschaftlich ausgerichteten Theorien der unternehmerischen Standortwahl versucht zunächst, am Beispiel der Industriestandorttheorie die Entwicklungsmöglichkeiten innerhalb eines Partialansatzes aufzuzeigen. Ausgehend von einem älteren Beitrag von *A. Weber*, werden von *W. Isard* und *D. M. Smith* erstellte theoretische und methodische Verbesserungen und Erweiterungen diskutiert. Daran anschließend wird diesen deduktiven Theorien der verhaltenswissenschaftliche Ansatz von *A. Pred* gegenübergestellt. Die ausgewählten Standortstrukturtheorien von *J. H. von Thünen*, *W. Christaller*, *A. Lösch* und *E. von Böventer* hingegen beschreiben einen Entwicklungspfad vom Partial- zum Totalmodell. Die räumlichen Mobilitätstheorien in Kapitel 2.2 lassen sich in Theorien der Faktormobilität (Arbeit, Kapital, technisches Wissen) und in Theorien der Gütermobilität unterteilen. Im Rahmen dieser Arbeit werden nur die Grundaussagen der Mobilitätstheorien vorgestellt. Diese Kenntnisse sind auch zum Verständnis der regionalen Wachstums- und Entwicklungstheorien notwendig. Eine Zielsetzung bei der Auswahl der in Kapitel 2.3 vorgestellten regionalen Wachstums- und Entwicklungstheorien ist es, das Spektrum unterschiedlicher Erklärungsversuche auszuleuchten. Behandelt werden deduktive und induktive, monokausale und komplexe Theorieansätze. Die regionalen Wachstums- und Entwicklungstheorien kommen zu sehr unterschiedlichen Ergebnissen.

Abhängig vom jeweils vertretenen Ansatz erwarten sie eine interregionale Angleichung des Pro-Kopf-Einkommens, eine zunehmende Verschärfung der regionalen Ungleichgewichte oder eine Trendwende des räumlichen Polarisationsprozesses.

Kapitel 2.4 behandelt verschiedene theoretische Ansätze der „New Economic Geography". Diese Konzepte greifen in der Regel einzelne Elemente aus den Standorttheorien, den räumlichen Mobilitätstheorien oder den regionalen Wachstums- und Entwicklungstheorien auf und erweitern sie um Determinanten des räumlichen Differenzierungsprozesses, die beim Übergang von der Industrie- zur Wissensgesellschaft an Bedeutung gewinnen.

Die notwendige Integration dieser Partialansätze zu einer umfassenden Theorie zur Erklärung ökonomischer Raumsysteme ist bislang noch nicht zufriedenstellend vollzogen. Allerdings konnten wichtige Teilerfolge erzielt werden, etwa durch die Verknüpfung der Theorie der unternehmerischen Standortwahl mit der Theorie der Kapitalmobilität, durch die Einbeziehung der Mobilitätstheorie in die regionale Wachstumstheorie sowie durch die Beiträge zur Integration von Standortstruktur- und regionaler Wachstumstheorie. Im Zentrum der heutigen Diskussion stehen Arbeiten, die sich mit Fragen der Dynamisierung der Raumwirtschaftstheorie befassen, wie dies die in Kapitel 2.4 diskutierten dynamisch-zyklischen und dynamisch-evolutionären Beiträge versuchen.

Abschließend sollen die Kernaussagen des vom Verfasser vertretenen und in drei Bänden vorgestellten *raumwirtschaftlichen Ansatzes* zusammengefaßt werden. Sie lauten:

1. Objekt der Wirtschaftsgeographie sind *ökonomische Raumsysteme* unterschiedlicher Maßstabsgröße. Ein ökonomisches Raumsystem besteht aus drei Systemelementen, zwischen denen wechselseitige Abhängigkeiten bestehen:

- Die Verteilung ökonomischer Aktivitäten (Produktion, Konsum) innerhalb eines Raumsystems auf Standorte bzw. Regionen = *Struktur*. Die Verteilung ökonomischer Aktivitäten auf diskrete Raumpunkte (Standorte) wird als *Standortstruktur*, ihre Verteilung auf flächendeckende disaggregierte Teilgebiete des Gesamtraums (Regionen) als *Regionalstruktur* bezeichnet.
- Die Bewegungen von mobilen Produktionsfaktoren (Arbeit, Ka-

pital, technisches Wissen), Gütern und Dienstleistungen zwischen den Standorten bzw. Regionen = *Interaktion.*

- Die Dynamik von Standortstruktur und Regionalstruktur als Folge standort- bzw. regionsinterner Wachstumsdeterminanten sowie der Wirkung räumlicher Interaktionen (externe Wachstumsdeterminanten) = *Prozeß.*

2. Es ist Aufgabe der Wirtschaftsgeographie ökonomische Raumsysteme zu erklären, zu beschreiben und zu gestalten. Die Raumwirtschaftstheorie, die empirische Raumwirtschaftsforschung und die Raumwirtschaftspolitik sind somit Teilbereiche des Faches und von grundsätzlich vergleichbarer Bedeutung. Aus obiger Definition ökonomischer Raumsysteme ergibt sich das in Abb. 1.1 dargestellte einheitliche Begriffssystem.

Die Beiträge der *Raumwirtschaftstheorie* zur Erklärung von ökonomischen Raumsystemen bzw. von Systemelementen lassen sich generalisierend zu drei Komplexen zusammenfassen:

- *Standorttheorien.* Sie fragen nach dem optimalen Standort für einen zusätzlichen Einzelbetrieb der Landwirtschaft, der Industrie oder des Dienstleistungsgewerbes (*Theorie der unternehmerischen Standortwahl*) oder nach der optimalen Verteilung aller Standorte innerhalb eines Raumsystems sowie der Veränderung der Standortstruktur in der Zeit (*Standortstrukturtheorien*).
- *Räumliche Mobilitätstheorien.* Sie befassen sich mit Ursachen und Wirkungen der räumlichen Mobilität von einzelnen Produktionsfaktoren (Arbeitskräfte, Kapital, technisches Wissen) sowie von Gütern und Dienstleistungen.
- *Regionale Wachstums- und Entwicklungstheorien.* Ihr Ziel ist es – neben der Erklärung der sozioökonomischen Entwicklung einer einzelnen Region –, für alle Regionen eines Raumsystems die interregionalen Unterschiede im Entwicklungsstand sowie die Dynamik der Regionalstruktur darzustellen und zu erklären.

Entsprechend lassen sich die empirische Raumwirtschaftsforschung in eine empirische Standortforschung, eine empirische Mobilitätsforschung und eine empirische Regionalforschung sowie die Raumwirtschaftspolitik in Standortpolitik, räumliche Mobilitätspolitik und Regionalpolitik gliedern (vgl. Band Wirtschaftsgeographie 2, Empirie, und Band 3, Politik).

Ökonomisches Raumsystem

Interdependenz von Theorie, Empirie und Politik

Ökonomisches Raumsystem
Interdependenz von Struktur, Interaktion und Prozeß

Raumwirtschafts-theorie	Empirische Raum-wirtschaftsforschung	Raumwirtschafts-politik
Standorttheorie	Empirische Standort-forschung	Standortpolitik
Räumliche Mobilitäts-theorie	Empirische Mobilitäts-forschung	Räumliche Mobilitäts-politik
Regionale Wachstums- und Entwicklungs-theorie	Empirische Regional-forschung	Regionale Wachstums- und Entwicklungs-politik (Regionalpolitik)

Abb. 1.1 Begriffsystem einer raumwirtschaftlich orientierten Wirtschaftsgeographie

3. Theoretische, empirische und normative Fragestellungen sind auf allen wichtigen lebensräumlichen Größenmaßstäben (z. B. auf mondialer, kontinentaler, nationaler, lokaler Ebene) zu behandeln.

Es wird die Auffassung vertreten, daß bei kleinräumigen Analysen die komparativen Vorteile der Geographie gegenüber anderen Disziplinen am größten sind. Tatsächlich stellt diese Maßstabsebene heute einen Schwerpunkt der anthropogeographischen Forschung dar. Es gehört jedoch zu den Aufgaben der Geographie, auch zu aktuellen raumwissenschaftlichen Problemen im nationalen, kontinentalen und mondialen Größenmaßstab Lösungsvorschläge zu erarbeiten. Schließlich liegt es in der Tradition des Faches, großräumige und weltweite Zusammenhänge aufzuzeigen.

Nicht zuletzt ist darauf hinzuweisen, daß die Lehrpläne der Schule die Erörterung theoretischer und normativer Fragen (z. B. Standorttheorien, Entwicklungstheorien, Globalisierung der Wirtschaft, europäische Integration, Raumpolitik in wachsenden, stagnierenden und schrumpfenden Volkswirtschaften) vorsehen, und daß die potentiellen Arbeitgeber von Diplom-Geographen (private Wirtschaft, öffentliche Verwaltung) fundierte theoretische, methodische und planungsrelevante Kenntnisse fordern.

Literaturübersicht: Kapitel 1

Einen Überblick über Lehrmeinungen, Konzeptionen, Aufgabenstellung und Inhalte der Wirtschaftsgeographie vermitteln nachfolgende Lehrbücher und Sammelbände:

Bryson, J.; Henry, N.; Keeble, D.; Martin, R. (Hrsg.), 1999: The Economic Geography Reader. Chichester.

Dicken, P.; Lloyd, P. E., 1999: Standort und Raum. Theoretische Perspektiven in der Wirtschaftsgeographie. Stuttgart.

Eliot Hurst, M. E., 1974: A Geography of Economic Behavior. An Introduction. London.

Knox, P.; Agnew, J., 1994: The Geography of the World Economy. An Introduction to Economic Geography. (2. Aufl.). London.

Otremba, E., 1969: Der Wirtschaftsraum – seine geographischen Grundlagen und Probleme. (2. Aufl.). Stuttgart.

Ritter, W., 1998: Allgemeine Wirtschaftsgeographie. Eine systemtheoretisch orientierte Einführung (3. Aufl.). München.

Sedlacek, P., 1994: Wirtschaftsgeographie. Eine Einführung. (2. unveränd. Aufl.) Darmstadt.

Voppel, G., 1999: Wirtschaftsgeographie. Stuttgart, Leipzig.

Wagner, H.-G., 1994: Wirtschaftsgeographie. (2. Aufl.) Braunschweig. Das Geographische Seminar.

Wirth, E. (Hrsg.), 1969: Wirtschaftsgeographie. Darmstadt. Wege der Forschung. 219.

Im folgenden wird eine knappe Auswahl von Arbeiten vorgestellt, die wichtige wirtschaftsgeographische Teilaspekte behandeln bzw. für die Beurteilung der Stellung der Wirtschaftsgeographie innerhalb der Geographie und gegenüber den Nachbardisziplinen von Bedeutung sind.

Armstrong, H.; Taylor, J., 1993: Regional Economics and Policy. (2. Aufl.). New York, London.

Aufhauser, E.; Wohlschlägl, H. (Hrsg.), 1997: Aktuelle Strömungen der Wirtschaftsgeographie im Rahmen der Humangeographie. Wien.

Bartels, D., 1968: Zur wissenschaftstheoretischen Grundlegung einer Geographie des Menschen. Wiesbaden. Geographische Zeitschrift. Beihefte. Erdkundliches Wissen. 19.

Bartels, D. (Hrsg.), 1970: Wirtschafts- und Sozialgeographie. Köln, Berlin. Neue wissenschaftliche Bibliothek. 35.

– 1980: Wirtschafts- und Sozialgeographie. In: Handwörterbuch der Wirtschaftswissenschaften, Bd. 9, Stuttgart, S. 44–55.

Chisholm, M., 1990: Regions in Recession and Resurgence. London.

Chorley, R. J.; Haggett, P. (Hrsg.). 1967: Models in Geography. London.

Dicken, P., 1998: Global Shift. Transforming the World Economy. (3. Aufl.). London.

Haggett, P., 1991: Geographie. Eine moderne Synthese. (2. Aufl.) New York. UTB Große Reihe.

Hard, G., 1973: Die Geographie. Eine wissenschaftstheoretische Einführung. Berlin, New York. Sammlung Göschen. 9001.

Isard, W., 1960: Methods of Regional Analysis: An Introduction to Regional Science. Cambridge/Mass., London.

Isard, W., 1969: General Theory: Social, Political, Economic, and Regional, with Particular Reference to Decision-Making Analysis. Cambridge/Mass., London.

Krugman, P., 1991: Geography and Trade. Leuven, Cambridge/Mass.

Maier, G.; Tödtling, F., 1995: Regional– und Stadtökonomie. Standorttheorie und Raumstruktur. (2. Aufl.). Wien, New York.

Maier, J.; Paesler, R.; Ruppert, K.; Schaffer, F., 1977: Sozialgeographie. Braunschweig. Das Geographische Seminar.

Werlen, B., 1995: Sozialgeographie alltäglicher Regionalisierungen. Band 1: Zur Ontologie von Gesellschaft und Raum. Stuttgart.

– 1997: Band 2: Globalisierung, Region und Regionalisierung. Stuttgart.

Schamp, E., 1983: Grundansätze der zeitgenössischen Wirtschaftsgeographie. In: Geographische Rundschau, S. 74–81.

Thomale, E., 1972: Sozialgeographie. Eine disziplingeschichtliche Untersuchung zur Entwicklung der Anthropogeographie. Marburg. Marburger Geographische Schriften. 53.

2. RAUMWIRTSCHAFTSTHEORIE

Eine umfassende Theorie der räumlichen Ordnung von Wirtschaft und Gesellschaft wurde bislang noch nicht erstellt. Die vorliegenden Theorien – zum Teil handelt es sich nur um komplexere Hypothesen – lassen sich generalisierend in Standorttheorien, räumliche Mobilitätstheorien sowie räumliche Wachstums- und Entwicklungstheorien differenzieren. Die *Standorttheorien* konzentrieren sich auf die Erklärung der Struktur des Raumes, die räumlichen *Mobilitätstheorien* behandeln Ursachen und Wirkungen räumlicher Interaktionen, während das Schwergewicht der raumbezogenen *Wachstums-* und *Entwicklungstheorien* in der Erklärung des räumlich differenzierten ökonomischen *Wachstums-* und gesellschaftlichen *Entwicklungsprozesses* liegt. Aus der Erkenntnis, daß räumliche Interaktionen in der Vergangenheit die Herausbildung der bestehenden Struktur maßgeblich bestimmten und daß die bestehende Struktur den künftigen räumlichen Differenzierungsprozeß beeinflußt, wird eine Integration der drei Theorieansätze angestrebt. Die Standorttheorien, die räumlichen Mobilitätstheorien sowie die regionalen Wachstums- und Entwicklungstheorien stellen die Fundamente der raumwirtschaftlichen Theoriebildung dar. Angesichts der zunehmenden Globalisierung der Wirtschaft und des sich abzeichnenden Übergangs von der Industrie- zur Wissensgesellschaft ergibt sich die Notwendigkeit der Weiterentwicklung dieser „klassischen“ Ansätze. Im Kapitel „New Economic Geography“ werden einige dieser Konzepte vorgestellt.

2.1 Standorttheorien

Die Standorttheorien befassen sich mit einzelwirtschaftlichen und gesamtwirtschaftlichen Lokalisationsproblemen. Die einzelwirtschaftlichen Standorttheorien ermitteln den optimalen Standort für einen zusätzlichen Einzelbetrieb der Landwirtschaft, der Industrie oder des Dienstleistungsgewerbes. Die Fragestellung der betriebswirtschaftlichen Standortbestimmungslehre lautet: Welche Raumstelle wählt der Unternehmer als Standort für seinen Betrieb? Von höherem Erkenntniswert für die Geographie sind jedoch die gesamtwirtschaftlichen Partial- und Totalmodelle. Sie fragen nicht nach dem optimalen Standort eines Einzelbetriebs, sondern letztlich nach der optimalen räumlichen Struktur aller ökonomischen Aktivitäten einer Volkswirtschaft. *J. H. von Thünen, A. Lösch* und *W. Christaller* haben für den primären, sekundären und tertiären Sektor Modelle der optimalen räumlichen Ordnung erstellt. Diese sektoralen Systeme wurden von *W. Isard, L. Lefeber* und *E. von Böventer* in Richtung auf eine gesamtwirtschaftliche Theorie des räumlichen Gleichgewichts weiterentwickelt.

2.1.1 Einzelwirtschaftliche Betrachtung (Theorie der unternehmerischen Standortwahl)

2.1.1.1 Überblick über das Standortproblem eines Einzelbetriebes

Die Wahl des optimalen Standorts für einen Einzelbetrieb ist eine unternehmerische Entscheidung, die sich an dem *Unternehmensziel* zu orientieren hat. In der freien Marktwirtschaft stellt das Gewinnmotiv die wichtigste Antriebskraft des unternehmerischen Handelns dar (vgl. *E. Heinen* 1962, S. 9-71). Die traditionelle Theorie der Unternehmung unterstellt eine monovariable Zielfunktion: die Gewinnmaximierung. Danach ist es das langfristige Ziel der Unternehmung, den größtmöglichen absoluten Gewinn, d. h. die größtmögliche Differenz zwischen Erlös und Kosten, zu erzielen. In der Realität wird das Unternehmerverhalten nicht ausschließlich vom Gewinnstreben, sondern von weiteren Zielvorstellungen beeinflußt. Als wichtige langfristige unternehmenspolitische Ziele neben dem Gewinnmotiv werden in der betriebswirtschaftlichen Literatur das Streben nach Wachstum (z. B. Umsatzmaximierung, Vergrößerung des Marktanteils) und nach Sicherheit angesehen. Daneben spielen nichtmonetäre Zielvorstellungen, wie das Streben nach Macht, nach

Unabhängigkeit, individual-ethisch motivierte Verhaltensweisen sowie subjektive Wertvorstellungen eine Rolle.

Nach der Zielentscheidung trifft die Unternehmung die Entscheidung über die Wahl der *Mittel*, mit denen das Unternehmensziel optimal realisiert werden kann. Die Mittelentscheidung ist somit eine von der Zielfunktion abhängige Wahlhandlung. Die Unternehmung erreicht den höchsten Wirkungsgrad ihres Mitteleinsatzes, wenn sie ihre Entscheidung am *Rationalprinzip* orientiert, d. h. das Unternehmensziel ist mit dem geringsten Mitteleinsatz, bzw. mit einem gegebenen Mitteleinsatz ist eine maximale Zielerfüllung zu erreichen. Eine solche Mittelentscheidung, der wegen ihrer langfristigen Wirkung ein besonderes Gewicht zukommt, stellt die Standortwahl dar. Wird Gewinnmaximierung angestrebt, so ist der Standort des Betriebes so zu wählen, daß die Differenz zwischen standortbedingten Erlösen und standortabhängigen Kosten maximiert wird. Neben der Wahl des Standorts muß bei der Betriebsgründung noch eine Reihe anderer Entscheidungen getroffen werden, etwa über das Produktionsprogramm bzw. Handelssortiment, über die Betriebsgröße, über die einzusetzende Technologie. Alle diese Entscheidungen stehen miteinander in Beziehung und sind entsprechend der unternehmenspolitischen Zielsetzung zu koordinieren.

Die Frage nach dem optimalen Standort stellt sich einer Unternehmung auf unterschiedlichen räumlichen Ebenen (vgl. *G. Wöhe* 1993, S. 473ff.). Sukzessive ist in einer *räumlichen Hierarchie von Standortentscheidungen* die internationale, interregionale, intraregionale, lokale und innerbetriebliche Standortwahl zu treffen. Im Falle einer Betriebsneugründung oder Verlagerung muß zunächst die Entscheidung getroffen werden, in welchem Land die günstigsten Voraussetzungen für die Ansiedlung bestehen. Diese Entscheidung spielt vor allem für multinationale Gesellschaften eine wichtige Rolle. Danach ist innerhalb der ausgewählten Volkswirtschaft jene Region (z. B. ein Bundesland) und innerhalb der Region jene Gemeinde (z. B. eine Stadt) zu ermitteln, in der das Unternehmensziel optimal realisierbar ist. In einem weiteren Schritt gilt es, innerhalb einer Gemeinde von den verfügbaren Standortalternativen die am meisten geeignete auszuwählen. Schließlich tritt das Standortproblem noch innerhalb eines Betriebs auf. Beispielsweise könnten die einzelnen Betriebsabteilungen so räumlich organisiert werden, daß sich die innerbetrieblichen Transportkosten minimieren.

Als Entscheidungshilfen für die unternehmerische Standortwahl hat die Standortbestimmungslehre der Betriebswirtschaftslehre umfangreiche sektor- und branchenspezifische Kataloge von *Standortfaktoren* erstellt.[1] Entsprechend den grundlegenden betrieblichen Funktionsbereichen lassen sich die Standortfaktoren systematisieren in Faktoren, die die Leistungserstellung (Inputseite) und Faktoren, die die Leistungsverwertung (Outputseite) beeinflussen. Sie schlagen sich direkt in der Kosten- und Ertragsrechnung eines Unternehmens nieder und stehen im Vordergrund betriebswirtschaftlicher Analysen. Daneben hängt das Betriebsergebnis direkt oder indirekt von einer Reihe weiterer Standortfaktoren ab, die sich nur schwer monetär quantifizieren lassen; hierzu zählen Agglomerationsfaktoren und Infrastruktur. Im folgenden werden einige wesentliche Einflußgrößen der betrieblichen Standortbestimmung aufgeführt (vgl. *K. Ch. Behrens* 1971; *D. M. Smith* 1981; *W. Brücher* 1984).

1. Leistungserstellung

Die betriebliche Leistungserstellung umfaßt die Gewinnung von Rohstoffen (Gewinnungsbetrieb), die Herstellung von Erzeugnissen (Fertigungsbetrieb), die Bearbeitung von Rohstoffen und Fabrikaten (Veredlungsbetrieb) und die Bereitstellung von Diensten (Dienstleistungsbetrieb) (*E. Gutenberg* 1958, S. 1ff.). Der betriebliche Leistungsprozeß erfordert den Einsatz von „betrieblichen Produktionsfaktoren“. Wegen der hier behandelten einzelwirtschaftlichen Problemstellung ist es notwendig, die von der Betriebs-

---

[1] Vgl. *K. Ch. Behrens* (1971). Einen branchenspezifischen Standortfaktorenkatalog für den Industriesektor erstellte u. a.: *A. Schilling* (1968); *F. Schaffer* und *W. Poschwatta* (1984). Mit dem Problem der Quantifizierung der Standortfaktoren befaßt sich: *W. D. Kraus* (1970); *F.-J. Bade* (1979).

wirtschaftslehre entwickelte Einteilung der Produktionsfaktoren zu übernehmen.[1]

Elementarfaktoren
- ausführende Arbeit
- Betriebsmittel (z. B. Grundstücke, Gebäude, Maschinen)
- Werkstoffe (Roh-, Hilfs- und Betriebsstoffe)

Dispositiver Faktor
- Geschäfts- oder Betriebsleitung

Der dispositive Faktor steuert den Einsatz und die Kombination der Elementarfaktoren.

Hinsichtlich der Standortwahl stellen sich die Fragen erstens nach der quantitativen und qualitativen Verfügbarkeit der Produktionsfaktoren und zweitens nach den Faktorkosten. Dabei ist eine Unterscheidung in nichttransportierbare und transportierbare Produktionsfaktoren zweckmäßig. Zunächst gilt es, jene Standorte zu ermitteln, an denen für die betriebliche Leistungserstellung notwendige nichttransportierbare Produktionsfaktoren (z. B. Grundstücke) zur Verfügung stehen, sowie deren räumlich differenzierte Faktorpreise zu erfassen. Fehlen an diesen Standorten transportable Produktionsfaktoren, so ist deren Beschaffungsgebiet abzugrenzen, um Beschaffungszeit und Beschaffungskosten (z. B. Transportkosten) berechnen zu können. Aus diesen Angaben läßt sich dann der „einsatzoptimale" Standort bestimmen.

2. Leistungsverwertung

Als betriebliche Leistungsverwertung wird der Absatz der gewonnenen, hergestellten, bearbeiteten Sachgüter sowie der bereitgestellten Dienste bezeichnet. Gerade in marktwirtschaftlichen Systemen

[1] Im Funktionsbereich der Leistungserstellung beschäftigt sich die Betriebswirtschaftslehre mit dem technischen Produktionsprozeß und den dafür notwendigen Vorleistungen. Der Gegenstand der Volkswirtschaftslehre ist die Einkommensbildung, d. h. die Wertschöpfung. Das für diese Fragestellung erstellte System der „volkswirtschaftlichen Produktionsfaktoren" unterscheidet Arbeit, Boden, Kapital, deren Kombination beispielsweise vom technischen Wissen abhängt.

hängt die Realisierung des angestrebten Unternehmensziels neben der Erstellung der Leistung in zunehmendem Maß von deren Verwertung ab.

Absatzgesichtspunkte, wie die räumliche Verteilung der Absatzmengen und die räumlich differenzierten Absatzpreise, sind für die betriebliche Standortwahl von grundlegender Bedeutung, zumal sie neben den Kosten auch die Erlöse beeinflussen. Die Größe des betrieblichen Absatzgebietes beeinflußt Absatzzeit und Absatzkosten (z. B. Transportkosten). Grundsätzlich gilt, daß Betriebe, die den lokalen oder regionalen Markt versorgen (nahbedarfsorientierte Betriebe, z. B. Einzelhandel), bei der Wahl des Standorts in höherem Maße marktabhängig sind als Betriebe, die den nationalen oder internationalen Markt versorgen (fernbedarfsorientierte Betriebe, z. B. Markenartikelhersteller). Bestimmungsgründe für den betrieblichen Absatz (Menge, Preis) sind der Bedarf, die Kaufkraft – die den Bedarf in Nachfrage umwandelt – und die Konkurrenzsituation im Absatzgebiet. Vergleichbar dem einsatzoptimalen Standort läßt sich für den Funktionsbereich der Leistungsverwertung der „absatzoptimale“ Standort bestimmen.

3. Agglomerationsfaktoren

Die räumliche Konzentration ökonomischer Aktivitäten kann für einen Betrieb positive oder negative Auswirkungen haben, d. h. es können Agglomerationsvorteile (positive Ersparnisse) oder Agglomerationsnachteile (negative Ersparnisse) entstehen (vgl. *E. v. Böventer* 1962a, S. 13ff.). *B. G. Ohlin* (1933), *E. M. Hoover jr.* (1937) und *W. Isard* (1956, S. 172 ff.) klassifizieren die Agglomerationswirkungen in interne Ersparnisse („large scale economies“) und externe Ersparnisse („localization“ – und „urbanization economies“). Positive (oder negative) interne Ersparnisse entstehen als Folge sinkender (oder steigender) Stückkosten bei Kapazitätsausdehnung eines Einzelbetriebs. Sie sind von grundlegender Bedeutung etwa für die Entscheidung, ob eine geplante Ausdehnung der Produktion durch Kapazitätserweiterung im bestehenden Betrieb oder durch die Errichtung eines räumlich getrennten Zweigbetriebs erfolgen soll. Positive externe Ersparnisse entstehen dadurch, daß die Beschaffungs-, Produktions- und Absatzkosten sinken oder sich die Erlössituation verbessert. Dies geschieht im Fall der „localization economies" durch das Vorhandensein mehrerer Betriebe derselben Branche und im Fall der „urbanization economies" durch die Anwesenheit mehrerer Betriebe verschiedener Branchen an demselben Ort. Lokalisationsvorteile ergeben sich im Zusammenhang mit dem Zugang zu einem größeren Facharbeiterreservoir oder der besseren Versorgung mit spezialisierten Zuliefer- und Reparaturbetrieben, und Urbanisationsvorteile sind mehr generell durch die bessere Ausstattung mit städtischen Einrichtungen oder durch eine intensivere Verflechtung der wirtschaftlichen Aktivitäten gegeben. Grundsätzlich gilt, daß von Agglomerationsvorteilen eine zentralisierende Wirkung ausgeht – positive interne Ersparnisse begünstigen die einzelbetriebliche und positive externe Ersparnisse die gesamtwirtschaftliche Konzentration –, wohingegen Agglomerationsnachteile dezentralisierend wirken. Allerdings konnte das Problem der exakten quantitativen Messung der Agglomerationsfaktoren bislang noch nicht zufriedenstellend gelöst werden. Die Wirkung von Agglomerationsfaktoren ist nicht nur bei einzelwirtschaftlichen Standortentscheidungen zu beachten. Agglomerationsfaktoren sind ein zentraler Begriff der Raumwirtschaftslehre, der bei fast allen Theorien zur Erklärung des räumlichen Differenzierungsprozesses eine Rolle spielt.

4. Infrastruktur

R. Jochimsen und K. Gustafsson (1970, Sp. 1318) definieren Infrastruktur als „die Gesamtheit der materiellen, institutionellen und personellen Einrichtungen und Gegebenheiten, die einer arbeitsteiligen Wirtschaft zur Verfügung stehen und dazu beitragen, daß gleiche Faktorentgelte für gleiche Faktorleistungen (vollständige Integration) bei zweckmäßiger Allokation der Ressourcen (höchstmögliches Niveau der Wirtschaftstätigkeit) gezahlt werden". Dieser Infrastrukturbegriff umschließt nachfolgende für Wachstum, Integration und Versorgung einer Volkswirtschaft notwendigen Basisfunktionen:

– Im Bereich der materiellen Infrastruktur:
  Energie- und Wasserversorgung, Abwasserbeseitigung, Verkehrs-,

Kommunikations-, Bildungs-, Forschungs-, Gesundheits- und Fürsorgewesen, Verwaltung, Wohnungsbau, Freizeiteinrichtungen, usw.

- im Bereich der institutionellen Infrastruktur:
  Rechts-, Finanz-, Zoll- und Steuersystem usw.
- im Bereich der personellen Infrastruktur:
  quantitatives und qualitatives Bevölkerungspotential, z. B. Bevölkerungsstruktur, unternehmerische und handwerkliche Fähigkeiten.

Diese umfassende Begriffsbestimmung stellt den Versuch dar, die unterschiedlichen Definitionsansätze in der Literatur zu integrieren. Was die Standortwahl anbetrifft, läßt sich die Infrastruktur als residualer Standortfaktor interpretieren. In dieser Residualgröße sind wesentliche, in den bisherigen Ausführungen noch nicht behandelte Einflußgrößen unternehmerischer Standortentscheidungen enthalten. Zur Ermittlung des optimalen Betriebsstandortes ist eine Analyse der quantitativen und qualitativen Verteilung der materiellen, institutionellen und personellen Infrastruktur im Raum notwendig. Beispielsweise sind im Bereich des Verkehrswesens für die alternativen Standorte ihre Lage im intraregionalen und interregionalen Verkehrsnetz, die verfügbaren Transportmittel und deren Frachtraten, im Bereich des Steuerwesens das innerstaatliche und zwischenstaatliche Steuergefälle zu berücksichtigen.

Aus den bisher behandelten Standortfaktoren läßt sich, gegebenenfalls unter Verwendung von Optimierungsverfahren, der *optimale Betriebsstandort* ermitteln, das ist jener Ort, der die bestmögliche Realisierung des Unternehmensziels gewährleistet. Betriebswirtschaftliche Analysen konzentrieren sich in aller Regel auf solche Standortfaktoren, die quantifizierbar sind, sich direkt in der Kosten- und Ertragsrechnung niederschlagen oder die für die Standortentscheidung von besonderem Gewicht sind. Die Betriebswirtschaftslehre verwendet für letzteren Tatbestand den Begriff Standortorientierung. *G. Wöhe* (1993, S. 476 ff.) unterscheidet Material-, Arbeits-, Abgaben-, Verkehrs-, Energie-, Umwelt- und Absatzorientierung.[1] Faktoren von nur sekundärer Bedeutung werden

[1] Welchem dieser Standortfaktoren die größte Bedeutung zukommt, hängt u. a. von betriebs- und branchenspezifischen Gegebenheiten ab. Bei Betrieben,

vielfach vernachlässigt, zumal sie in Konkurrenz zueinander stehen können und sich dann positive und negative Effekte aufheben (z. B. kann an einem peripheren Standort der Vorteil aus staatlichen Steuerprivilegien durch eine ungünstige Verkehrslage aufgehoben werden). Die Verfahren zur Bestimmung des optimalen Betriebsstandorts gehen von der Annahme aus, daß Standortentscheidungen nach objektiven, rationalen Kriterien getroffen werden (vgl. *J. Bloech* 1970). Untersuchungen der Sozialpsychologie, der angelsächsischen „behavior geography“ und der sozialgeographischen Perzeptionsforschung lassen den Schluß zu, daß die unternehmerische Standortwahl durch subjektive Wertvorstellungen der Entscheidungsträger mitbeeinflußt wird (vgl. *R. Bergeler* 1966; *H. Monheim* 1972; *M. E. Eliot Hurst* 1974; *G. Schmölders* 1978; *F.-J. Bade* 1979). Bereits bei der Auswahl und Bewertung der Standortfaktoren spielen subjektive Vorstellungsbilder eine Rolle. Daneben haben subjektive Vorstellungen über einen Ort (Sympathien, Aversionen) Auswirkungen auf die Standortentscheidung und können als eigenständiger Standortfaktor angesehen werden. In welchem Umfang Emotionen und Vorurteile das Verhalten von Unternehmern und Managern auch der Großbetriebe beeinflussen, ist in der Literatur noch umstritten.

2.1.1.2 Industriestandorttheorie Alfred Webers

Nach diesem allgemeinen Überblick über das Standortproblem wird an Hand eines Beispiels die Theoriebildung veranschaulicht. Nach

---

die Massengüter arbeitsintensiv herstellen, gelten als wichtigste Determinanten der Standortbestimmung die Verfügbarkeit von Arbeitskräften und die Arbeitskosten. Hingegen bestimmt bei sog. High-Tech Betrieben ein komplexes Bündel von schwer quantifizierbaren Faktoren die Standortentscheidung. Empirische Untersuchungen ermittelten als wichtigste Standortfaktoren technologieintensiver Betriebe das intraregionale Gründerpotential, die Verfügbarkeit hochqualifizierter Arbeitskräfte (Wissenschaftler, Techniker), die Existenz leistungsfähiger Forschungs- und Bildungseinrichtungen (insbesondere von naturwissenschaftlich-technischen Disziplinen), die Lebens- und Umweltqualität, die Marktnähe sowie die Qualität der intraregionalen, interregionalen und internationalen Verkehrs- und Kommunikationsinfrastruktur (z. B. Schnellbahnen, internationale Flughäfen). Vgl. *R. Sternberg* (1998, S. 62 ff.).

ersten Ansätzen von *W. Roscher* (1865), *A. Schäffle* (1867) und *W. Launhardt* (1882) gelang *Alfred Weber* in seinem 1909 erschienenen Werk „Über den Standort der Industrie" die erste systematische Darstellung einer Industriestandorttheorie. In der auf deduktivem Weg erarbeiteten Theorie behandelt er die Standortfrage unter dem betriebswirtschaftlichen Aspekt des optimalen Standorts für einen industriellen Einzelbetrieb.

Die Industriestandorttheorie *A. Webers* bedient sich der Methode der isolierten Abstraktion (vgl. *H. U. Meyer-Lindemann* 1951, S. 47ff.; *R. S. Thoman; E. C. Conkling* et al. 1968, S. 187ff.). Die wichtigsten vereinfachenden Annahmen sind:

- Die Standorte der Rohmaterialien sind bekannt und gegeben.
- Die räumliche Verteilung des Konsums ist bekannt und gegeben.
- Das Transportsystem ist einheitlich, die Transportkosten sind eine Funktion von Gewicht und Entfernung.
- Die räumliche Verteilung der Arbeitskräfte ist bekannt und gegeben, die Arbeitskräfte sind immobil, die Lohnhöhe ist konstant, aber räumlich differenziert, bei einer gegebenen Lohnhöhe sind die Arbeitskräfte unbegrenzt verfügbar.
- Die Homogenität des wirtschaftlichen, politischen und kulturellen Systems wird unterstellt.

Ausgehend von diesen Annahmen und einer Reihe weiterer sekundärer Restriktionen beeinflussen drei Standortfaktoren, die Transportkosten, die Arbeitskosten und die Agglomerationswirkungen, die industrielle Standortwahl. Die Standortfaktoren werden als Kostenvorteile definiert. In drei sukzessiven Schritten ermittelt *A. Weber* zunächst den Standort minimaler Transportkosten und untersucht dann „Deviationen" von diesem Transportkostenminimalpunkt aufgrund der Einflußgrößen Arbeitskosten und Agglomerationsvorteile.

Im System von *A. Weber* nehmen die Transportkosten bei der industriellen Standortbestimmung eine zentrale Stellung ein. Da, aufgrund der gesetzten Prämissen, die Transportkosten ausschließlich vom Gewicht des bei der Produktion eingesetzten Materials bzw. der erstellten Fertigerzeugnisse sowie der räumlichen Verteilung von Material und Konsum abhängen, reduziert sich die Fragestellung auf die Berechnung des „tonnenkilometrischen Minimalpunkts", d. h. des Standorts mit der niedrigsten Transportkostenbelastung. Das im Produktionsprozeß eingesetzte Material läßt sich klassifizieren in:

1. „Lokalisiertes“ Material. Die Gewinnung ist an bestimmte Fundorte gebunden. Dieses lokalisierte Material unterteilt sich in:
   - „Reingewichtsmaterial“, das mit dem ganzen Gewicht in das Fertigerzeugnis eingeht, z. B. Mineralwasser, und
   - „Gewichtsverlustmaterial“, das gewichtsmäßig entweder nicht in das Fertigerzeugnis eingeht („Totalgewichtsverlustmaterial“, z. B. die Energieträger Kohle, Heizöl, Gas) oder nur zum Teil im Fertigerzeugnis enthalten ist („Teilgewichtsverlustmaterial“, z. B. Erze).
2. „Ubiquitäten“. Ihre Gewinnung ist an keine bestimmten Fundorte gebunden, da sie an jedem Standort verfügbar sind.

A. Weber bezeichnet den Quotienten aus den Gewichten der lokalisierten Materialien und der Fertigerzeugnisse als „Materialindex“, die Summe aus den Gewichten der lokalisierten Materialien und der Fertigerzeugnisse als „Standortgewicht“ und nimmt an, daß die Fundorte der Materialien und die Konsumorte an Eckpunkten von geometrischen Standortfiguren (Standortdreiecke, Standortpolygone) liegen.[1]

An Hand eines Beispiels wird im folgenden der tonnenkilometrische Minimalpunkt (P) berechnet, das ist also jener Punkt, an dem die Transportkosten der eingesetzten Materialien zum industriellen Produktionsbetrieb und der Fertigerzeugnisse zum Konsumort minimiert werden. Gehen wir von dem einfachen Fall aus, daß der Industriebetrieb nur zwei Materialien (M_1, M_2) einsetzt und das Fertigerzeugnis nur an einem Konsumort (K) absetzt, so ergeben sich, abhängig von der Art der eingesetzten Materialien, nachfolgende Betriebsstandorte:

Fall 1 Material 1 = Ubiquität
Material 2 = Ubiquität
Materialindex = 0
Optimaler Produktionsort = Konsumort

---

1 Materialindex = $\frac{GM_L}{GM_F}$ Standortgewicht = $GM_L + GM_F$

wobei: GM_L = Gewicht der lokalisierten Materialien
GM_F = Gewicht der Fertigerzeugnisse

Werden nur Ubiquitäten eingesetzt, so findet die Produktion am Konsumort statt, da nur dort keine Transportkosten entstehen. Die Standortfigur schrumpft zu einem Punkt zusammen.

Fall 2 Material 1 = Reingewichtsmaterial
Material 2 = Ubiquität
a) Gehen die Ubiquitäten gewichtsmäßig nicht in das Fertigerzeugnis ein, errechnet sich ein Materialindex von 1. Da beim Produktionsprozeß keine Gewichtsveränderung eintritt, kann die Verarbeitung, bei gleichen Transportkosten, am Konsumort, am Fundort des Reingewichtsmaterials oder an jedem Punkt zwischen diesen beiden Standorten stattfinden. Die Standortfigur schrumpft zu einer Linie M_1K zusammen.
b) Gehen die Ubiquitäten teilweise oder ganz in das Fertigerzeugnis ein, errechnet sich ein Materialindex, der größer 0 und kleiner 1 ist. Der Transportkostenminimalpunkt ist der Konsumort, da nur dort für die im Fertigerzeugnis enthaltenen Ubiquitäten keine Transportkosten zum Konsumort auftreten. Wie im Fall 1 ergibt sich eine punktuelle Standortfigur.

Fall 3 M_1 = Reingewichtsmaterial
M_2 = Reingewichtsmaterial
Materialindex= 1
Optimaler Produktionsort = Konsumort

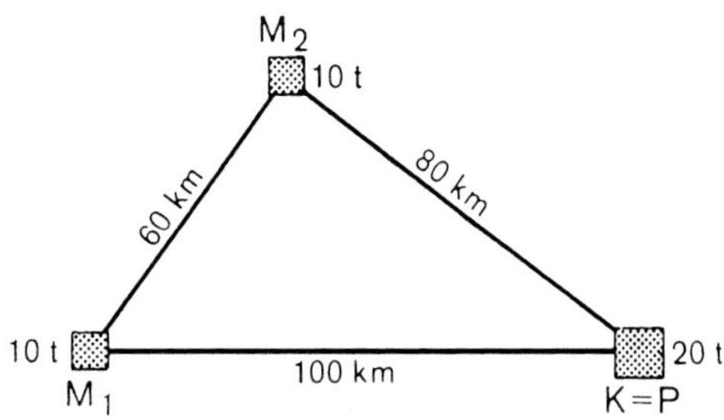

Abb. 2.1 Transportkostenminimalpunkt bei zwei Reingewichtsmaterialien

Der Transportkostenminimalpunkt liegt im Konsumort; es ist transportkostengünstiger, M_1 und M_2 nach K zu transportieren und dort zu verarbeiten, als M_2 nach M_1 (bzw. M_1 nach

M_2) zu transportieren und nach der Produktion in M_1 (bzw. M_2) das Fertigerzeugnis zum Konsumort zu befördern. Unter Verwendung der in Abb. 2.1 eingesetzten Werte errechnen sich nachfolgende Transportkosten (in Tonnenkilometer) für die alternativen Produktionsorte K, M_1 und M_2,
wenn P = K;
(10 t x 100 km) + (10 t x 80 km) = 1 800 tkm
wenn P = M_1;
(10 t x 60 km) + (20 t x 100 km) = 2 600 tkm
wenn P = M_2;
(10 t x 60 km) + (20 t x 80 km) = 2 200 tkm

Fall 4 M_1 = Ubiquität
M_2= Gewichtsverlustmaterial
a) Gehen die Ubiquitäten gewichtsmäßig nicht in das Fertigerzeugnis ein, errechnet sich ein Materialindex von größer 1. Der optimale Produktionsort ist der Fundort des Gewichtsverlustmaterials. Nur an diesem Ort treten keine Transportkosten für das bei der Produktion verlorengehende Materialgewicht auf.
b) Gehen die Ubiquitäten teilweise oder ganz in das Fertigerzeugnis ein, so hängt die Wahl des Produktionsortes davon ab, ob das Gewicht der in das Fertigerzeugnis eingehenden Ubiquitäten größer oder kleiner ist als das Gewicht des bei der Produktion verlorengehenden Materials. Im ersten Fall ist der Materialindex kleiner 1, der Transportkostenminimalpunkt liegt im Konsumort. Im zweiten Fall ist der Materialindex größer 1, der Transportkostenminimalpunkt liegt im Materialfundort. Entsprechen die Gewichte der im Fertigprodukt enthaltenen Ubiquitäten und des Materialverlusts einander, ist der Materialindex 1; die Transportkosten sind an allen Punkten entlang der Linie KM_2 gleich hoch.

Fall 5 M_1 = Gewichtsverlustmaterial
M_2 = Gewichtsverlustmaterial
Handelt es sich bei den zwei in der Produktion eingesetzten Rohstoffen um Gewichtsverlustmaterialien, errechnet sich ein Materialindex, der größer 1 ist. Der transportkostenoptimale

Standort des Industriebetriebs läßt sich geometrisch (Kräfteparallelogramm) oder mechanisch (mittels des Varignon'schen Apparates) ermitteln.[1] Gewichtsverlustmaterialien ziehen den optimalen Produktionsort an den Materialfundort. Erreicht oder übersteigt das Gewicht eines Materials die Summe der Gewichte des anderen Materials und des Fertigerzeugnisses, so findet die Verarbeitung an seinem Fundort statt.

Es gilt dann:

$M_2 = P$ wenn $M_2 \geqq M_1$ + Fertigerzeugnis bzw.

$M_1 = P$ wenn $M_1 \geqq M_2$ + Fertigerzeugnis

Ist diese Bedingung nicht erfüllt, befindet sich der Transportkostenminimalpunkt (P) zwischen den Materialorten und dem Konsumort. Die Lage hängt von der Proportion der einzelnen Gewichtskomponenten zueinander ab. Im dargestellten Beispiel (Abb. 2.2) beträgt der Gewichtsverlust der beiden gleichschweren Materialien jeweils 50 %.

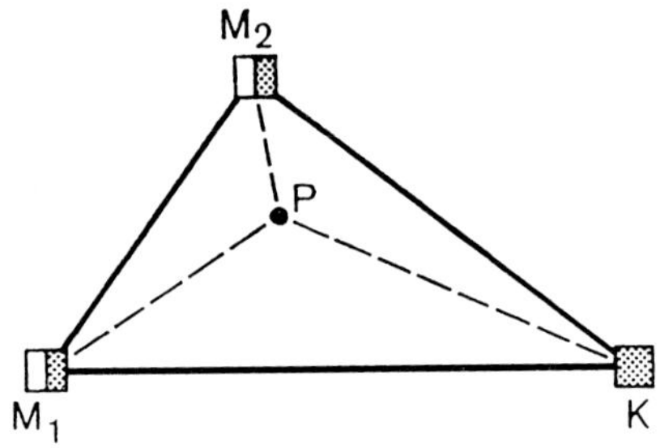

Abb. 2.2 Transportkostenminimalpunkt bei zwei Gewichtsverlustmaterialien

Werden ein Gewichtsverlustmaterial und ein Reinmaterial eingesetzt, ergeben sich vergleichbare Standortkonsequenzen; die Tendenz zu den Materialfundorten ist allerdings abgeschwächt. Werden ausschließlich Transportkosten als Standortfaktor berücksichtigt, so zeigt sich die Tendenz, daß bei hohem Materialindex die industriel-

[1] Eine Beschreibung beider Berechnungsverfahren findet sich bei: *G. Pick* (1922, S. 225 ff.). Bei komplexeren Fragestellungen (z. B. bei Standortpolygonen) bietet sich eine Lösung mit Hilfe von Computerprogrammen an.

le Standortwahl materialorientiert und bei niedrigem Materialindex konsumorientiert ist.

Nach der Bestimmung des transportkostengünstigsten Standorts (tonnenkilometrischer Minimalpunkt) untersucht *A. Weber* den Einfluß des Standortfaktors *Arbeitskosten* auf die industrielle Standortwahl. In den eingangs behandelten Prämissen wurde auf die Möglichkeit räumlich differenzierter Lohnhöhen hingewiesen. Eine Verlegung des Industriestandorts vom Transportkostenminimalpunkt zu einem Standort mit niedrigeren Arbeitskosten wird dann durchgeführt, wenn die Arbeitskostenersparnis den erhöhten Transportkostenaufwand übersteigt. In Abb. 2.3 wird die Beziehung zwischen Transportkosten und Arbeitskosten graphisch dargestellt.

Ausgangspunkt ist die in Abb. 2.2 beschriebene Standortfigur; der Gewichtsverlust der beiden gleichschweren Materialien beträgt jeweils 50 %. Die Transportkosten für Materialien und Fertigerzeugnis werden durch Kreise um die Materialfundorte (M_1, M_2) und den Konsumort (K) dargestellt. Diese Kreise werden als „Isotimen" bezeichnet, das sind also Linien gleicher Transportkosten der einzelnen Produkte (Materialien, Fertigerzeugnis). Im tonnenkilometrischen Minimalpunkt P betragen – im gewählten Beispiel – die Transportkosten der Materialien M_1 und M_2 zum Verarbeitungsort (P) und des Fertigerzeugnisses zum Konsumort (K) knapp sieben Kosteneinheiten (ausgedrückt z. B. in DM). Wir gehen nun von der Annahme aus, daß an den Standorten L_1 und L_2 die Arbeitskosten um drei Kosteneinheiten niedriger sind als am tonnenkilometrischen Minimalpunkt P. L_1 bzw. L_2 kommen nur dann als Industriestandort in Betracht, wenn niedrigere Gesamtkosten als am Standort P auftreten. Es gilt also jene „Isodapane", d. h. Linie gleicher Transportkosten aller Produkte (Materialien, Fertigerzeugnis) zu ermitteln, entlang der die Arbeitskostenersparnis den Transportkostenmehraufwand gerade ausgleicht. In dem hier beschriebenen Beispiel ist das auf der in Abb. 2.3 dargestellten Isodapane (die 10 Kosteneinheiten repräsentiert) der Fall. Im Punkt I beispielsweise betragen die Transportkosten der Materialien M_1 und M_2 nach I und

vgl. H. W. *Kuhn* und *R. E. Kuenne* (1962, S. 21-33); *L. Cooper* (1968, S. 181-197)

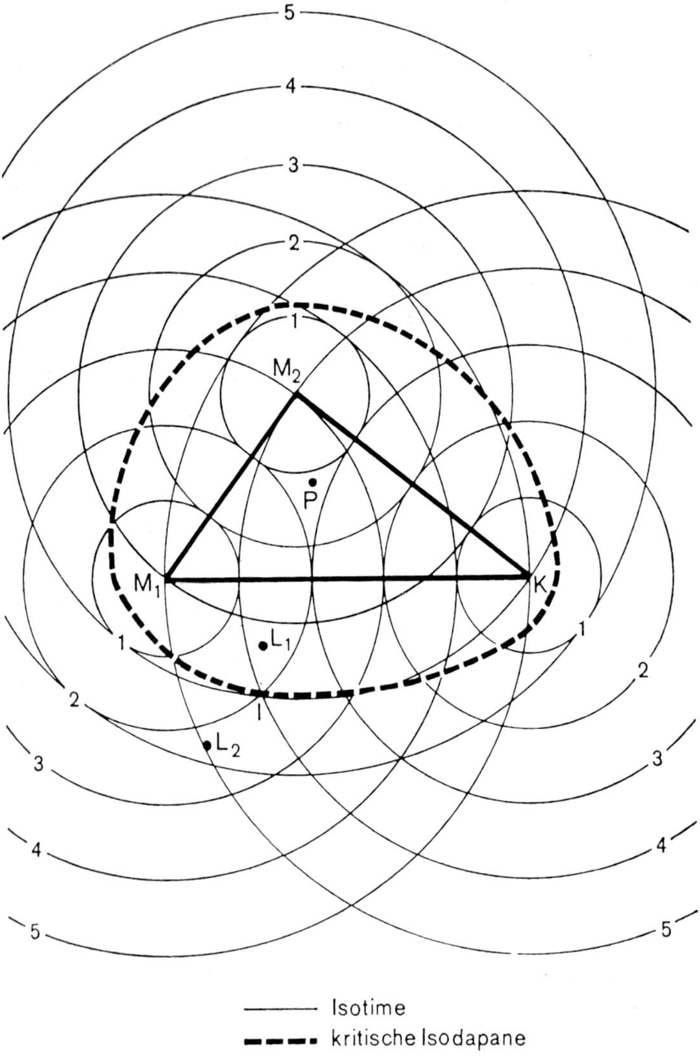

Abb. 2.3 Einfluß der Arbeitskosten auf die industrielle Standortwahl

des Fertigerzeugnisses zum Konsumort K gerade 10 Kosteneinheiten.[1] L_1 liegt innerhalb dieser „kritischen Isodapane“. Der Industriestandort wird nicht am tonnenkilometrischen Minimalpunkt P angesiedelt, sondern am Standort L_1, da dort die Arbeitskostenersparnis größer ist als der Transportkostenmehraufwand. Der Standort L_2 liegt außerhalb der kritischen Isodapane, er weist höhere Gesamtkosten auf und scheidet als Industriestandort aus.

A. Weber weist auf branchenspezifische Unterschiede in der Bedeutung der Arbeitskosten für die industrielle Standortwahl hin. Die Ablenkbarkeit eines Industriebetriebes vom Transportkostenminimalpunkt zu einem Standort niedriger Arbeitskosten wächst mit steigendem „Arbeitskoeffizienten“[2].

Neben den Arbeitskosten können im System Webers auch *Agglomerationsfaktoren* eine Abweichung des industriellen Standorts vom tonnenkilometrischen Minimalpunkt bewirken.[3]

In Abb. 2.4 sind für vier Industriebetriebe deren jeweilige Transportkostenminimalpunkte (P_A, P_B, P_C, P_D) eingezeichnet. Durch die Einbeziehung mehrerer räumlich gestreuter Betriebe wird die restriktive Annahme der isolierten Produktion eines Betriebs gelockert. Wir gehen von der Annahme aus, daß durch die räumliche Konzentration mehrerer Betriebe an einem Standort Agglomerationsvorteile entstehen. Die Kreise stellen für die vier Betriebe deren kritische Isodapanen dar, auf der die Kosteneinsparung, die sich aufgrund der Agglomeration ergibt, gerade den erhöhten Transportkostenaufwand kompensiert. Die Standorte der Industriebetriebe A, B und C werden in jenem Gebiet gewählt, in dem die drei sich überschneidenden kritischen Isodapanen ein gemeinsames Segment bilden (Agglomerationsraum); der Agglomerationsvorteil ist größer als der

1 Im Punkt I schneiden sich drei Isotimen, die folgende Transportkosten aufweisen: 2 DM ($M_1 \rightarrow I$), 4 DM ($M_2 \rightarrow I$) und 4 DM ($I \rightarrow K$).

2 Als Arbeitskoeffizient definiert *A. Weber* die Relation zwischen Arbeitskostenindex (durchschnittliche Arbeitskosten, die aufzuwenden sind, um eine Gewichtseinheit des Fertigerzeugnisses zu produzieren) und Standortgewicht (Gewicht der lokalisierten Materialien plus Gewicht der Fertigerzeugnisse).

3 *A. Weber* unterscheidet Agglomerativ- und Deglomerativfaktoren; diese entsprechen in etwa den unter 2.1.1.1 beschriebenen positiven (negativen) internen Ersparnissen und den Lokalisationsvorteilen (-nachteilen).

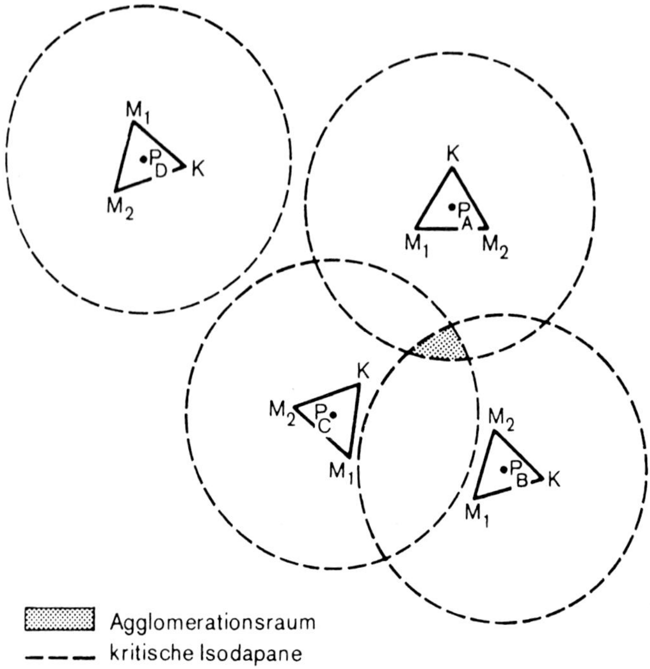

Abb. 2.4 Einfluß von Agglomerationsvorteilenauf die individuelle Standortwahl

Transportkostennachteil. Für D scheidet eine Betriebsverlagerung in den Agglomerationsraum aus, da die Kostenersparnis durch die Agglomeration geringer wäre als der notwendige Mehraufwand an Transportkosten. Treten für Industriebetriebe im Falle einer gemeinsamen Ansiedlung an einem Standort Kostennachteile auf, so können diese Agglomerationsnachteile auch zu einer räumlichen Streuung führen.

Der theoretische Ansatz von *A. Weber* wurde in der regionalwissenschaftlichen Literatur einer eingehenden Analyse und *Kritik* unterzogen. Die kritische Auseinandersetzung bezieht sich vor allem auf die restriktiven Annahmen bei der Behandlung der drei Standortfaktoren (Transportkosten, Arbeitskosten, Agglomerationsvorteile) sowie auf die Vernachlässigung wichtiger zusätzlicher Determinanten der industriellen Standortwahl. Die Annahmen *A. Webers* entsprechen zum Teil nicht der Realität, eine Aussage, die bislang noch auf alle deduktiven Theorien zutrifft. So sind die Transportkosten nicht ausschließlich eine Funktion von Gewicht und Entfernung; in der Praxis können die Frachttarife mit zunehmender Entfernung degressiv abnehmen und auch hinsichtlich der Art der zu befördernden Güter (Massengüter, Stückgüter) Unterschiede aufweisen. Auch die Annahme unbegrenzter Verfügbarkeit von Arbeitskräften ist zumindest in Volkswirtschaften mit Vollbeschäftigung wirklichkeitsfremd. Gerade bei nicht standortgebundenen Industriebetrieben beeinflußt das quantitative und qualitative Arbeitskräftepotential in zunehmendem Maß die unternehmerische Standortentscheidung. Schließlich wird infolge der Vernachlässigung der „urbanization economies" die konzentrationsfördernde Wirkung der Agglomerationsvorteile unterschätzt. Von grundsätzlicherer Natur ist der Einwand, daß die Theorie *A. Webers* wegen ihrer unzureichenden Einbindung in die allgemeine Wirtschaftstheorie keine wirtschaftliche, sondern nur eine technische Standortbestimmung gibt (vgl. *H. U. Meyer-Lindemann* 1951, S. 55 ff.; *W. Meyer* 1960, S. 22ff.). Durch die Annahme konstanter Faktorpreise, Güterpreise, Produktionstechnik und Nachfrage bleiben wichtige ökonomische Einflußgrößen unternehmerischer Standortwahl unberücksichtigt und begrenzen den Erklärungswert der Theorie. Infolge der Vernachlässigung der Leistungsverwertung (Absatz, Konkurrenz) wird nicht der gewinnmaximale Standort als optimaler Betriebsort definiert, sondern die Fragestellung wird auf den kostenminimalen Ort der industriellen Produktion reduziert.

Bei der Bewertung dieser kritischen Einwände ist zu berücksichtigen, daß *A. Weber* sein Buch als Ausgangspunkt für die Erstellung einer umfassenden Industriestandorttheorie verstand. *D. M. Smith* (1981, S. 75) hebt den hohen innovatorischen Wert für empirische Untersuchungen und die theoretische Weiterentwicklung hervor. Eine Reihe von empirischen Untersuchungen verwendete den theoretischen Ansatz von *A. Weber*, um für materialorientierte, transportkostenintensive Industriezweige (z. B. die Eisen- und Stahlindustrie) deren Standortwahl zu erklären (vgl. *O. Lindberg* 1952, S. 28-40; *R. A. Kennelly* 1968, S. 126-157; *W. Smith* 1955, S. 1-18; *P. Craig* 1957, S. 249-265; G. Törnqvist 1962). Und das von *A. Weber* entwickelte methodologische und terminologische Instrumentarium fand Eingang sowohl in neuere Theorien der unternehmerischen Standortwahl als auch in Strukturmodelle der Raumwirtschaftstheorie.

2.1.1.3 Weiterentwicklung der Industriestandorttheorie

Die Kritik an der Industriestandorttheorie *A. Webers* konzentriert sich auf zwei Bereiche: Der Wirtschaftswissenschaft fehlt die Verknüpfung der Standorttheorie mit der allgemeinen Wirtschaftstheorie, die Geographie kritisiert die aufgrund der restriktiven Annahmen begrenzte Anwendbarkeit bei empirischen Untersuchungen. Im folgenden werden exemplarisch zwei Versuche der Weiterentwicklung der Theorie *A. Webers* diskutiert. Die Arbeiten von *A. Predöhl* und *W. Isard* bemühen sich mit Hilfe des Substitutionsprinzips um eine Integration der Industriestandorttheorie und der allgemeinen Wirtschaftstheorie. *D. M. Smith* versucht, den theoretischen Ansatz von *A. Weber* weiterzuentwickeln mit dem Ziel einer verbesserten Anwendbarkeit bei der Lösung industriegeographischer Fragestellungen.

Es ist das Verdienst von *Andreas Predöhl* (1925, S. 294-321), das in der allgemeinen Gleichgewichtstheorie der Nationalökonomie bekannte *Substitutionsprinzip* in die Standortanalyse eingeführt zu haben. Vergleichbar mit der bei der Produktion von Gütern und der Bereitstellung von Diensten durch die Substitution eines Produktionsfaktors durch andere Produktionsfaktoren (etwa Arbeit durch Kapital oder Boden) angestrebten optimalen Produktionsmittelkombination kann auch die Bewegung eines Betriebsstandortes zur optimalen Lage als Substitutionsvorgang interpretiert werden.

Walter Isard (1956, S. 95 ff.) bedient sich des Substitutionsansatzes zur Analyse des Standortgleichgewichts eines Einzelbetriebs. Abb. 2.5 (a) zeigt eine einfache Standortfigur mit einem Konsumort (K), *einem* Fundort eines Reingewichtsmaterials (M_1) und einer verbindenden Transportlinie. Zu bestimmen ist der transportkostengünstigste Produktionsort (P). Bei dieser Standortsituation bestehen zwei Entfernungsvariablen: die Entfernung vom Punkt K und die Entfernung vom Punkt M_1. Die graphische Darstellung dieser beiden Variablen in Abb. 2.5 (b) ergibt eine gerade Transformationslinie mit einer Neigung von – 1. Die Transformationslinie drückt alle möglichen

Substitutionsbeziehungen zwischen den beiden Variablen aus. Beispielsweise setzt sich der Produktionsstandort P_1 aus vier Transportinputeinheiten der Variablen Reingewichtsmaterial und einer Transportinputeinheit der Variablen Fertigprodukt zusammen. Wird der Produktionsstandort nach P_2 verlegt, werden vier Transportinputeinheiten des Fertigprodukts und eine Transportinputeinheit des Reingewichtsmaterials eingesetzt, d. h. der Produzent substituiert den Transportinput Reingewichtsmaterial durch den Transportinput Fertigerzeugnis. Für den Spezialfall einer geraden Transformationslinie weist jeder Produktionsstandort entlang der Geraden KM_1 gleiche Transportkosten auf. (Vgl. Fall 2a in Kapitel 2.1.1.2).

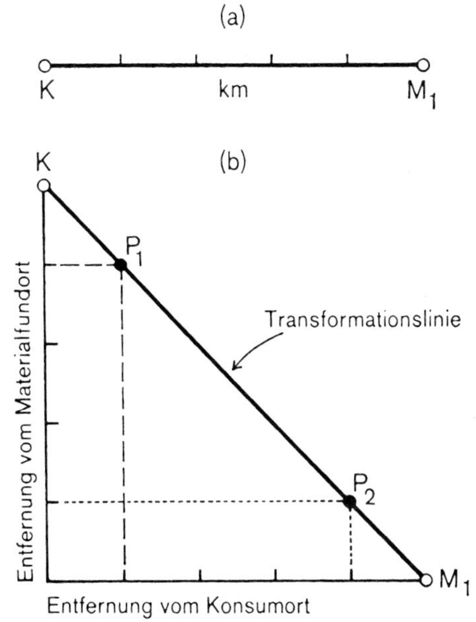

Abb. 2.5 Bestimmung des Transportkostenminimalpunktes nach dem Substitutionsprinzip (ein Reingewichtsmaterial)
Entwurf: nach *W. Isard* (1956, S. 96 f.)

Wir erhöhen nun die Komplexität des Beispiels. Abb. 2.6 (a) zeigt eine Standortfigur mit einem Konsumort (K) und zwei Fundorten von Gewichtsverlustmaterialien (M_1, M_2) (Dieses Beispiel entspricht dem bei der Industriestandorttheorie *A. Webers* in Abb. 2.2 behandelten Fall 5). Gesucht ist wieder der transportkostengünstigste Produktionsstandort (P). Bei dieser Standortsituation ergeben sich drei Paare von Substitutionsbeziehungen, für die jeweils Transformationslinien abgeleitet werden können.

Fall 1 Für jede Entfernung vom Konsumort (K) besteht eine Transformationslinie zwischen den Variablen: Entfernung von M_1 und Entfernung von M_2.

Fall 2 Für jede Entfernung vom Materialfundort (M_1) besteht eine Transformationslinie zwischen den Variablen: Entfernung von K und Entfernung von M_2.

Fall 3 Für jede Entfernung vom Materialfundort (M_2) besteht eine Transformationslinie zwischen den Variablen: Entfernung von K und Entfernung von M_1.

Wir gehen von Fall 1 aus und suchen den transportkostengünstigsten Produktionsstandort (P_1) in einer Entfernung von, beispielsweise, drei Distanzeinheiten vom Konsumort (K). Alle Punkte entlang des Bogens AB in Abb. 2.6 (a) stellen mögliche Produktionsstandorte dar. Dieser Bogen wird in Abb. 2.6 (b) in eine Transformationslinie transponiert. Verschieben wir den Produktionsstandort entlang der Transformationslinie von A in Richtung B, nimmt die Entfernung vom Materialfundort M_2 ab, und die Entfernung von M_1 vergrößert sich, d. h. Transportinputeinheiten von M_2 werden substituiert durch Transportinputeinheiten von M_1. Mit Hilfe von Isokostenlinien, die alle Mengenkombinationen der Materialien M_1 und M_2 mit gleichen Transportkosten ausdrücken, läßt sich der optimale Produktionsstandort bestimmen. Unter der Annahme, daß im Produktionsprozeß je eine Gewichtseinheit der Materialien M_1 und M_2 eingesetzt wird und daß die Frachtraten für beide Materialien gleich und proportional zur Entfernung sind, ergeben sich gerade Isokostenlinien mit einer Neigung von – 1. Der transportkostengünstigste Produktionsstandort liegt in dem Punkt, in dem die Isokostenlinie die Transformationslinie gerade tangiert. Dieser Berührungspunkt (P_1) repräsentiert eine partiale Gleichgewichtsposition. Für unterschiedliche Entfernungen vom Konsumort (K) lassen sich weitere partiale Gleichgewichtsstandorte ermitteln.

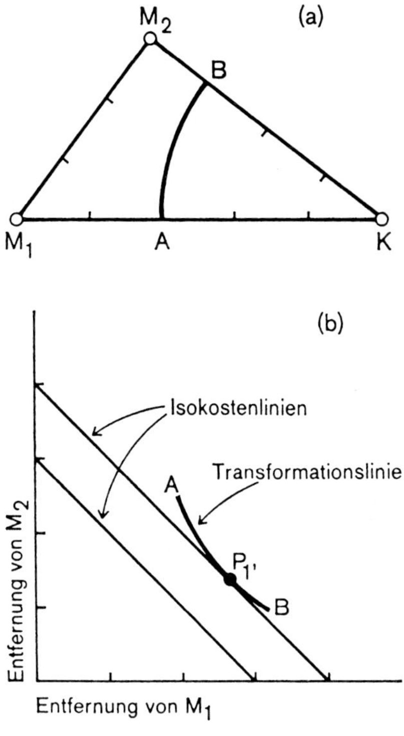

Abb. 2.6 Bestimmung des Transportkostenminimalpunktes nach dem Substitutionsprinzip (zwei Gewichtsverlustmaterialien)
Entwurf: nach *W. Isard* (1956, S. 98)

Wie für den beschriebenen Fall 1 sind auch für unterschiedliche Entfernungen vom Materialfundort M_1 (Fall 2) und für unterschiedliche Entfernungen vom Materialfundort M_2 (Fall 3) alle möglichen partialen Gleichgewichtsstandorte zu bestimmen. Der optimale Produktionsstandort (P), d. h. der „totale" Gleichgewichtsstandort, ist jener Punkt, in dem drei partiale Gleichgewichtsstandorte zusammenfallen. Mit Hilfe des Substitutionsprinzips berechnet *W. Isard* auch den Transportkostenminimalpunkt für Standortpolygone und berücksichtigt die Auswirkungen weiterer Standortfaktoren, wie Arbeitskosten, Agglomerationen, Absatzmärkte etc.

Die Ermittlung eines Standortgleichgewichts mittels Substitionsvorgängen ist, verglichen mit den in Kapitel 2.1.1.2 behandelten geometrischen, mechanischen oder mathematischen Lösungsansätzen, kompliziert. Die Anwendung des Substitutionsprinzips weist jedoch entscheidende konzeptionelle Vorzüge auf; sie zeigt eine Möglichkeit auf, die Standorttheorie und die allgemeine Wirtschaftstheorie zu integrieren sowie die verschiedenen partialen Standorttheorien zu einer allgemeinen Theorie des räumlichen Gleichgewichts weiterzuentwickeln.

David M. Smith betont die Bedeutung der Industriestandorttheorie *A. Webers* für die Geographie, da dieser standorttheoretische Ansatz explizit Unterschiede in der räumlichen Verteilung der Produktionsfaktoren berücksichtigt. Es ist das erklärte Ziel der Arbeiten von *D. M. Smith*, durch Modifikation und Erweiterung der Theorie *A. Webers*, den Erklärungswert für die empirische Forschung in der Geographie zu erhöhen (*D. M. Smith* 1966, S. 95 bis 113; 1981, S. 149-230).

D. M. Smith entwickelt zunächst ein sehr einfaches Modell zur Bestimmung des optimalen Standorts eines Einzelbetriebs. In Erweiterung zu *A. Weber* werden neben den räumlichen Unterschieden der Kosten auch räumliche Unterschiede der Erlöse berücksichtigt. Vereinfachend wird unter anderem davon ausgegangen, daß Kosten und Preise für den Einzelbetrieb ein Datum sind. Der Unternehmer besitzt keine Möglichkeit, Kosten und Preise zu beeinflussen, etwa durch die Nutzung interner Ersparnisse – als Folge einer Kapazitätserweiterung-, durch technischen Fortschritt, durch Veränderung der Kombination der Produktionsfaktoren oder der Unternehmerleistung. In Abb. 2.7 werden der kostenminimale (P_K), der erlösmaximale (P_E) und der gewinnoptimale Produktionsstandort (P_O) dargestellt. In Abb. 2.7 (a) sind die Erlöse konstant und die Kosten variabel, gemäß den von Standort zu Standort unterschiedlichen Kosten für die Beschaffung der zur Produktion notwendigen Faktoren und für die Distribution der Fertigprodukte zum Markt. Abb. 2.7 (b) zeigt die umgekehrte Situation, die Kosten werden konstant gehalten und die Erlöse sind variabel, entsprechend der räumlichen Variation der Nachfrage. Abb. 2.7 (c) schließlich geht von der realistischen Annahme räumlich variabler Kosten und Erlöse aus. P_O ist der gewinnoptimale Produktionsstandort, da die Differenz zwischen Kosten und Erlösen hier am größten ist. P_1 und P_2 stellen die Standorte der Grenzproduzenten dar, deren Erlöse gleich den Kosten sind. Zwischen P_1 und P_2 liegt die Gewinnzone. Innerhalb dieser Grenzen kann ein Unternehmer, dessen primäres Ziel nicht Gewinnmaximierung ist, jeden beliebigen Produktionsstandort wählen. Links von P_1 und rechts von P_2

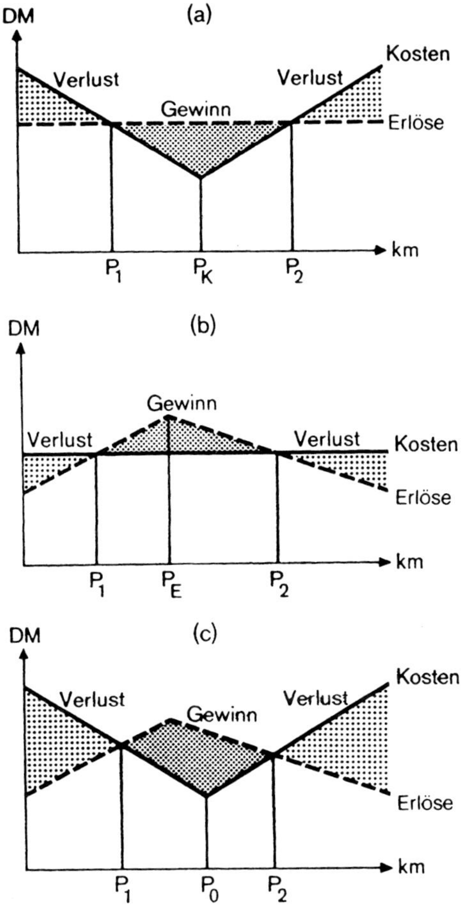

Abb. 2.7 Optimaler Produktionsstandort und räumliche Gewinnzone
Entwurf: nach *D. M. Smith* (1981, S. 113)

liegt die Verlustzone, in der die Kosten die Erlöse übersteigen. Je steiler (flacher) die Kosten- und/oder Erlöskurve verläuft, desto lokalisierter (disperser) ist die industrielle Standortverteilung.

D. M. Smith erstellt ein zweites Standortmodell, das allerdings nur räumlich variable Kosten berücksichtigt. Es wird zunächst versucht, mit Hilfe des von *A. Weber* entwickelten Instrumentariums eine räumliche Gesamtkostenkurve abzuleiten sowie als nächsten Schritt einige der restriktiven Modellannahmen aufzuheben, um eine Annäherung des Modells an die Realität zu erreichen.

Um die Auswirkungen der räumlichen Kostenvariationen auf die Standortentscheidung erklären zu können, werden in Abb. 2.8 die Gesamtkosten in Grundkosten (basic cost) und Lagekosten (locational cost) unterteilt. Grundkosten werden als Minimumkosten der eingesetzten Inputeinheiten definiert, so wie sie am billigsten Bezugsort bestehen. Lagekosten sind zusätzliche Kosten, die bei der Distanzüberwindung der Inputeinheiten von dem billigsten Bezugsort zum Produktionsstandort entstehen.

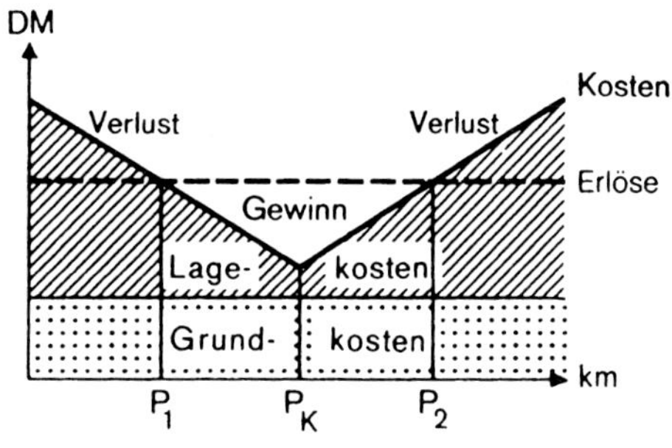

Abb. 2.8 Die Unterscheidung in Grundkosten und Lagekosten
Entwurf: nach *D.M. Smith* (1981, S. 100)

Das im folgenden behandelte *variable Kostenmodell* von *D. M. Smith* geht von einer Reihe allgemeiner Restriktionen aus:

- Alle Produzenten streben nach Gewinn, allerdings nicht notwendigerweise nach Gewinnmaximierung,
- alle Produzenten haben freien Zugang zum Markt,
- die Standorte der Produktionsfaktoren sind bekannt und gege-

ben; die Produktionsfaktoren sind mobil und zu gegebenen Kosten unbegrenzt verfügbar,

- die Nachfragebedingungen sind räumlich konstant,
- Veränderungen der Preise und Kosten sind ausgeschlossen.

Als weitere Vereinfachungen – die in das Grundmodell eingehen, später jedoch aufgehoben werden – werden angenommen, daß alle Unternehmer gleiche Fähigkeiten besitzen und daß keine staatlichen Subventionen, keine internen und externen Ersparnisse, keine persönlichen Standortpräferenzen oder Möglichkeiten der Faktorsubstitution bestehen.

$$GK_j = \sum_{i=1}^{n} Q_i \, (BK_i + LK_i \, d_{ij})$$

wobei:

GK	=	Gesamtkosten
Q (1, . . . , i, . . . , n)	=	Mengen der eingesetzten Inputeinheiten
BK (1, . . . , i, . . . , n)	=	Grundkosten einer Mengeneinheit des eingesetzten Inputs
LK (1, . . . , i, . . . , n)	=	Lagekosten einer Mengeneinheit des eingesetzten Inputs und einer Distanzeinheit vom jeweils billigsten Bezugsort
I (1, . . . , i, . . . , n)	=	Standorte der Inputeinheite am billigsten Bezugsort
J (1, . . . , j, . . . , m)	=	mögliche Produktionsstandorte
d_{ij}	=	Entfernung zwischen dem Standort der Inputeinheit i und dem Produktionsstandort j.

In Abb. 2.9 (a) wird der gesamtkostenminimale Produktionsstandort (P_K) graphisch ermittelt. Angenommen, ein Betrieb stellt ein Gut her und er benötigt ein Rohmaterial, elektrische Energie, Arbeitskräfte, Boden und ein Absatzzentrum zur Versorgung der räumlich gestreuten Abnehmer. Der billigste Bezugsort für das Rohmaterial sei M_1, für die elektrische Energie M_2 und für die Arbeitskräfte L. Die Grundkosten dieser Inputeinheiten sind in Abb. 2.9 (a) eingetragen. Die Kosten für die Bereitstellung des Produktionsfaktors Boden und für die Absatzleistung sollen an allen Standorten gleich sein. Zusätzlich zu den Grundkosten sind in der Standortkarte die Lagekosten berücksichtigt, die entstehen, um das

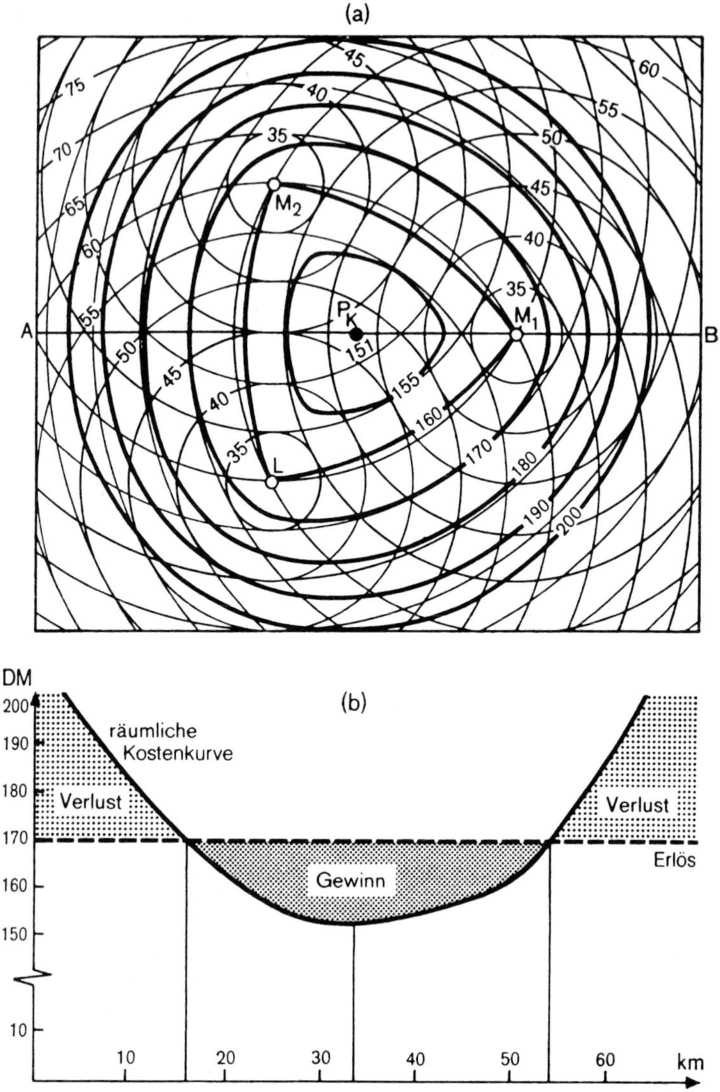

Abb. 2.9 Graphische Ermittlung einer räumlichen Kostenkurve
Entwurf: nach *D.M. Smith* (1981, S. 156)*

* Der Abbildung 2.9 liegen folgende Kostenannahmen zugrunde:

Input	Billigster Bezugsort	Grundkosten für die eingesetzte Menge	Lagekosten für die eingesetzte Menge pro Distanzeinheit
Rohmaterial	M_1	30	1
Elektrische Energie	M_2	30	1
Arbeitskräfte	L	30	1
Boden	ubiquitär	5	–
Absatz	ubiquitär	5	–

Quelle: *D. M. Smith* (1981, S. 154)

Rohmaterial, die elektrische Energie und die Arbeitskräfte vom billigsten Bezugsort zu anderen potentiellen Produktionsstandorten zu bringen. Die konzentrischen Kreise um M_1, M_2 und L stellen Isolinien der Grund- und Lagekosten für Rohmaterial bzw. elektrische Energie bzw. Arbeitskräfte dar, die mit zunehmender Entfernung vom billigsten Bezugsort ansteigen. Die Gesamtkosten an unterschiedlichen Punkten der Standortkarte sind einfach zu berechnen, indem die Kosten an den Schnittpunkten der Isolinien der drei räumlich variablen Inputeinheiten addiert werden mit den Kosten der zwei ubiquitären Inputeinheiten. Entsprechend der Ableitung der „Isodapane“ in Kapitel 2.1.1.2 können die Punkte gleicher Gesamtkosten zu Isolinien verbunden werden, und es läßt sich der gesamtkostenminimale Produktionsstandort (PK) bestimmen. Ein Querschnitt durch die Isolinienkarte entlang der Linie AB ergibt die in Abb. 2.9 (b) dargestellte räumliche Kostenkurve. In Verbindung mit der Erlösgeraden läßt sich auch die Gewinnzone P_1 P_2 abgrenzen.

D. M. Smith versucht, das bislang beschriebene variable Kostenmodell durch die Aufhebung einiger Restriktionen an die Realität anzunähern. Im folgenden werden als Beispiel die Auswirkungen unterschiedlicher Unternehmerleistung und staatlicher Subventionen auf die Standortentscheidung untersucht.

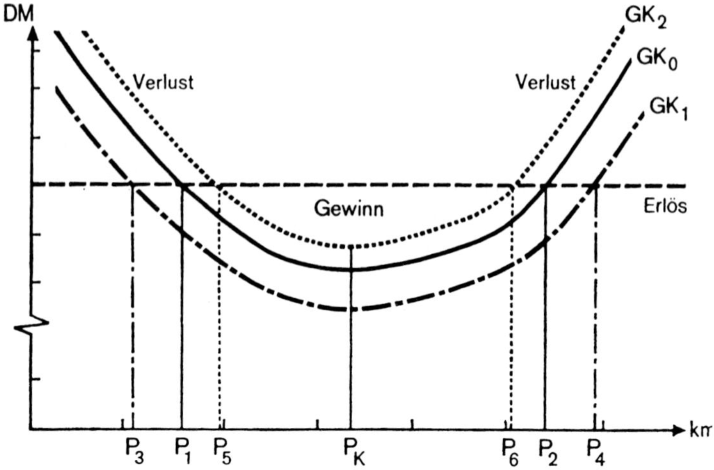

Abb. 2.10a Auswirkung unterschiedlicher Unternehmerleistung auf die Standortwahl
Entwurf: nach *D. M. Smith* (1981, S. 168)

Unterschiede in der Unternehmerleistung beeinflussen nicht nur die Höhe des Gewinns, sondern auch den Spielraum eines Betriebs bei der Standortwahl. In Abb. 2.10a repräsentiert GK_0 die durchschnittliche räumliche Gesamtkostenkurve aller Betriebe einer Branche. Ein Betrieb mit einem überdurchschnittlich leistungsfähigen Management wird mit niedrigeren Kosten produzieren als der Branchendurchschnitt. Die resultierende Gesamtkostenkurve GK_1 zeigt, daß dieser Betrieb einen höheren Gewinn erzielt und die Gewinnzone sich von der Durchschnittssituation (P_1 P_2) auf P_3 P_4 erweitert. Entsprechend wird sich für einen Betrieb mit unterdurchschnittlicher Managementleistung die Gesamtkostenkurve nach oben verschieben (GK_2), und die Gewinnzone schrumpft auf P_5 P_6.

In einem zweiten Beispiel wird in Abb. 2.10b angenommen, daß der Staat beabsichtigt, die Industrieansiedlung in zwei peripheren Gebieten (a und b) – die außerhalb der Gewinnzone liegen – durch Subventionen zu fördern. Subventionen reduzieren die Kosten. Im Gebiet a verschiebt sich aufgrund der Subvention die Gesamtkostenkurve unter die Erlösgerade. Betriebe, die sich im subventio-

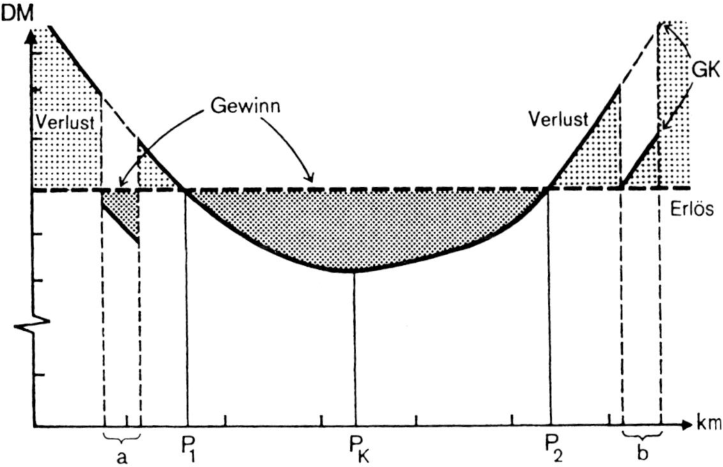

Abb. 2.10b Auswirkung räumlich differenzierter Subventionen auf die Standortwahl
Entwurf: nach *D. M. Smith* (1981, S. 170)

nierten Gebiet a ansiedeln, können Gewinne erzielen. In dem noch weiter entfernten Gebiet b jedoch ist die gleiche Subventionshöhe nicht ausreichend, um die Standortnachteile auszugleichen. Dieses Beispiel zeigt die Notwendigkeit, staatliche Förderungsmaßnahmen räumlich differenziert einzusetzen.

Die Arbeiten von *D. M. Smith* stellen den Versuch dar, den partialtheoretischen Ansatz von *A. Weber* weiterzuentwickeln; eine Integration mit anderen Partialtheorien ist nicht beabsichtigt und wird nicht geleistet. Wichtige konzeptionelle Fortschritte sind die Berücksichtigung der Gesamtkosten – anstelle ausschließlich der Transportkosten – bei der Standortoptimierung sowie die Einführung von Gewinnzonen, die dem Modell genügend Flexibilität verleihen, auch suboptimales Unternehmerverhalten in die Standortentscheidung einzubeziehen.

2.1.1.4 Verhaltenswissenschaftlicher Ansatz

Den deduktiven Industriestandorttheorien stellt *Allen Pred* (1967, 1969) einen verhaltenswissenschaftlichen Erklärungsansatz gegenüber. Ausgangspunkt seiner Überlegungen ist die Annahme, daß jede Entscheidung, beispielsweise über den Standort eines Industriebetriebs, vom Informationsstand des Entscheidungsträgers (Eigentümer, Manager) abhängt. In Abb. 2.11 sind für neun Unternehmer die Quantität und Qualität der von ihnen wahrgenommenen Informationen sowie ihre Fähigkeit, diese Informationen zu nutzen, in eine *Verhaltensmatrix* eingetragen. Die Unternehmer 1, 2 und 3 besitzen gute Informationen und die Möglichkeit, diese effizient zu verarbeiten; es besteht somit eine hohe Wahrscheinlichkeit, daß sie sich für einen wirtschaftlich optimalen Produktionsstandort entscheiden. Tatsächlich liegen die Industriebetriebe 1 und 2 in unmittelbarer Nähe des Standortoptimums. Der Unternehmer 3 hingegen strebt nicht nach einer wirtschaftlich optimalen Lösung, sondern wählt, z. B. aus familiären Gründen, einen suboptimalen Standort, der allerdings noch innerhalb der räumlichen Gewinnzone liegt. Mit abnehmenden Informationen und sich verschlechternden Unternehmerleistungen verringert sich auch die Wahrscheinlichkeit einer optimalen Standortwahl. Die Unternehmer 4, 5 und 6 verfügen über durchschnittliche Kenntnisse und Problemlösungsfähigkeiten; sie entscheiden sich für Produktionsstandorte, die sich zwar innerhalb der Gewinnzone, aber in größerer Entfernung zum optimalen Standort befinden. Von den drei Unternehmern, die in der Verhaltensmatrix eine ungünstige Position einnehmen, wählen zwei einen Standort außerhalb der Gewinnzone; aufgrund dieser Standortentscheidung sind sie nicht wettbewerbsfähig und müssen aus dem Produktionsprozeß ausscheiden. Der Unternehmer 7 hingegen, den ebenfalls geringer Informationsstand und unzureichende Unternehmerleistung kennzeichnen, entscheidet sich zufällig, oder weil er die Standortwahl des Betriebs 6 kopiert, für einen gewinnbringenden Produktionsstandort.

Die bislang statische Betrachtung erweitert *A. Pred* durch die Einbeziehung der Dimension Zeit in den verhaltenswissenschaftlichen Ansatz. So kann sich bei dynamischer Betrachtung der Informationsstand der Entscheidungsträger erhöhen, z. B. durch die Einführung neuer Kommunikationssysteme, oder die Unternehmer können ihre Fähigkeit der Informationsverarbeitung verbessern, aus Fehlern lernen bzw. erfolgreiche Standortentscheidungen konkurrierender Unternehmen nachahmen. Es ist zu erwarten, daß eine zu-

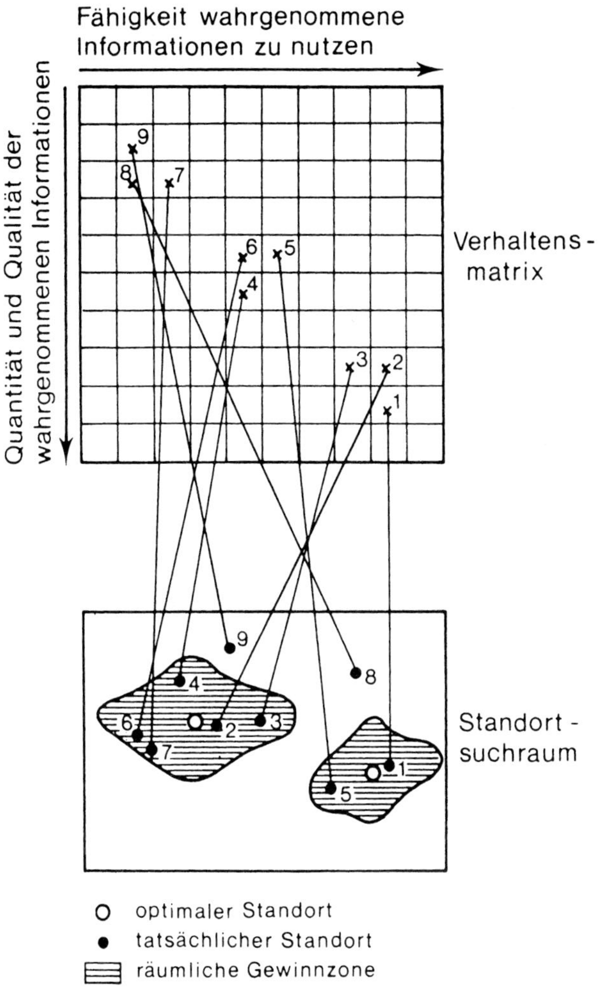

Abb. 2.11 Verhaltensmatrix und industrielle Standortwahl
Entwurf: nach *A. Pred* (1967, S. 92); *D. M. Smith* (1981, S. 119)

nehmende Rationalität der Entscheidungen zumindest langfristig zu einer räumlichen Verlagerung der industriellen Aktivitäten in Richtung auf das Standortoptimum beiträgt.

Ganz allgemein gilt, daß sich im Zuge des wirtschaftlichen Strukturwandels die Anforderungen eines Betriebs an einen Standort, aber auch die an einem Standort herrschenden Bedingungen verändern, zum Verlust eines ehemals optimalen Standorts führen und betriebliche Anpassungsmaßnahmen notwendig machen. Grundsätzlich versuchen Betriebe ihren Standort beizubehalten; einmal gewählte Standorte besitzen eine große Persistenz. Folglich wird zunächst versucht, an der alten Betriebsstätte, z. B. durch Rationalisierungsinvestitionen, die Lagenachteile auszugleichen. Eine weitere Anpassungsmaßnahme stellt die funktionale Standortspaltung, d. h. die räumliche Arbeitsteilung zwischen betrieblichen Funktionen, dar. Nicht das ganze Unternehmen, sondern einzelne Funktionen wie Verwaltung, Produktion oder Lagerhaltung werden an andere Standorte verlegt. Eine vollständige Aufgabe einer Betriebsstätte und ihr Wiederaufbau an einem anderen Ort erfolgt in der Regel, wie empirische Untersuchungen zeigen, nur bei existenzgefährdenden Unzulänglichkeiten am bisherigen Standort (vgl. hierzu die Ausführungen zur räumlichen Kapitalmobilität in Kapitel 2.2.2). Veränderungen der industriellen Standortstruktur eines Raumsystems ergeben sich folglich weniger durch Verlagerung bestehender Betriebe, sondern durch betriebsinterne Wachstums- und Schrumpfungsprozesse am bisherigen Standort oder durch funktionale Standortspaltung, Neugründungen bzw. Stillegungen.

Bei der Standortwahl ist es aus finanziellen und zeitlichen Gründen nicht möglich, sämtliche Standortalternativen in die Analyse einzubeziehen. In Abb. 2.11 sind der tatsächliche *Standortsuchraum* der in der Verhaltensmatrix berücksichtigten Industriebetriebe und die beiden Zonen, in denen sich Gewinne erwirtschaften lassen, eingetragen. Es ist nicht auszuschließen, daß sich an Raumstellen außerhalb des Standortsuchraums die unternehmenspolitischen Ziele besser realisieren lassen. Gerade Klein- und Mittelbetriebe beschränken die Standortsuche häufig auf Regionen, die der persönlichen Erfahrung der Unternehmer zugänglich sind. Die Folge ist nicht die Wahl eines optimalen, sondern die eines zufriedenstellenden Standorts.

Wesentliche Ergebnisse des verhaltenswissenschaftlichen Beitrags von *A. Pred* lassen sich wie folgt zusammenfassen:

- Die einzelnen Unternehmen verfügen bei ihren Standortentscheidungen über unterschiedliche Informationen und Fähigkeiten, diese zu nutzen. Es besteht eine hohe Wahrscheinlichkeit einer positiven Korrelation zwischen Informationsstand und Unternehmerleistung einerseits sowie der Qualität der Standortentscheidung andererseits.
- Es ist zu beachten, daß Unternehmer, deren Informationsstand und Problemlösungskapazitäten vergleichbar sind, unterschiedliche Standortentscheidungen treffen können. Nicht nur objektive, rationale Kriterien, sondern subjektive Wertvorstellungen, persönliche Präferenzen oder der Zufall beeinflussen die Standortwahl. Das Ergebnis sind suboptimale, nicht wirtschaftlich optimale Lösungen; der gewählte Standort muß aber innerhalb der räumlichen Gewinnzone liegen.
- Informationsstand und Fähigkeit der Informationsverarbeitung verbessern sich im Laufe der Zeit, was eine zunehmende Rationalität der Standortentscheidung erwarten läßt. Andererseits verändern sich die Standortanforderungen der Betriebe und die Standortbedingungen und können den Verlust eines bislang optimalen Standorts bewirken. Die Unternehmer sind, um ihre Wettbewerbsfähigkeit zu erhalten, zu kontinuierlichen Anpassungsmaßnahmen gezwungen.

Der verhaltenswissenschaftliche Ansatz bietet bislang keinen alternativen konzeptionellen Rahmen zu den klassischen Industriestandorttheorien an. Er weist aber auf Grenzen der Aussagefähigkeit deduktiver Theorien hin und enthält Anregungen zur Fortentwicklung der bestehenden einzelwirtschaftlichen Standorttheorien.

2.1.2 Gesamtwirtschaftliche Betrachtung (Standortstrukturtheorien)

2.1.2.1 Theorie der Landnutzung (v. Thünen)

Johann Heinrich von Thünen (1875) wird als erster Standorttheoretiker angesehen. Das 1826 erschienene Werk „Der isolierte Staat in

Beziehung auf Landwirtschaft und Nationalökonomie"[1] geht einer wichtigen Grundfrage der Standortlehre nach, inwieweit ökonomische Gesetzmäßigkeiten zur Herausbildung optimaler räumlicher Strukturen der Bodennutzung führen. Das zur Beantwortung dieser Frage erstellte Standortstrukturmodell geht zunächst von einer Reihe restriktiver *Annahmen* aus:

- Der „isolierte Staat" ist ein Wirtschaftsraum, der von der übrigen Welt abgeschlossen ist und in seiner Mitte eine einzige dominierende Stadt besitzt, die von einer homogenen Ebene (z. B. ohne physisch-geographische Differenzierung) umgeben ist;
- die Stadt versorgt den Wirtschaftsraum mit Industriegütern und stellt den einzigen Markt für die im Umland erzeugten Agrarprodukte dar; sie erfüllt somit eine Doppelfunktion als Standort und Angebotszentrum der gewerblichen und industriellen Produktion sowie als Nachfragezentrum für die agrare Erzeugung;
- die Transportkosten sind direkt proportional zur Entfernung des landwirtschaftlichen Produktionsstandortes vom Konsumzentrum und dem Gewicht der Agrarprodukte; daneben beeinflussen noch Volumen und Verderblichkeit der landwirtschaftlichen Produkte die Höhe der Transportkosten; die Verkehrsverbindungen zwischen der Stadt und dem Umland sind in alle Richtungen gleich;
- die Landwirte erstreben Maximierung des Gewinns („Reinertrag") und passen ihre Produktion automatisch an die Nachfrage des zentralen Marktes an.

Das Kernelement in der Theorie *J. H. von Thünens* ist die *Differentialrente* der Lage der landwirtschaftlichen Produzenten. Diese Lagerente („Landrente") nimmt, bei den gesetzten Prämissen, mit zunehmender Entfernung der Produktionsstandorte vom Konsumzentrum ab und führt zu einer räumlichen Differenzierung in der Intensität und Art der Bodennutzung. Wir untersuchen zunächst die Rentenbildung bei nur einem Anbauprodukt. Die Höhe der Lagerente an den verschiedenen Produktionsstandorten läßt sich mittels nachfolgender Gleichung berechnen (nach *E. S. Dunn* jr. 1954, S. 7):

[1] *J. H. von Thünen*: Der isolierte Staat in Beziehung auf Landwirtschaft und Nationalökonomie. Berlin 1875 (erste Auflage des 1. Teils 1826, der ersten Abteilung des 2. Teils 1850, der zweiten Abteilung des 2. Teils und des 3. Teils 1863).

$R = E (p - a) - Efk$
wobei
R = Lagerente pro Flächeneinheit
E = Produktionsmenge pro Flächeneinheit
p = Marktpreis pro Produkteinheit
a = Produktionskosten pro Produkteinheit
f = Transportrate pro Distanzeinheit
k = Entfernung des Produktionsstandorts zum Konsumzentrum

In obiger Gleichung sind R die abhängige Variable, k die unabhängige Variable und E, p, a, f Konstanten. Dieser Zusammenhang wird in Abb. 2.12 graphisch dargestellt.

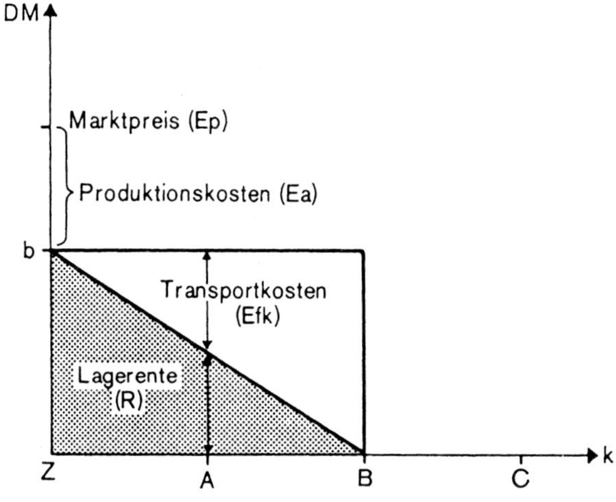

Abb. 2.12 Lagerente bei einem Anbauprodukt

Die Lagerente einer Flächeneinheit (z. B. 1 ha) ergibt sich aus dem Marktpreis für die auf einem ha erzeugte Produktmenge abzüglich der Produktions- und Transportkosten. Der Marktpreis bildet sich im Konsumzentrum aufgrund von Angebot und Nachfrage. Die Produktionskosten sind infolge der Homogenitätsbedingungen an allen Produktionsstandorten gleich hoch und enthalten die Entlohnung des Landwirts für seine Arbeitsleistung. Aus Abb. 2.12 ist zu ersehen, daß mit zunehmender Entfernung der Produktionsstandorte vom Konsumzentrum (Z) die Transportkosten ansteigen und die Lagerente sinkt. Die Linie bB läßt sich als marginale Rentenlinie interpretieren. Am höchsten ist die Lagerente an Produktionsstandorten in unmittelbarer Nähe zum Konsumzentrum (Z), da dort nur sehr geringe Transportkosten anfallen. Im Produktionsstandort B wird keine Lagerente mehr erzielt; der Marktpreis reicht gerade aus, die Produktions- und Transportkosten zu decken. B ist somit Grenzproduzent. Ein Anbau in noch größerer Entfernung zum Konsumzentrum, etwa in C, würde zu Verlust führen und findet daher nicht statt. C käme dann als Produktionsstandort in Frage, wenn aufgrund einer Nachfragesteigerung im Konsumzentrum der Marktpreis ansteigt und sich die Rentenkurve nach rechts bis zum Punkt C verschieben würde.

Die Lagerente beeinflußt die Nachfrage der Landwirte nach Boden. Die Höhe der Lagerente und die Bodennachfrage stehen in positiver Korrelation zueinander. Die große Nachfrage nach marktnahem Boden mit hoher Lagerente führt zu einem Anstieg der Bodenpreise bzw., wenn die Landwirte nicht Bodeneigentümer sind, zu ansteigenden Pachtgebühren. Die Lagerente läßt sich als Preis für die Nutzung des Bodens interpretieren. Marktnaher Boden ist relativ seltener, d. h. knapper, als marktferner Boden und erzielt folglich einen höheren Preis. Die räumlich differenzierte Lagerente bewirkt eine räumliche Differenzierung der Bodenpreise.

Aufgrund des Ertragsgesetzes ist es wirtschaftlich, entsprechend der mit zunehmender Nähe der Produktionsstandorte zum Konsumzentrum ansteigenden Lagerente auch den Anbau durch verstärkten Einsatz der Produktionsfaktoren Arbeit und Kapital (z. B. Kunstdünger, Maschinen) zu intensivieren. In Abb. 2.13 wird dieser Zusammenhang graphisch dargestellt.

Auf der Abszisse sind Ausbringungsmengen (m), auf der Ordinate Preise und Kosten in Geldeinheiten abgetragen. Die Kostenkurven wurden aus dem Ertragsgesetz abgeleitet; sie sind bei den gesetzten Prämissen für alle Produktionsstandorte gleich. Als Grenzkosten (K') wird der Kostenzuwachs bezeichnet, der durch die Erzeugung der jeweils letzten Produktionseinheit eines Gutes entsteht. Die Durchschnittskosten (DK) lassen sich bestimmen, indem man die Gesamtkosten durch die ausgebrachte Menge des pro-

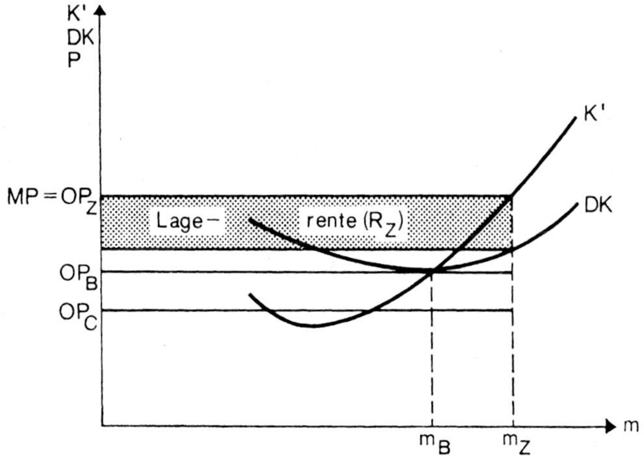

Abb. 2.13 Zusammenhang zwischen Lagerente und Intensität der Bodennutzung

duzierten Gutes dividiert. Der Marktpreis (MP) bildet sich aufgrund von Angebot und Nachfrage im Konsumzentrum. Marktpreis abzüglich Transportkosten ergibt den Ortspreis (OP). Aus Abb. 2.13 ist zu ersehen, daß an dem Produktionsstandort in unmittelbarer Nähe zum Konsumzentrum (Z), bei einem Ortspreis (OP_Z), der in etwa dem Marktpreis (MP) entspricht, die Gütermenge m_z erzeugt wird. Bei dieser Ausbringungsmenge ist der Kostenzuwachs für die Erzeugung der letzten Gütereinheit gleich dem für das Gut zu erzielenden Preis (Grenzkosten = Preis). Der marktfernere Produktionsstandort B weist bei einem Ortspreis (OP_B) eine Ausbringungsmenge m_B aus. Bei dieser Produktionsmenge werden die Durchschnittskosten gerade noch durch den Ortspreis gedeckt. Bei allen weiter vom Konsumzentrum entfernten Produktionsstandorten liegt der Ortspreis unter dem Minimum der Durchschnittskosten. Solange nur ein Produkt angebaut wird, scheiden sie als Anbaugebiete aus. Zusammenfassend läßt sich festhalten, daß mit zunehmender Nähe zum Konsumzentrum die Ausbringungsmenge, d. h. die Intensität der Bodennutzung, ansteigt. Die durch den verstärkten Einsatz variabler Produktionsfaktoren verursachten höheren Produktionskosten werden durch die lagebedingten Transportkostenersparnisse kompensiert (vgl. *M. Chisholm* 1968, S. 37; *W. Isard* 1956, S. 188 ff.).

Wir heben im folgenden die restriktive Annahme nur eines Produktes auf und untersuchen räumliche Differenzierungsprozesse, die ablaufen, wenn mehrere Anbauprodukte im Wettbewerb um die Landnutzung stehen. In Abb. 2.14 sind für drei Produkte (I, II, III) deren jeweilige Rentenlinie (aA, bB, cC) dargestellt.

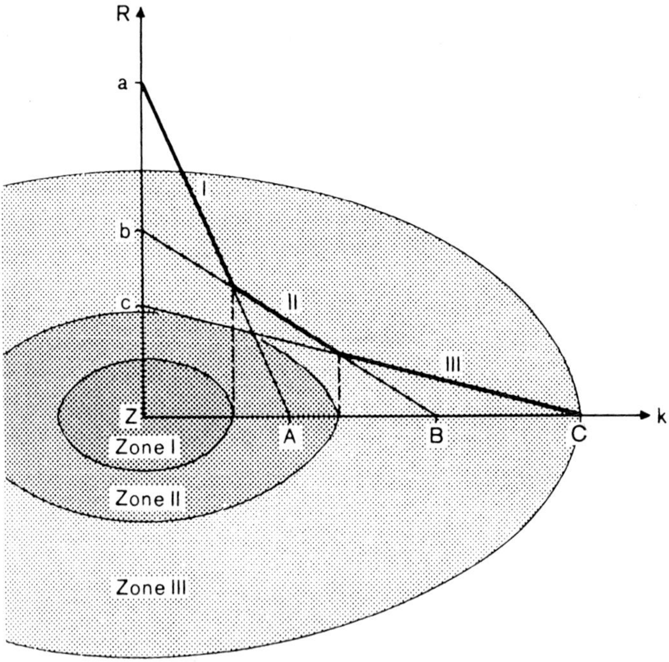

Abb. 2.14 Lagerenten und Art der Bodennutzung bei drei Anbauprodukten

Die Lage einer Rentenlinie im Koordinatensystem ergibt sich, wie bei Abb. 2.12 ausgeführt, aus den produktspezifischen Preis- und Transportcharakteristika. Ihr Schnittpunkt mit der Ordinate hängt vom Marktpreis des Produkts und den Produktionskosten, ihre Neigung von den Transportkosten ab; je höher die Transportkosten sind, desto steiler verläuft die Linie. Da die Landwirte Gewinnmaximierung anstreben, werden sie bei alternativen Möglichkeiten der Bodennutzung dem Anbau jenes Produkts den Vorzug geben, das die höchste Lagerente abwirft. Bezogen auf das in Abb. 2.14 gewählte Beispiel bedeutet dies, daß bis zum auf die Abszisse projizierten Schnittpunkt der Rentenlinien aA mit bB das Produkt I, sodann bis zum entsprechenden Schnittpunkt der Rentenlinien bB mit cC das Produkt II und in noch größerer Entfernung vom Konsumzentrum bis zum Standort C das Produkt III angebaut wird. Durch Rotation dieser auf der x-Achse abgetragenen Grenzpunkte des Anbaus der drei Produkte um das Konsumzentrum (y-Achse) ergeben sich als Muster der Landnutzung konzentrische Ringe. In den Zonen I, II und III wird jeweils nur das Produkt angebaut, das die höchste Lagerente erzielt. Diese Zonierung stellt das optimale, d. h. gewinnmaximale System der Bodennutzung dar. Denkbare räumliche Nutzungsdifferenzierungen in einem Dreiproduktemodell sind Kartoffel, Weizen, Viehzucht oder Milch, Rahm, Butter.

Ausgehend von deduktiven Ansätzen versucht *J. H. von Thünen* (1875, S. 390), die Bodennutzung in konzentrischen Ringen empirisch an dem von ihm bewirtschafteten Gut Tellow bei Rostock nachzuweisen. Unter den Anfang des 19. Jahrhunderts in Mecklenburg herrschenden Bedingungen gelangte er zu folgender Gruppierung der Bodenverwendung:

1. Kreis: „Freie Wirtschaft"
2. Kreis: Forstwirtschaft
3. Kreis: Fruchtwechselwirtschaft
4. Kreis: Koppelwirtschaft
5. Kreis: Dreifelderwirtschaft
6. Kreis: Viehzucht

Dieses System der Bodennutzung umgibt eine „unkultivierte Wildnis".[1]

Die Kritik an der von *J. H. von Thünen* erstellten Theorie der Landnutzung konzentriert sich einmal auf die restriktiven Annahmen seines deduktiven Modells, zum anderen auf die Frage, ob sei-

[1] Eine knappe Beschreibung der Bodennutzung in den einzelnen Kreisen findet sich u. a. in: *K. Ch. Behrens* (1971, S. 5); *R. S. Thoman; E. C. Conkling* et al. (1968, S. 155 ff.).

ne empirisch gefundene Zonierung der Landnutzung allgemeine Gültigkeit besitzt. Die Grundaussage, daß die Lagerente zu einer räumlichen Differenzierung der Intensität und der Art der Bodennutzung führt, blieb jedoch unangetastet.

Bei der kritischen Auseinandersetzung mit dem Werk *J. H. von Thünens* sind, gerade was die Annäherung seiner Theorie an die Wirklichkeit anbetrifft, wichtige Modifikationen gelungen. Bereits *H. J. von Thünen* weist darauf hin, daß durch die Aufhebung einiger vereinfachender Annahmen, z. B. durch die Berücksichtigung von Unterschieden in der Verkehrserschließung (schiffbarer Fluß, Eisenbahn) und der physischgeographischen Ausstattung (Boden, Klima, Relief)[1], von mehreren Konsumzentren oder von Außenhandel, Steuern und Subventionen sich eine Zonierung der Bodennutzung ergibt, die von konzentrischen Kreisen abweicht.[2] Daß selbst die Entstehung von Ringen – zumindest in einem Zweiproduktemodell – nicht zwangsläufig ist, weist *A. Lösch* (1944, S. 24 ff.) nach. Eine grundlegende Erweiterung der Theorie *J. H. von Thünens* stellt der Übergang von seiner statischen zu einer dynamischen Betrachtung dar. Im Zuge des wirtschaftlich-technologischen Entwicklungsprozesses ändern sich Marktpreise, Produktionskosten und Transportkosten. Die Folge sind Verschiebungen der Lage der Rentenlinien im Koordinatensystem und der Zonen der Landnutzung (vgl. Abb. 2.14).[3] Beispiele weiterer Modifikationen sind die Einführung abnehmender anstelle konstanter Frachtraten, wodurch die Rentengerade in eine Rentenkurve transformiert wird.[4], oder die Berücksichtigung außerökonomischer Verhaltensweisen, was zu diskontinuierlichen Nutzungsmustern führen kann (*M. E. Eliot Hurst* 1974, S. 1 18 ff.). Angelsächsische Geographen entwickelten Computerprogramme, mit deren Hilfe sich die

---

1 Eine ausführliche Behandlung des Einflusses physisch-geographischer Faktoren auf die räumliche Verteilung der Landwirtschaft findet sich in: *Th. Peucker* (1966).

2 Graphische Darstellungen dieser veränderten Muster der Landnutzung finden sich u. a. in: *J. H. von Thünen* (1875, S. 391); *R. S. Thoman, E. C. Conkling* et al. (1968, S. 158 ff.); *R. Barlowe* (1958, S. 35).

3 Diese Zusammenhänge sind graphisch dargestellt bei: *R. Abler, J. S. Adams* et al. (1972, S. 350).

4 Nichtlineare Ertrags- und Kostenfunktionen behandeln: *W. L. Garrison* und *D. F. Marble* (1957, S. 137-144).

Auswirkungen von Veränderungen einzelner Determinanten im Modell *J. H. von Thünens* auf die Struktur der Landnutzung simulieren lassen (vgl. *D. F. Marble* und *B. M. Anderson* 1972).

Eine sehr umfangreiche Literatur beschäftigt sich mit dem Nachweis der sog. Thünenschen Ringe in der Wirklichkeit (vgl. *L. Waibel* 1933, S. 103-147; *P. Hall* 1966, S. XLV-XLVII). Diese Untersuchungen wurden auf verschiedenen räumlichen Betrachtungsebenen (Einzelbetrieb, Dorf, Region, Welt) und in Gebieten unterschiedlichen Entwicklungsstandes durchgeführt. Die empirischen Arbeiten bestätigen die Gültigkeit der Theorie *J. H. von Thünens*, weisen aber, zum Teil kritisch, auf unterschiedliche Ergebnisse hin, was die Abfolge der einzelnen Zonen der Bodennutzung anbetrifft. Dabei ist zu berücksichtigen, daß die bei *J. H. von Thünen* beschriebene Zonierung sich auf eine Situation bezog, wie sie Anfang des 19. Jahrhunderts in Mecklenburg herrschte. Technischer Fortschritt, etwa im Verkehrssektor, aber auch andere Veränderungen und Unterschiede in der Ausgangssituation müssen zwangsläufig zu einer Modifizierung der Art der Bodennutzung führen.

J. H. von Thünen hat der Entwicklung der Raumforschung entscheidende Impulse gegeben (vgl. *K. Meyer* 1970, Sp. 3371-3376). Es ist sein Verdienst, das Standortproblem in die Wirtschaftswissenschaften eingeführt zu haben. Mit der Differentialrente der Lage erweitert er die Grundrententheorie *D. Ricardos*, die die Differentialrente der Qualität behandelt, um die räumliche Komponente (*E. Schneider* 1959; *M. Chisholm* 1968, S. 34-40). *E. von Böventer* (1962b, S. 83) weist darauf hin, daß das Thünensche System bis in die Gegenwart widerspruchsfrei ist und die Gleichgewichtsbedingungen noch Gültigkeit besitzen. *J. H. von Thünen* hat eine allgemeine Theorie der optimalen Raumnutzung entwickelt, die nicht nur auf den Agrarsektor anwendbar ist. Dieser umfassende Ansatz erklärt, daß die Theorie *J. H. von Thünens* nicht nur zur Grundlage der landwirtschaftlichen Betriebsökonomik und der land- und forstwirtschaftlichen Standortlehre wurde (*Th. Brinkmann* 1922; *E. S. Dunn jr.* 1954; *K. Mantel* 1961), sondern daß einzelne Elemente auch Eingang in Standorttheorien des sekundären und tertiären Sektors fanden (vgl. *H. U. Meyer-Lindemann* 1951, S. 116 ff.) und daß schließlich das für die Landwirtschaft ausgearbeitete System der

Landnutzung zu einer Theorie der städtischen Bodennutzung weiterentwickelt werden konnte (vgl. *W. Isard* 1956, S. 200 ff.; *W. Alonso* 1960, S. 149-157 und 1964; *J. Güßefeld* 1988; *E. v. Böventer* und *J. Hampe* 1988; *G. Maier* und *F. Tödtling* 1995, S. 125 ff.).

2.1.2.2 Theorie der zentralen Orte (Christaller)

Walter Christaller gilt als Begründer der Theorie der zentralen Orte. In dem 1933 erschienenen Werk „Die zentralen Orte in Süddeutschland" versucht er, die hierarchische Struktur der räumlichen Ordnung der Wirtschaft und die Hierarchie der Siedlungen aus dem Zusammenwirken ökonomischer Bestimmungsfaktoren zu erklären und abzuleiten. Dem deduktiven System *W. Christallers* liegen explizit und implizit eine Reihe vereinfachender Annahmen zugrunde bezüglich der Ausstattung des Raumes, der Verhaltensweisen der Anbieter und Nachfrager sowie der Marktform:

- In einer unbegrenzten Fläche bestehen aufgrund von Homogenitätsannahmen keine räumlichen Unterschiede in den Produktions- und Nachfragebedingungen; Produktionsfaktoren und Bevölkerung sind gleichmäßig verteilt; Einkommen, Kaufkraft und Bedürfnisse aller Individuen sind gleich; das Verkehrsnetz ist in allen Richtungen gleichförmig, und die Transportkosten sind direkt proportional zur Entfernung;
- die Anbieter der Güter streben maximalen Gewinn, die Nachfrager maximalen Nutzen an; alle Marktbeteiligten besitzen gleichen Informationsstand und verhalten sich nach dem Rationalprinzip; jeder Unternehmer bietet nur ein Produkt an;
- es herrscht polypolistisches Verhalten, der Marktpreis ist für Anbieter und Nachfrager ein Datum; durch die Einführung der räumlichen Dimension wird eine Voraussetzung des vollkommenen Marktes, der örtliche Punktmarkt, bewußt aufgehoben; des weiteren gilt, daß die Zahl der Standorte der Anbieter, die den Gesamtraum zu versorgen haben, minimiert wird und daß eine Spezialisierung des Angebots auf einzelne Standorte ausgeschlossen ist.

Ökonomische Aktivitäten bewirken bei den gegebenen Prämissen nachfolgende räumliche Differenzierungsprozesse: Wir gehen zunächst davon aus, daß ein Bewohner der homogenen Fläche am Standort A über seinen eigenen Bedarf hinaus ein Produkt (G_1) herstellt und zum Preis p_A zum Verkauf anbietet. Abb. 2.15 zeigt die Nachfragekurve der einzelnen Haushalte für dieses Produkt. Verbraucher, die in unmittelbarer Nähe zum Produktionsstandort A – der gleichzeitig der Absatzstandort ist – wohnen, fragen bei einem Preis p_A die Menge m_A nach.

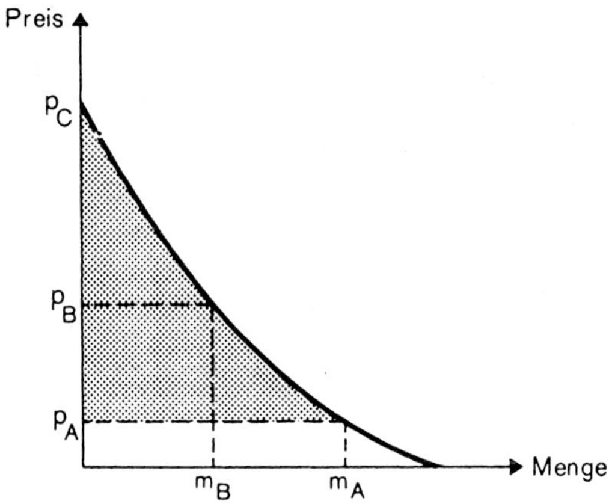

Abb. 2.15 Nachfragekurve für ein Produkt

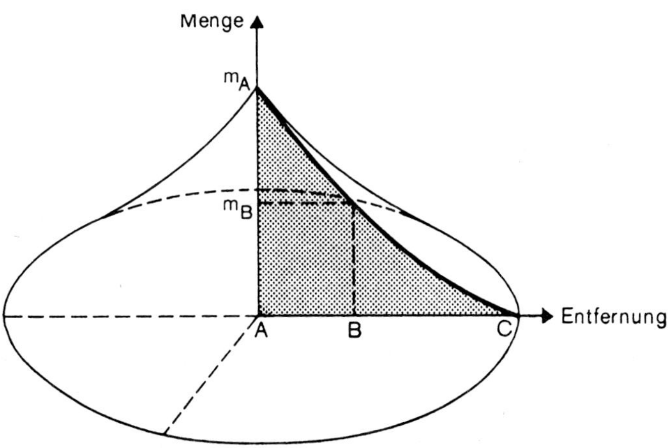

Abb. 2.16 Gesamtnachfrage in einem Marktgebiet nach einem Produkt

Verbraucher, die nicht am Standort A wohnen, müssen neben dem Preis A auch die Transportkosten des Produktes vom Absatz- zum Konsumstandort tragen. Mit zunehmender Entfernung von A steigen die Transportkosten, d. h. die Nachfrage sinkt (vgl. Abb. 2.16). Am Standort B beträgt der Güterpreis p_B (er setzt sich zusammen aus p_A und den Transportkosten von A nach B), und die nachgefragte Menge ist m_B. Am Standort C schließlich sind die Transportkosten so hoch, daß kein Haushalt mehr bereit ist, das Produkt zu kaufen. Durch Rotation des in Abb. 2.16 eingezeichneten gerasterten Dreiecks um die y-Achse ergibt sich ein Kegel, dessen Inhalt die Gesamtnachfrage nach dem Produkt G_1 beim Preis p_A repräsentiert (vgl. *A. Lösch* 1944, S. 72 f.) Der Kegelrand stellt die obere (maximale) Grenze der Reichweite des Produkts G_1 dar. Die Reichweitengrenze ist kreisförmig; durch die Kreisform des Marktgebiets kann eine maximale Zahl von Konsumenten zu minimalen Gesamtkosten versorgt werden. Neben der Nachfrage muß die Angebotsseite mitberücksichtigt werden. Der Unternehmer ist nur bereit, die Produktion des Gutes G_1 zum Preis p_A aufzunehmen, wenn die am Markt absetzbare Ausbringungsmenge, d. h. die Nachfrage, eine Größe erreicht, bei der die Gesamtkosten durch den Gesamterlös gedeckt sind (*E. Gutenberg* 1958, S. 218 ff.). Jenes kreisförmige Gebiet um den Standort A, das diese zur Kostendeckung notwendige Mindestnachfragemenge umschließt, wird als untere Grenze der Reichweite bezeichnet. Nur wenn dieser untere Schwellenwert kleiner oder höchstens gleich der oberen Grenze der Reichweite ist, wird die Produktion aufgenommen.

Die Reichweite des am Standort A hergestellten Produkts G_1 ist aufgrund der bei der Raumüberwindung entstehenden Transportkosten limitiert. Um die gesamte homogene Fläche zu versorgen, muß das Produkt an weiteren Standorten hergestellt und angeboten werden.

In Abb. 2.17 wird die Frage nach der optimalen räumlichen Anordnung dieser Standorte beantwortet. Bei der Behandlung nur eines Standorts erwies sich die Kreisform als die günstigste Begrenzung des Marktgebiets. In Abb. 2.17 a und 2.17 b stellen die äußeren Kreise die obere, die inneren Kreise die untere Grenze der Reichweite von G_1 für verschiedene Standorte dar. Bei den gesetzten Prä-

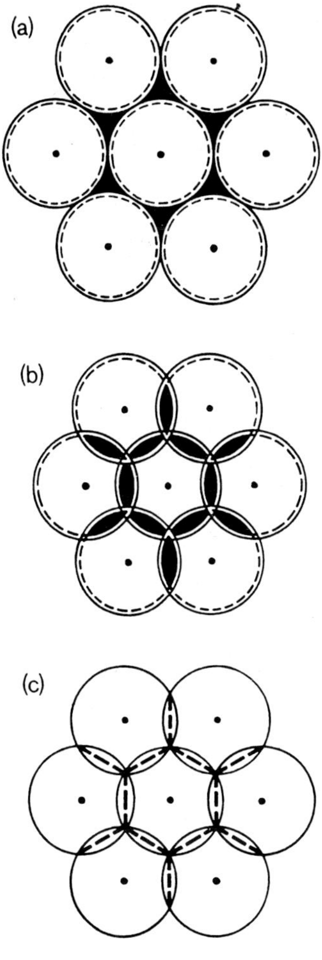

Abb. 2.17 Entstehung hexagonaler Marktgebiete

missen sind die Reichweitengrenzen für alle Produktionsstandorte gleich. Werden die Standorte so angeordnet, daß sich die äußeren Kreise gerade berühren, so bleiben Gebiete unversorgt (Abb. 2.17 a). Überschneiden sich die inneren Kreise, wie in Abb. 2.17 b, so wird die für eine kostendeckende Produktion notwendige Mindestnachfragemenge nicht erreicht. Die optimale Form der Marktgebiete stellen gleichseitige Sechsecke dar (Abb. 2.17 c). Hexagonale Marktgebiete ermöglichen die Versorgung des Gesamtraumes zu minimalen Transportkosten. Die von den Sechsecken umschlossene Nachfragemenge muß mindestens so groß sein, daß die Verkaufserlöse die Produktionskosten decken. Am vollkommenen Markt ist dann ein räumliches Gleichgewicht erreicht, wenn die Nachfragemenge der Hexagone jener der unteren Grenze der Reichweite entspricht.

Das für ein Produkt entwickelte Muster der Verteilung der Produktions-/Absatzstandorte und ihrer hexagonalen Marktgebiete ist bestimmend für den räumlichen Differenzierungsprozeß, der sich bei der Betrachtung *mehrerer Produkte* ergibt. Nehmen wir an, das Untersuchungsgebiet wird mit n Produkten versorgt, die unterschiedliche Grenzen der Reichweite aufweisen. G_1 hat die höchste, G_2, G_3, G_4, G_5 . . . G_n die jeweils niedrigere Reichweite. Wie bereits dargestellt, wird G_1 an allen A-Standorten erzeugt. Die Marktgebiete weisen gerade die Nachfragemenge, d. h. Konsumentenzahl, auf, die notwendig ist, um kostendeckend zu produzieren. G_2 ist das Produkt mit der zweithöchsten Reichweite. Aufgrund der bestehenden Konsumentennachfrage nach G_1 wird G_2 ebenfalls in den A-Standorten erzeugt. Die Produzenten von G_2 versorgen das gesamte Marktgebiet der A-Standorte. Ihre Ausbringungsmenge ist höher als die zur Kostendeckung notwendige Mindestmenge. Dabei wird vorausgesetzt, daß die obere Grenze der Reichweite von G_2 mindestens gleich der Grenze der Marktgebiete der A-Standorte ist und daß – zumindest bei vollkommener Konkurrenz und statischer Betrachtung – die Produktionsausweitung zu internen Ersparnissen führen wird. Verglichen mit den Herstellern von G_1 erzielen die Produzenten von G_2 einen „Extra-Gewinn“, der durch die zusätzliche Nachfragemenge der Konsumenten entsteht, die zwischen den unteren Reichweitengrenzen beider Produkte wohnen. G_3 mit der dritthöchsten Reichweite wird ebenfalls in den A-Standorten erzeugt. Die Kaufkraft der zwischen den unteren Reichweitengrenzen von G_1 und G_3 lebenden Konsumenten hat jedoch eine Höhe erreicht, die der Mindestnachfragemenge entspricht, die G_3-Produzenten zur Kostendeckung benötigen (vgl. gerasterte Fläche zwischen A_0, A_1 und A_2 in Abb. 2.18). An den Berührungspunkten dreier angrenzender Marktgebiete von A-Standorten ist die zusätzliche Aufnahme der Produktion von G_3 rentabel. Aus Abb. 2.18 ist zu ersehen, daß jeder A-Standort von sechs an den Eckpunkten seines hexagonalen Marktgebiets liegenden B-Standorten umgeben ist. Durch die Einbeziehung weiterer Produkte läßt sich das System beliebig erweitern (vgl. C-Standorte in Abb. 2.18).

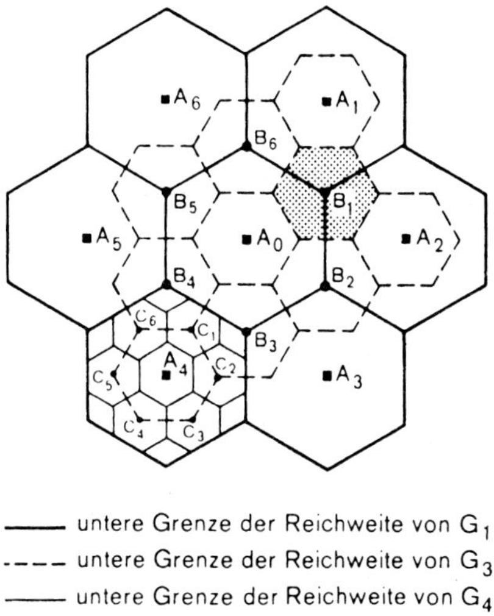

Abb. 2.18 System der zentralen Orte

Aus den Ergebnissen des soeben abgeleiteten Dreiproduktemodells lassen sich zusammenfassend nachfolgende allgemeine Schlüsse über die *Eigenschaften des Systems der zentralen Orte* ziehen:

1. Jedes Gut (Waren, Dienstleistungen) hat seine eigene Reichweite.[1] Je größer die für ein rentables Angebot notwendige Nachfrage ist, d. h. je größer die untere Grenze der Reichweite ist, desto höher ist die Zentralität eines Gutes. Ein Fernsehgerät hat eine höhere Zen-

[1] „Disperse Güter", die an allen Standorten angeboten werden und Ubiquitäten darstellen, bleiben in der Betrachtung unberücksichtigt.

tralität als Brot, die Dienstleistung eines Psychiaters eine höhere als die eines Friseurs. Je mehr zentrale Güter an einem Standort angeboten werden, desto höher ist die Zentralität des Ortes.

2. Das räumliche Verteilungsmuster der zentralen Orte und ihrer Marktgebiete hängt von der Reichweite der zentralen Güter ab. Jene Güter, deren Marktgebiet sich mit der unteren Reichweitengrenze deckt (Erlös = Kosten), bestimmen die Zentralitätsstufe eines Ortes. Sie werden als hierarchische Grenzgüter bezeichnet (vgl. *B. J. L. Berry* und *W. L. Garrison* 1958, S. 112). Bei allen übrigen Gütern beziehen die Anbieter Extra-Gewinne, da sie eine größere als durch die untere Grenze der Reichweite umschlossene Nachfragemenge befriedigen.
3. Zentrale Orte einer bestimmten Ordnung bieten nicht nur jene Grenzgüter an, die ihrem Zentralitätsrang entsprechen, sondern auch alle Güter der Orte niederer Ordnung. In den A-Standorten beispielsweise werden alle Güter von G_1 bis G_n angeboten, in den B-Standorten die Güter G_3 bis G_n etc. (vgl. Abb. 2.18). Alle zentralen Orte gleicher Ordnung sind funktional identisch; sie weisen keine Unterschiede auf hinsichtlich der Zahl der angebotenen Güter, der Struktur des Warenkorbs, der Größe des Marktgebiets. Die Orte unterschiedlicher Zentralitätsstufe sind durch eine Hierarchie diskreter Größenklassen gekennzeichnet.
4. Ein zentraler Ort höchster Ordnung (A-Standort) und alle innerhalb seines Marktgebiets liegenden zentralen Orte und Marktgebiete niederer Ordnung stellen ein geschlossenes funktionales System dar. Zwischen den einzelnen Zentralitätsstufen dieses hierarchischen Systems bestehen Beziehungen, die bestimmten Regeln folgen. 1 A-Standort versorgt 2 B-Standorte, 6 C-Standorte, 18 D-Standorte etc. mit Gütern höchster Zentralität. Diese Stufenfolge läßt sich auch in Abb. 2.18 nachweisen. Die B-Standorte liegen an den Berührungspunkten dreier angrenzender Marktgebiete von A-Standorten. Die Wahrscheinlichkeit, daß die Bewohner eines B-Standorts die Güter der höchsten Zentralität in einem bestimmten A-Standort beziehen, beträgt ein Drittel. Da aber jeder A-Standort von sechs an den Ecken seines hexagonalen Marktgebiets liegenden B-Standorten umgeben ist, können je-

weils zwei B-Standorte einem A-Standort zugeordnet werden ($6 \cdot \frac{1}{3} = 2$). Daß 6 C-Standorte innerhalb des Marktgebiet eines A-Zentrums liegen, läßt sich direkt aus Abb. 2.18 ablesen. Die 18 D-Standorte werden nach dem gleichen Prinzip wie die B-Zentren ermittelt. Die zentralen Orte bieten jedoch nicht nur die Güter an, die ihrer Zentralitätsstufe entsprechen, sondern erfüllen auch die Funktionen aller zentralen Orte niederer Ordnung. Beispielsweise werden in den A-Standorten nicht nur Güter der höchsten Zentralität angeboten, sondern alle Güter. Jeder A-Standort versorgt somit die Marktgebiete von 3 B-Standorten, 9 C-Standorten, 27 D-Standorten etc. Wie aus Abb. 2.18 zu ersehen ist, lassen sich einem A-Standort drei Marktgebiete der B-Standorte zuordnen, eines im Zentrum (der A-Standort erfüllt die Funktion eines B-Standorts) und weitere sechs (B_1 bis B_6) zu je einem Drittel ($6 \cdot \frac{1}{3} = 2$). Dieses Verfahren der Zuordnung besitzt allgemeine Gültigkeit; auf jeder Zentralitätsstufe enthält ein Marktgebiet drei Marktgebiete der nächstniederen Ordnung (vgl. *J. U. Marshall* 1969, S. 20 ff.; *J. Deiters* 1976, S. 111).

Das bislang entwickelte zentralörtliche System basierte auf der Annahme, mit der geringstmöglichen Zahl an zentralen Orten die räumlich gleichmäßig verteilten Konsumenten mit allen zentralen Gütern und Diensten zu versorgen. Den Grundsatz, daß die Gesamtheit der individuellen Standortentscheidungen zu einer optimalen Versorgung der Bevölkerung führt, nennt *W. Christaller* *„Versorgungs- oder Marktprinzip“*. Dieses Prinzip ist durch einen Zuordnungsfaktor K = 3 gekennzeichnet. *W. Christaller* erstellte noch zwei weitere Modelle, die sich an ergänzenden Grundsätzen orientieren, dem „Verkehrsprinzip“ und dem „Absonderungs- oder Verwaltungsprinzip“. Die von diesen Prinzipien bestimmten zentralörtlichen Systeme weisen Unterschiede auf hinsichtlich der räumlichen Anordnung der zentralen Orte und ihrer Marktgebiete sowie der hierarchischen Stufenfolge. Werden die Verkehrsverbindungen zwischen den zentralen Orten in die Modellannahmen einbezogen, so führt dies zu einer Anordnung von zentralen Orten entlang dieser Verkehrslinien und einer durch den Zuordnungsfaktor K = 4 definierten Stufenfolge. Werden die Bedürfnisse des Staates nach einer effektiven politischen Verwaltung und Kontrolle mitberücksichtigt, entsteht eine Raumgliederung, bei der kein zentraler Ort auf den Grenzen eines Markt- bzw. Verwaltungsgebietes liegt; der Zuordnungsfaktor beträgt K = 7 (vgl. Tabelle 2.1 und Abb. 2.19).[1]

Die unterschiedliche Lage der B-Standorte im hexagonalen Marktgebiet eines A-Standortes, bei Anwendung des Markt-, Verkehrs- bzw. Verwaltungsprinzips, zeigt Abb. 2.19 in Kapitel 2.1.2.3.

Tab. 2.1 Hierarchische Stufenfolge in zentralörtlichen Systemen mit den Zuordnungsfaktoren K = 3, K = 4, K = 7

Zuord-nungs-faktor		Hierarchie zentraler Orte A	B	C	D	E
K = 3	Anzahl der zugeordneten zentralen Orte	1	2	6	18	54
	Anzahl der zugeordneten Marktgebiete	1	3	9	27	81
K = 4	Anzahl der zugeordneten zentralen Orte	1	3	12	48	192
	Anzahl der zugeordneten Marktgebiete	1	4	16	64	256
K = 7	Anzahl der zugeordneten zentralen Orte	1	6	42	294	2 058
	Anzahl der zugeordneten Marktgebiete	1	7	49	343	2 401

[1] Graphische Darstellungen der Systeme zentraler Orte nach dem Verkehrsprinzip und dem Absonderungs- oder Verwaltungsprinzip finden sich bei: *J. U. Marshall* (1969, S. 30 und 32).

Die Theorie der zentralen Orte von *W. Christaller* hat den Anstoß zu zahlreichen empirischen, theoretischen und regionalpolitischen Untersuchungen gegeben.[1] Viele dieser Arbeiten bestätigen wesentliche Eigenschaften des zentralörtlichen Systems. Die Konfrontation der Theorie mit der Realität macht aber auch einige dem Modell inhärente Unzulänglichkeiten und Widersprüche deutlich. Die *Kritik* von seiten der Geographie konzentrierte sich zunächst auf die der Theorie zugrundeliegenden restriktiven Annahmen. Dies ist zu erklären aus dem vorherrschenden geographischen Theorieverständnis zum Erscheinungszeitpunkt der Arbeit *W. Christallers.* Der deduktive Ansatz schien in Konflikt zu stehen mit der Individualität des Raumes als zentralem geographischem Forschungsgegenstand. *W. Christaller* (1933, S. 253-258) selbst, der seine Theorie am Beispiel Süddeutschlands empirisch überprüfte, weist auf die Zweckmäßigkeit von Modifikationen der Homogenitätsbedingungen hin. Es waren vor allem *B. J. L. Berry* und seine Mitarbeiter, die sich bemühten, durch die Aufhebung einiger Annahmen bezüglich der Ausstattung eines Raumes und der Verhaltensweisen der Konsumenten die Theorie der zentralen Orte in Richtung auf eine Annäherung an die Wirklichkeit weiterzuentwickeln (*B. J. L. Berry* und *W. Garrison* 1958; *B. J. L. Berry*, *H. G. Barnum* et al. 1962, S. 65-106). Beispielsweise gelang ihnen der Nachweis, daß die Annahme räumlich inhomogen verteilter Kaufkraft zwar zu veränderten Reichweiten einzelner Güter, zu asymmetrischen Verteilungsmustern und zu gewissen Unterschieden der funktionalen Komplexität zentraler Orte gleicher Ordnung führt, die hierarchische Struktur des Systems zentraler Orte jedoch erhalten bleibt. Einen wichtigen Schritt zur Verbesserung der Theorie *W. Christallers* stellen auch die Bemühungen dar, das statische Zentrale-Orte-Modell durch die Einbeziehung der Zeitdimension zu einem dynamischen Modell auszubauen (vgl. *R. L. Morril* 1962, S. 109-120; *S. Lange* 1972, S. 7-48; *R. W. White* 1974, S. 219-227).

Eine wesentliche Einschränkung der Anwendbarkeit der Theorie der zentralen Orte auf Fragestellungen einer dynamischen Indu-

---

[1] Eine ausführliche Bibliographie zur Zentralitätsforschung findet sich bei: *P. Schöller* (1972, S. 473-494). Vgl. auch *G. Heinritz* (1979) und *H.H. Blotevogel* (1996).

striegesellschaft stellt die Vernachlässigung wichtiger Determinanten des räumlich differenzierten Wachstums der Wirtschaft und der städtischen Entwicklung dar. Die Theorie der zentralen Orte berücksichtigt weder die Agglomerationseffekte externer Ersparnisse noch die Wanderung mobiler Produktionsfaktoren, noch den interregionalen Güteraustausch. Es sind aber gerade die Agglomerations- und Mobilitätseffekte, die im Zuge des Industrialisierungsprozesses einer Volkswirtschaft die Bildung räumlicher Disparitäten verursachen. Der Erklärungswert der Theorie *W. Christallers* wird daher eingeengt, sektoral auf den Bereich der Versorgung der Bevölkerung mit zentralen Gütern und Diensten (tertiärer Sektor) und regional auf Gebiete, in denen die konzentrationsfördernden Agglomerationsvorteile keine Bedeutung besitzen. Trotz dieser kritischen Einwände ist die Arbeit *W. Christallers* „eine der originellsten und wichtigsten Veröffentlichungen, die in diesem Jahrhundert über wirtschaftliche Beziehungen im Raum erschienen sind" (*E. v. Böventer* 1968, S. 102). Die Theorie der zentralen Orte ist ein unentbehrlicher Baustein für die Entwicklung einer umfassenden Theorie der räumlichen Struktur der Wirtschaft. Sie dient aber auch bis in die Gegenwart und nicht nur in Deutschland als theoretische Grundlage der Regionalplanung (vgl. *H. H. Blotevogel* 1996).

Obwohl bereits *W. Christaller* (1933, S. 86; vgl. auch die Untersuchung von *Christaller* 1957) die Notwendigkeit der Einbeziehung von dynamischen Elementen zur Charakterisierung der Realität unterstrich, beschäftigten sich bis in die 70er Jahre die meisten Untersuchungen nur mit Verfeinerungen der Analyse zentralörtlicher Strukturen. Erst dann wurden Ansätze entwickelt, die Veränderungen im System zentraler Versorgungsstandorte analysieren.

E. Agergard, P. A. Olsen und *J. Allpass* (1970) erklären in ihrer „Theorie der Spiralbewegung" die Dynamik von innerstädtischen Standorttypen durch Umstrukturierungen der Angebotsseite (insbesondere bei Einzelhandelsbetrieben). Die mit der Alterung verbundene Wandlung der Merkmale von Geschäftstypen führt zu Veränderungen ihrer Standortpräferenzen. Im Verlauf des Reifeprozesses von Geschäftstypen kommt es zu einer Zunahme der Betriebsgrößen und damit zu Verlagerungen in größere Zentren; denn nur sie bieten ein ausreichendes Kundeneinzugsgebiet für größere Betriebe. Falls die höherrangigen Zentren nicht zur Aufnahme größerer Einheiten geeignet sind, können auch neue zusätzliche Zentren entstehen. Dagegen verlieren kleinere Zentren ohne ausreichendes Nachfragepotential an Bedeutung. Wenn sich aufgrund wachsender Distanzen zwischen den Wohnstandorten und den Zentren der Großbetriebe ein lokales Vakuum ergibt, entstehen dort neue nahversorgungsorientierte Betriebe. Auch diese neuen Betriebsformen unterliegen mit zunehmendem Alter den genannten Wachstums- und Verlagerungstendenzen. Die Theorie erklärt parallel stattfindende Wachstums-, Stagnations- und Schrumpfungsprozesse von Zentren. Die gesetzmäßige „Spiralbewegung", d. h. die Entwicklung von Betriebsformen in Richtung auf zunehmende Größe und das Entstehen neuer lokaler Kleinbetriebe, ließ sich jedoch empirisch noch nicht eindeutig belegen.

Auswirkungen von Nachfrageänderungen auf zentralörtliche Strukturen diskutieren *D. Bökemann* (1967) und *S. Lange* (1972) in ihren Studien. *Bökemann* charakterisiert die Konsequenzen von Nachfrageerhöhungen durch eine Zunahme der Einwohnerzahl oder durch einen Anstieg der Einkommen (vgl. auch *Bökemann* 1982, S. 246 f.). Nimmt bei gleichem Individualeinkommen die Zahl der Bewohner einer geschlossenen Region zu, so bewirkt dies einen proportionalen Zuwachs aller bereits vorhandenen zentralen Einrichtungen und es entsteht die Existenzbasis für neue höherrangige zentrale Einrichtungen, für die bisher keine ausreichende Mindestwertschöpfung existierte. Bei einem Anstieg der Individualeinkommen und konstanter Einwohnerzahl bleibt dagegen die Zahl der niedrigstrangigen zentralen Einrichtungen gleich; der Grundbedarf ändert sich nicht. Dafür erfahren höherrangige Einrichtungen einen überproportionalen Zuwachs und es ergibt sich eine Existenzbasis für höchstrangige, bisher noch nicht vorhandene, Einrichtungen.

S. Lange (1972) berücksichtigt den Einfluß von Veränderungen der Nachfrager-, Anbieter- und Politikerseite. Besondere Berücksichtigung findet in seinem Ansatz das Konsumentenverhalten; die an verschiedenen zentralen Standorten wirksame Nachfrage ergibt sich aus dem einkommensabhängigen Verbrauchsprofil (Struktur der innerhalb einer Zeiteinheit nachgefragten Güter und Dienstleistungen) und den Kosten der Raumüberwindung (umfaßt Kosten, Zeit, physische Leistung). Um die Kosten der Raumüberwindung zu begrenzen, tendieren die Konsumenten zum Erwerb mehrerer Güter während eines Besuchs (Kopplung). Bei steigendem Einkommen erhöht sich die Menge der nachgefragten Güter; deshalb müssen die Konsumenten bei gleichem Zeitbudget während eines Besuchs mehr Güter erwerben, und so erhöht sich die Notwendigkeit zur Kopplung. Da bei höherem Einkommen in der Regel auch leistungsfähigere Verkehrsmittel zur Verfügung stehen, sind die Nachfrager in der Lage, bei gleichem Zeitaufwand weiter entfernte Zentren mit mehr Kopplungsmöglichkeiten zu besuchen. Insgesamt begünstigt somit der Einkommenszuwachs größere Versorgungsstandorte, während kleinere Zentren an Bedeutung verlieren. Die Gewichtsverschiebungen in Richtung der höherrangigen Zentren werden auch durch den Wandel der Geschäftstypen (Anbieterseite) unterstützt; neue Betriebsformen siedeln sich dort zuerst an und steigern damit deren Attraktivität (vgl. *E. Kulke*, 1992).

2.1.2.3 Theorie der Marktnetze (Lösch)

August Lösch hat in seinem 1940 erschienenen Werk „Die räumliche Ordnung der Wirtschaft" eine Theorie der Marktnetze entwickelt, die versucht, die räumliche Verteilung der Produktionsstandorte und die räumliche Produktionsspezialisierung zu erklären. Das theoretische System *A. Löschs* ist als „industrieller Gegenfall zu *Thünens* isoliertem Staat" (*A. Lösch* 1944, S. 90) konzipiert und weist im methodischen Ansatz Parallelen zu *W. Christallers* Theorie der zentralen Orte auf. Wie bei *J. H. von Thünen* und *W. Christaller* ist die ökonomische Rationalität das die Standortstruktur bestimmende Merkmal. Dem Modell *A. Löschs* liegen nachfolgende vereinfachende *Annahmen* (Homogenitäts- und Gleichgewichtsbedingungen) zugrunde:

- Was die Homogenitätsbedingungen anbetrifft, gilt – wie bei *W. Christaller* –, daß die Produktions- und Nachfragefunktionen für alle Punkte der Fläche gleich sind; Produktionsfaktoren (z. B. Rohstoffe, Arbeitskräfte) und Bevölkerung sind gleichmäßig verteilt; es bestehen keine Unterschiede hinsichtlich der Kaufkraft und der Präferenzen der Konsumenten; jeder Anbieter produziert nur ein Gut; die Transportcharakteristika sind überall gleich.

- Das System befindet sich in einem gesamtwirtschaftlichen räumlichen Gleichgewicht, wenn folgende Bedingungen erfüllt sind (vgl. *A. Lösch* 1944, S. 64 f.):
  1. Die Standortwahl der Anbieter und Nachfrager erfolgt nach dem Prinzip der Gewinn- bzw. Nutzenmaximierung;
  2. die Gesamtfläche ist mit Gütern zu versorgen;
  3. Extra-Gewinne sind, soweit möglich, zu vermeiden, d. h. die Preise der Güter sollen den Kosten gleich sein (vollkommene Konkurrenz);
  4. die Größe der Wirtschaftsgebiete ist zu minimieren;
  5. jeder Konsument kauft am nächstliegenden Angebotsort; die Grenzen der Wirtschaftsgebiete stellen, was die Zugehörigkeit der Anbieter und Nachfrager zu einem der Gebiete anbetrifft, Indifferenzlinien dar.

Ausgehend von diesen Prämissen entwickelt *A. Lösch* nachfolgende Standortstrukturtheorie: Grundlage des Systems sind regelmäßig über die Fläche verteilte kleinste Siedlungen (autarke Bauernhöfe). Da die Gebiete zwischen den einzelnen Bauernhöfen unbewohnt sind, ist die Bevölkerung zwar gleichmäßig, aber diskontinuierlich verteilt. Wir nehmen an, daß die Bewohner der homogenen Fläche über den Eigenbedarf hinaus n Güter (oder Gütergruppen) unterschiedlicher Zentralität erzeugen. G_1 hat die niedrigste, G_2, G_3, G_4... Gn die jeweils höhere Reichweite. Für jedes Gut besteht somit eine produktspezifische Größe des *Marktgebiets*. Aufgrund der Prämissen deckt sich die Marktgebietsgrenze eines Guts mit der unteren Grenze der Reichweite, wofür *A. Lösch* (1944, S. 80) den Begriff „notwendige Versendungsweite“ verwendet; diese umschließt gerade die zur Kostendeckung notwendige Mindestnachfragemenge. Wie bei der Theorie der zentralen Orte abgeleitet, haben die Marktgebiete, die jeden Produktions- bzw. Absatzort umgeben, die Form eines gleichseitigen Sechsecks. In Abb. 2.19 sind für neun Güter der niedrigsten Zentralitätsstufen deren jeweilige Produktionsstandorte sowie die von diesen zentralen Orten versorgten kleinsten Siedlungen des Systems dargestellt. Um rentabel zu produzieren, muß beispielsweise das Marktgebiet des Produzenten von G_1 drei Siedlungen ent-

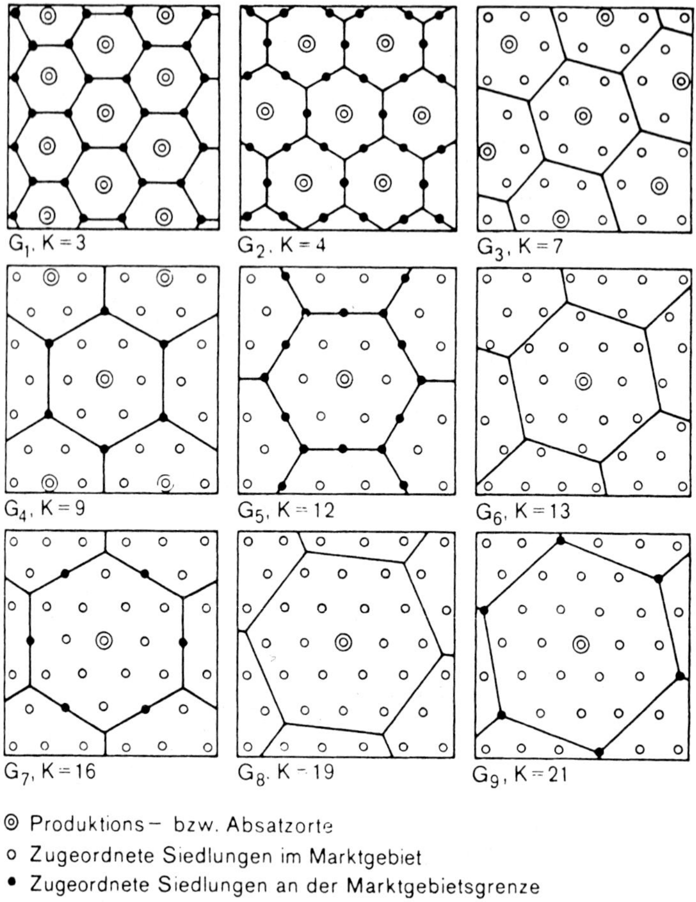

Abb. 2.19 Hexagonale Marktgebiete unterschiedlicher Größe und Siedlungszuordnung
Entwurf: nach *A. Lösch* (1944, S. 81); *P. Haggett* (1965, S. 119)

halten; dies sind der Produktionsstandort selbst sowie sechs Siedlungen an der Grenze des Marktgebiets zu je einem Drittel. Der Zuordnungsfaktor (K), der die Gesamtzahl der mit einem zentralen Gut belieferten Siedlungen bezeichnet, beträgt drei. Das Marktgebiet für das Gut G_2 enthält vier, für G_3 sieben Siedlungen. Wäre die kostendeckende Mindestnachfragemenge bereits bei der Belieferung von sechs Siedlungen erreicht, so könnte der Produzent von G_3 trotzdem das Gesamtgebiet (sieben Siedlungen) versorgen und würde in diesem Sonderfall einen Extra-Gewinn erzielen. Wie aus Abb. 2.19 zu ersehen ist, läßt sich für jedes Gut die Zahl der einem Produktionsort zugeordneten Siedlungen durch Modifikationen der Größe und Ausrichtung der Marktgebiete ermitteln. Die Zuordnungsfaktoren für die ersten neun Güter betragen 3, 4, 7, 9, 12, 13, 16, 19, 21; es ergibt sich also eine unstetige Serie von K-Werten. *A. Lösch* (1944, S. 83 f.) erwartet, daß Marktgebiete, deren Grenzen die zugeordneten

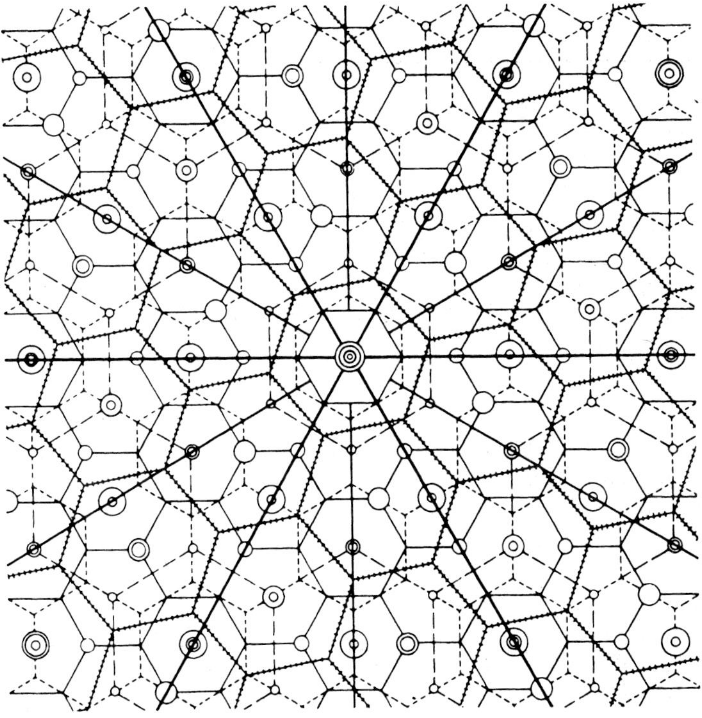

Abb. 2.20 System der Marktnetze
Entwurf: nach *A. Lösch* (1944, S. 87); *W. Isard* (1956, S. 270)

Siedlungen umschließen (z. B. K = 7, K = 13, K = 19) und nicht durchschneiden, in der Praxis mit größerer Wahrscheinlichkeit auftreten und politisch wie ökonomisch stabiler sind, zumal keine Siedlung auf mehrere Lieferzentren aufgeteilt werden muß.

Da aufgrund der Ausgangsprämissen sich die hexagonalen Marktgebiete aller Güter über die Gesamtfläche erstrecken, entsteht pro Gut (oder Gütergruppe) ein *Netz von Marktgebieten* mit einer charakteristischen Maschengröße. Die unterschiedlichen Marktnetze werden erstens so übereinandergelegt, daß sie einen gemeinsamen Mittelpunkt bilden, und zweitens so lange um diese zentrale Großstadt rotiert, bis sich die größtmögliche Zahl von Produktionsstandorten überlagert und jeweils sechs Sektoren mit hoher bzw. niedriger Standortdichte entstehen. Eine solche räumliche Lage der wabenförmigen Marktnetze führt zu einer Maximierung der örtlich wirksamen Nachfrage und zu einer Minimierung der Transportkosten und der Zahl der Verkehrslinien. Dieses System von Marktnetzen, das in Abb. 2.20 dargestellt ist, wird als „Idealbild einer Wirtschaftslandschaft" (A. Lösch 1944, S. 9) bezeichnet. Schließlich nimmt A. Lösch an, daß sich solche Systeme netzförmig über die Erde verteilen.

Die *Eigenschaften des Systems der Marktnetze*, soweit sie sich wesentlich vom System der zentralen Orte unterscheiden, lassen sich wie folgt zusammenfassen (vgl. *E. v. Böventer* 1962b, S. 90; *P. Haggett* 1965, S. 122-124):

1. Während *W. Christaller* die zentralörtliche Hierarchie unter der Annahme eines festen Zuordnungsfaktors ableitet, verwendet *A. Lösch* variable K-Werte. Dadurch läßt sich die Größe der Marktgebiete flexibler an die optimale Betriebsgröße anpassen. Um eine maximale Zahl an Produktionsbetrieben sicherzustellen, müssen – wie eingangs erwähnt – die Erlöse den Kosten entsprechen.
2. Die Hierarchie *W. Christallers* besteht aus diskreten Größenklassen zentraler Orte. Bei *A. Lösch* hingegen ist eine Spezialisierung der Produktionsstandorte möglich. Im System der Marktnetze werden im Mittelpunkt – und nur dort – alle Güter produziert. Im übrigen können Orte gleicher Größe oder genauer, Orte mit einer identischen Anzahl von Betrieben, unterschiedliche Funk-

tionen erfüllen, d. h. Unterschiede in der Produktions- und Angebotsstruktur aufweisen. Auch müssen Orte höherer Zentralität nicht notwendigerweise alle Funktionen der Orte niederer Zentralität umfassen. Wie in der Realität kommt es im System *A. Löschs* nicht nur zu einem Güterstrom von Großstädten in kleinere Orte, sondern auch zu Lieferungen in umgekehrter Richtung.

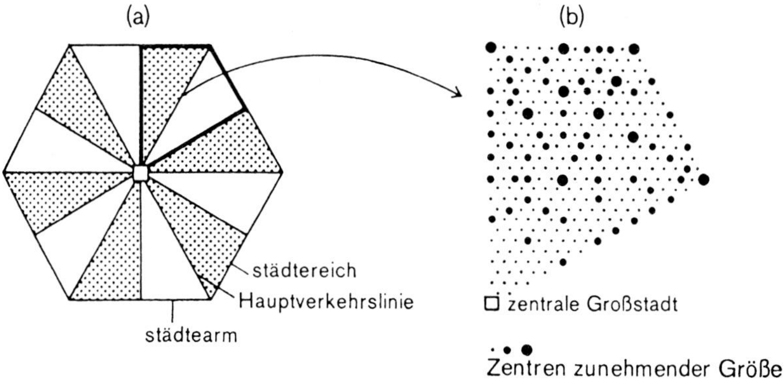

Abb. 2.21 Städtereiche und städtearme Sektoren
Entwurf: nach *A. Lösch* (1944, S. 87 f.); *P. Haggett* (1965, S. 123)

3. Auch was die Struktur der räumlichen Verteilung ökonomischer Aktivitäten anbetrifft, weist das Modell *A. Löschs* eine größere Flexibilität auf als das Zentrale-Orte-Modell *W. Christallers*. Das System der Marktnetze unterscheidet „städtereiche" und „städtearme" Sektoren (Abb. 2.21 a), wobei sich die Sektorgrenzen als Hauptverkehrslinien herausbilden. Auch innerhalb eines Sektors variieren Produktionsstandorte unterschiedlicher Bedeutung. Als Tendenz läßt sich aus Abb. 2.21 b erkennen, daß mit zunehmender Entfernung von der zentralen Großstadt die Größe der zugeordneten Zentren zunimmt.

Der empirische Nachweis einer räumlichen Differenzierung in städtereiche und städtearme Sektoren gelang *A. Lösch* am Beispiel der Stadt-Umland-Regionen von Indianapolis und Toledo sowie *D. J. Bogue* (1949) für eine größere Zahl von nordamerikanischen

Großstadtregionen. *A. Lösch* weist darauf hin, daß sich das „Idealbild einer Wirtschaftslandschaft“ durch Annäherung der vereinfachenden Annahmen an die Wirklichkeit verändert, etwa durch die Berücksichtigung von politischen Einflußfaktoren, von räumlichen Preis- und Produktdifferenzierungen, von Unterschieden der Frachtraten, der Verkehrserschließung oder des Verhaltens der Anbieter und Nachfrager, von ungleicher Verteilung natürlicher Ressourcen und Bevölkerung. *W. Isard* (1956, S. 272) entwickelte ein System von Marktnetzen, in dem die Größe der Marktgebiete mit abnehmender Bevölkerungsdichte von der zentralen Großstadt ansteigt. *A. Lösch* analysiert die Auswirkungen von Preisveränderungen auf die Ausdehnung der Absatzgebiete der Unternehmer und führt damit ein dynamisches Element in die Theorie der Marktnetze ein. Aus Abb. 2.22 ist zu ersehen, daß durch eine Preiserhöhung am Standort B_1 (von p_1 auf p_2) das Marktgebiet des Produzenten in B_1 schrumpft (punktierte Fläche) und der Produzent in B_2 sein Absatzgebiet auf Kosten von B_1 ausdehnt (schraffierte Fläche). Umgekehrt würde sich durch eine Preissenkung am Produktionsstandort B_1 das Marktgebiet von B_1 vergrößern und von B_2 einengen. Mit der Frage der Interdependenz der Standorte beschäftigten sich vor *A. Lösch* schon *F. Fetter* (1924, S. 520-529) und *H. Hotelling* (1929, S. 41-57).

Der in der Literatur geäußerten Kritik bezüglich der restriktiven Annahmen, die der Theorie der Marktnetze zugrunde gelegt sind, kann entgegengehalten werden, daß es das primäre Ziel *A. Löschs* war, die Wirklichkeit zu verbessern und nicht, sie zu erklären. Die optimale räumliche Ordnung der Wirtschaft sollte als Orientierungshilfe für regionalpolitische Entscheidungen dienen. Allerdings hat *A. Lösch* – wie auch *W. Christaller* – entscheidende Determinanten der räumlichen Wirtschaftsentwicklung vernachlässigt bzw. nur unzureichend berücksichtigt. Externe Ersparnisse gehen nicht in die Kostenfunktionen ein, Faktorwanderungen innerhalb des Systems der Marktnetze sowie Faktor- und Güterbewegungen zwischen den Systemen bleiben ebenso unberücksichtigt wie die für die Produktion benötigten Inputs, d. h. die Bezugsmärkte. Da die Theorie der Marktnetze den Anspruch erhebt, für den Industriesektor Gültigkeit zu besitzen, fällt die Vernachlässigung dieser den

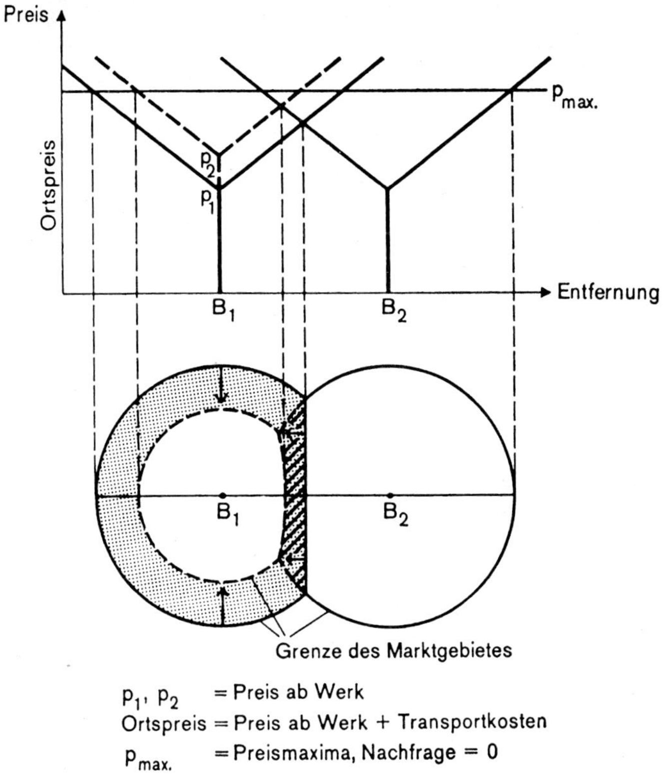

Abb. 2.22 Auswirkung von Preisänderungen auf die Größe der Marktgebiete
Entwurf: nach *A. Lösch* (1944, S. 189); *D. M. Smith* (1981, S. 90)

räumlichen Industrialisierungsprozeß prägenden Bestimmungsgründe in besonderem Maß ins Gewicht. Dadurch wird der Erklärungswert der Theorie sowie ihre Anwendbarkeit in der empirischen Forschung und in der Raumordnungspolitik limitiert.

Die Theorie der Marktnetze von *A. Lösch* weist gegenüber dem älteren Ansatz *W. Christallers* wichtige methodische Fortschritte auf. Sie stellt einen entscheidenden Schritt in Richtung auf eine umfassende Theorie des räumlichen Gleichgewichts dar.

2.1.2.4 Integration der Standortstrukturtheorien (v. Böventer)

Hervorragende Verdienste um die Integration der Standorttheorien und um die Weiterentwicklung der partialtheoretischen Ansätze zu einer allgemeinen Theorie des räumlichen Gleichgewichts erwarben sich *W. Isard* (1956), *L. Lefeber* (1958) und *E. von Böventer* (1962 a). Eine zusammenfassende Beschreibung dieser gesamtwirtschaftlichen Modelle findet sich bei *G. Stavenhagen* (1970, Sp. 1281-1309). Nachfolgende Ausführungen beschränken sich auf die Grundzüge der Bemühungen *E. von Böventers* um die Fortführung und Integration der Standortstrukturtheorien *J. H. von Thünens*, *W. Christallers* und *A. Löschs* (*E. v. Böventer* 1962 b; 1963, S. 163-187; 1964a, S. 704-728; 1964 b, S. 90-100). Sein Versuch, die Standorttheorie mit der Wachstumstheorie zu verbinden, wird in Kapitel 2.3 diskutiert.

Nach *E. von Böventer* ist der Gegenstand der *Raumwirtschaftstheorie* „die Erforschung und möglichst weitgehende Erklärung der geographischen Verteilung sowohl der Produktion und des Konsums der Güter als auch der (Wohn-)Sitze und der Beschäftigungsorte der mobilen Produktionsfaktoren, soweit diese durch ökonomische Faktoren bedingt sind" (*E. v. Böventer* 1964 a, S. 704).

Die wichtigsten ökonomischen Bestimmungsgründe der räumlichen Differenzierung, d. h. die *raumdifferenzierenden Faktoren*, sind:

1. Agglomerationsfaktoren
2. Transportkosten
3. die Abhängigkeit der Wirtschaft vom heimischen Produktionsfaktor Boden.

Bereits *A. Lösch* hat erkannt, daß die räumliche Verteilung der Produktionsstandorte durch das Zusammenwirken „konzentrierender Kräfte" – er nennt sie Vorteile der Masse und der Mischung – und „auflockernder Kräfte", etwa der Versandkosten und der Bodenrente, determiniert wird (*A. Lösch* 1944 S. 48-53, S. 72, S. 181). In Ergänzung zu *A. Lösch* erweitert *E. von Böventer* die Begriffsinhalte dieser Faktoren. Die Agglomerationsfaktoren werden, in Anlehnung an *B. G. Ohlin*, *E. M. Hoover* und *W. Isard*, in interne und externe Ersparnisse gegliedert (vgl. Kapitel 2.1.1.1). Die Transportkosten behandelt *E. von Bövente*r als einen allgemeinen Bestimmungsfaktor für die räumliche Mobilität sowohl der Input- und Outputgüter als auch der Produktionsfaktoren. Durch die Differenzierung der Mobilität der Arbeitskräfte in Wanderung und Pendelverkehr wird die Beziehung zwischen Produktionsstandorten und Wohnorten hergestellt. Was die Abhängigkeit der Wirtschaft vom Produktionsfaktor Boden anbetrifft, erfolgt eine Unterscheidung in Bodenleistungen für produktive Zwecke (z. B. landwirtschaftliche Produktion, Bergbau, Standorte für Industriebetriebe und Infrastrukturanlagen) und Bodenleistungen für konsumtive Zwecke (z. B. Wohn- und Erholungsfunktion).

Die Standortstruktur läßt sich aus dem Zusammenwirken dieser raumdifferenzierenden Faktoren ableiten. Der entscheidende Fortschritt der Analyse *E. von Böventers* gegenüber den statischen Modellen ist der Nachweis, daß das Gewicht der Faktoren vom Entwicklungsstand einer Volkswirtschaft abhängt. Jedes Entwicklungsstadium weist ein bestimmtes Bedeutungsgewicht der Faktoren und eine charakteristische Standortstruktur auf. Die sich im Zuge des wirtschaftlichen Entwicklungsprozesses wandelnde Bedeutung der einzelnen raumdifferenzierenden Faktoren bewirkt Veränderungen in der Verteilung der Standorte. In diesem Zusammenhang wichtige, historisch nachweisbare Entwicklungstendenzen sind der sinkende Anteil der Landwirtschaft am Volkseinkommen, die abnehmende Bedeutung der Transportkosten bei gleichzeitiger Erhöhung der Güter- und Faktormobilität sowie eine ökonomisch und technologisch bedingte Zunahme der optimalen Betriebsgröße.

E. von Böventer entwickelte zunächst ein Strukturmodell, das für eine Entwicklungsphase Gültigkeit beansprucht, die gekennzeichnet ist durch eine große ökonomische Bedeutung der Landwirtschaft, durch im Vergleich zu den Produktionskosten relativ hohe Transportkosten und folglich geringe Mobilität der Güter und Produktionsfaktoren sowie durch das Fehlen von Ballungszentren. In diesem Stadium der wirtschaftlichen Entwicklung gilt für den primären Sektor (ohne Bergbau) ein Thünen-System, für den sekundären Sektor ein stark modifiziertes Lösch-System und für den teritären Sektor das Christaller-System. Auch unter Annahme ungleichmäßiger Verteilung der Produktionsfaktoren, historischer Zufälligkeiten und persönlicher Präferenzen entstehen hierarchische Netze von Industriezentren und zentralen Orten, allerdings unterschiedlicher Dichte. Der interregionale Ausgleich der Leistungen vollzieht sich hauptsächlich innerhalb des sekundären Sektors. Der „Zahlungsbilanz-Ausgleichsmechanismus" führt zu Faktorbewegungen und Preisanpassungen und erzwingt eine gewisse Regelmäßigkeit in der Raumstruktur. Über diesem regionalen System der Produktionsstandorte des sekundären Sektors liegt das hierarchische System der zentralen Funktionen im Sinne *W. Christallers*, wobei sich das sekundäre und tertiäre Netz gegenseitig beeinflussen (*E. v. Böventer* 1962 b, S. 123). Die Bildung relativ regelmäßiger, wenn auch unsymmetrischer hierarchischer Netze in Volkswirtschaften mit noch starker Abhängigkeit von der heimischen Landwirtschaft läßt sich zusätzlich aus dem unterschiedlichen Gewicht externer Ersparnisse begründen. Der historische Entwicklungsprozeß, bei dem der Anteil der Landwirtschaft am Volkseinkommen abnimmt, die Transportkosten sinken und die internen Ersparnisse an Bedeutung gewinnen, begünstigt einerseits die räumliche Konzentration der Standorte von Produktionsbetrieben mit hohen externen Ersparnissen, fördert jedoch andererseits die Ansiedlung von Betrieben mit großen internen, aber geringen externen Ersparnissen in ländlichen Gebieten (*E. v. Böventer* 1962 b, S. 121 f.).

In hochindustrialisierten Ländern, die bezüglich der raumdifferenzierenden Faktoren gekennzeichnet sind durch eine geringe Abhängigkeit der Gesamtwirtschaft vom Agrarsektor, durch große Güter- und Faktormobilität und hohe Agglomerationsvorteile, zeichnet sich eine Tendenz zur Konzentration der ökonomischen Aktivitäten auf Verdichtungsräume mit hoher Standortgunst ab; dadurch verliert das räumliche System zunehmend an Regelmäßigkeit. Im Zuge des Transformationsprozesses von einer Agrar- zu einer Industriegesellschaft nimmt die Bedeutung der deglomerativ wirkenden Faktoren Bodenleistung und Transportkosten zugunsten der die Konzentration fördernden Agglomerationsvorteile ab. Bei Überschreiten eines optimalen Dichtewertes treten dezentralisierend wirkende Agglomerationsnachteile auf (Verknappung der Produktionsfaktoren Boden und Arbeit, Engpässe im Bereich der Infrastruktur usw.). Ökonomische Gegenkräfte können zu einer ständigen flächenmäßigen Ausdehnung der Agglomeration oder zur Bildung neuer Wachstumszentren führen. Daneben erscheinen auch in marktwirtschaftlichen Systemen Eingriffe in den räumlichen Konzentrationsprozeß durch die staatliche Regionalpolitik gerechtfertigt und notwendig. Beispielsweise kann eine aufgrund einzelwirtschaftlicher Kostenvorteile vorgenommene Betriebsansiedlung in einem Verdichtungsraum gesamtwirtschaftliche und -gesellschaftliche Nachteile bewirken.

Die Ergiebigkeit der Standorttheorie für die Wirtschaftsgeographie wird in der Literatur nicht einheitlich beurteilt. Einschränkend wird vielfach darauf hingewiesen, daß die älteren Theorieansätze aufgrund ihrer restriktiven Annahmen im Widerspruch zur Wirklichkeit stehen, die Weiterentwicklungen einzelner Partialtheorien wegen ihres hohen Abstraktionsgrades nur bedingt operationabel sind und die umfassenderen und realitätsbezogeneren Integrationsversuche der Standorttheorien nur generelle Aussagen über die raumwirtschaftlichen Zusammenhänge zulassen. Tatsächlich bestand bei der Erstellung von Modellen für komplexe raumwissenschaftliche Fragestellungen ein Zielkonflikt zwischen der Exaktheit des Modells und der Anwendbarkeit in der Praxis. Je exakter die mathematische Ableitung war, desto restriktivere Modellannahmen wurden gesetzt, d. h. desto weniger realitätsbezogen war die Theorie. Neuere Forschungsergebnisse lassen jedoch eine zunehmende Bedeutung von Raummodellen für die Lösung praktischer Probleme erwarten. Um die Anwendbarkeit der Standorttheorie in der Praxis zu erhöhen, bemüht sich die Regionalforschung heute um eine Berücksichtigung außerökonomischer Bestimmungsgründe der räumlichen Differenzierung, etwa:

1. der Differenziertheit des Raumes. Die Theorien von *A. Weber*, *J. H. v. Thünen*, *W. Christaller* und *A. Lösch* gehen von einer homogenen Fläche aus, etwa der gleichmäßigen räumlichen Verteilung der Bevölkerung oder der natürlichen Ressourcen. Einige der Restriktionen konnten durch die Weiterentwicklung dieser Modelle aufgehoben werden.

2. der komplexen Verhaltensweisen der Entscheidungsträger im Wirtschaftsprozeß. Die Standorttheorien unterstellen in aller Regel ein am Rationalprinzip orientiertes ökonomisches Verhalten; die Unternehmer streben nach Gewinnmaximierung, die Haushalte nach Nutzenmaximierung. *M. E. Eliot Hurst* stellt in seiner Geographie des ökonomischen Verhaltens dem „economic man" (homo oeconomicus) den „noneconomic man" gegenüber, und die Sozialpsychologie sowie Sozialgeographie entwickeln als ergänzende Lösungsansätze eine Theorie des suboptimalen Verhaltens. Auch die im Kapitel „New Economic Geography" diskutierten Konzepte gehen von einem realitätsnäheren Menschenbild aus (vgl. auch *C. Earle* 1996).
3. der politischen Bestimmungsgründe der räumlichen Verteilung. Zur Wiedererlangung des räumlichen Gleichgewichts wird in zunehmendem Maße neben den ökonomischen Ausgleichsmechanismen die Bedeutung der Raumwirtschaftspolitik erkannt und in den Modellen berücksichtigt.
4. des historischen Entwicklungsstandes einer Volkswirtschaft. Die traditionellen Standorttheorien sind statische Modelle. In einer evolutorischen Wirtschaft verändert sich der räumliche Differenzierungsprozeß – wie *E. von Böventer* nachweist – beim Übergang von der Agrar- zur Industrie- und Dienstleistungsgesellschaft.

Literaturübersicht: Kapitel 2.1

Eine Zusammenfassung der wichtigsten Standorttheorien findet sich bei:

Böventer, E. von, 1964 a: Raumwirtschaftstheorie. In: Handwörterbuch der Sozialwissenschaften. Bd. 8. Stuttgart, Tübingen, Göttingen. S. 704-728.

Lauschmann, E., 1970: Grundlagen einer Theorie der Regionalpolitik. Hannover. S. 25-55.

Stavenhagen, G., 1970: Industriestandorttheorien und Raumwirtschaft. In: Handwörterbuch der Raumforschung und Raumordnung. (2. Aufl.). Hannover. Sp. 1281-1309.

Zur Vertiefung der behandelten einzel- und gesamtwirtschaftlichen Standorttheorien ist das Studium nachfolgender, zum Teil älterer Texte lohnend:

Behrens, K. Ch., 1971: Allgemeine Standortbestimmungslehre. (2. Aufl.). Köln, Opladen.

Böventer, E. von, 1962 b: Die Struktur der Landschaft. Versuch einer Synthese und Weiterentwicklung der Modelle J. H. von Thünens, W. Christallers und A. Löschs. In: Optimales Wachstum und optimale Standortverteilung. Berlin. Schriften des Vereins für Socialpolitik. N. F. 27, S. 77-133.

Christaller, W., 1933: Die zentralen Orte in Süddeutschland. Eine ökonomisch-geographische Untersuchung über die Gesetzmäßigkeit der Verbreitung und Entwicklung der Siedlungen mit städtischen Funktionen. Jena. (Reprographischer Nachdruck, Darmstadt 1968).

Dicken, P.; Lloyd, P.E., 1999: Standort und Raum. Theoretische Perspektiven in der Wirtschaftsgeographie. Stuttgart.

Lösch, A., 1944: Die räumliche Ordnung der Wirtschaft. (2. Aufl.). Jena.

Maier, G.; Tödtling, F., 1995: Regional- und Standökonomik. Standorttheorie und Raumstruktur. (2. Aufl.). Wien, New York.

Smith, D. M., 1981: Industrial Location. An Economic Geographical Analysis. (2. Aufl.) New York.

Thünen, J. H. von, 1875: Der isolierte Staat in Beziehung auf Landwirtschaft und Nationalökonomie. Berlin. (1. Aufl. des 1. Teils 1826, der 1. Abteilung des 2. Teils 1850, der 2. Abteilung des 2. Teils und des 3. Teils 1863).

Weber, A., 1922: Über den Standort der Industrie. 1. Teil: Reine Theorie des Standorts. (2. Aufl.). Tübingen. (1. Aufl. 1909).

2.2 Räumliche Mobilitätstheorien

Nach einem einführenden Überblick über die Determinanten des regionalen Wirtschaftswachstums werden zunächst einzelne Determinanten isoliert vorgestellt. Die theoretischen Ausführungen beschränken sich auf die Vermittlung von Basiswissen zu den Motiven und Wirkungen der räumlichen Mobilität von einzelnen Produktionsfaktoren (Arbeit, Kapital, technisches Wissen) sowie von Gütern. Die Kenntnis der Grundstrukturen der räumlichen Mobilitätstheorien ist für das Verständnis der in Kapitel 2.3 behandelten regionalen Wachstums- und Entwicklungstheorien notwendig.

2.2.1 Determinanten des regionalen Wirtschaftswachstums

In der regionalwissenschaftlichen Literatur werden die Begriffe Wachstum, Entwicklung und Region unterschiedlich verwendet.

Wirtschaftliches Wachstum wird alternativ definiert (vgl. *K. Rose* 1971, S. 9; *H. Walter* 1983):

- als Zunahme des realen Sozialprodukts; das reale Sozialprodukt Y der Periode t = 1 muß größer als in der Vorperiode t = 0 sein.
  $$Y_1 > Y_0 \qquad (1)$$
- als Zunahme des realen Sozialprodukts pro Kopf der Bevölkerung B; das reale Pro-Kopf-Einkommen in der Periode t = 1 muß größer als in der Vorperiode t = 0 sein.
  $$\frac{Y_1}{B_1} > \frac{Y_0}{B_0} \qquad (2)$$

Nach der Definition (2) würde also dann nicht von Wachstum gesprochen, wenn das Sozialprodukt um einen kleineren oder den gleichen Prozentsatz wie die Bevölkerung steigt.

Entwicklung wird vielfach synonym zum Begriff wirtschaftliches Wachstum verwendet. *Ch. P. Kindleberger* (1965, S. 3 f.) weist auf die Möglichkeit einer Differenzierung hin, wobei Wachstum zu verstehen ist als quantitative Erhöhung des Outputs entsprechend den Definitionen (1) und (2) und Entwicklung eine zusätzliche Verbesserung in der Struktur des Outputs und in der Allokation der zur Produktion von Gütern und Diensten eingesetzten Inputs voraussetzt. *D. Seers* (1974, S. 39-67) hingegen versteht Entwicklung als normativen Begriff im Sinne einer langfristigen Verbesserung der Arbeits- und Lebensbedingungen der Bevölkerung. Da in aller Regel die Realisierung dieses Ziels eine Erhöhung des Volkseinkommens voraussetzt, wird das wirtschaftliche Wachstum als ein Indikator für das Entwicklungspotential angesehen. Der Band Wirtschaftsgeographie 2, Empirie, diskutiert diesen Themenkomplex ausführlicher.

Der Begriff Region wird in den nachfolgend dargestellten Raumwirtschaftstheorien pragmatisch entsprechend dem jeweiligen spezifischen Untersuchungsziel definiert. Bezüglich der arealen Abgrenzung lassen sich drei Definitionstypen unterscheiden: die homogene Region, die funktionale Region und die Planungsregion (vgl. *K. Lange* 1970, Sp. 2705-2719; *H. W. Richardson* 1973, S. 6 ff.). Das Kennzeichen einer homogenen Region ist ihre gleichartige Strukturierung, gemessen an einem oder mehreren Merkmalen (z. B. gleiches Pro-Kopf-Einkommensniveau, gleichartige physiogeographische Ausstattung). Das Funktionalkonzept betont die intraregionale Interdependenz, die aufgrund einer oder mehrerer funktionaler Beziehungen besteht. Vielfach handelt es sich um polarisierte oder nodale Regionen, die gekennzeichnet sind durch vom Zentrum zur Peripherie sich abschwächende Verflechtungsbeziehungen. Die Planungsregion schließlich ist eine politische und administrative Gebietseinheit, deren Abgrenzung sich aus den Planungszielen ableitet. Der Begriff Region wird in der raumwirtschaftstheoretischen Literatur für die unterschiedlichsten Raumeinheiten verwendet, etwa für Standorte einzelner Betriebe, Städte, intranationale, nationale und supranationale Gebietseinheiten, aber auch für komplexe, hierarchische Systeme im Sinne *A. Löschs*.[1]

Im folgenden wird versucht, einige der wesentlichen Determinanten des regionalen Wirtschaftswachstums zu erfassen.[2] Die Bestimmungsgründe des wirtschaftlichen Wachstums werden zunächst für eine *geschlossene Region*, die keine Interaktionen mit anderen Regionen aufweist, behandelt. In der makroökonomischen Wachstumstheorie wird das reale Einkommen Y einer Region 1 zum Zeitpunkt t als eine Funktion von in der Region vorhandenem Produktionspotential O und realer Nachfrage D angesehen.

1 Am häufigsten und wohl auch am sinnvollsten wird der Begriff Region verwendet für Teilräume einer nationalen Volkswirtschaft, die größer sind als urbane Siedlungen.

2 Einen Überblick über die Wachstumstheorie der Nationalökonomie geben: *M. Frenkel, H.-R. Hemmer* (1999); *C. Krieger-Boden* (1995). Die Determinanten des regionalen Wirtschaftswachstums wurden zusammengestellt nach: *H. Siebert* (1970 b); *E. v. Böventer* (1975, S. 1-29); *H. Heuer* (1975).

$Y_1 = f(O_1, D_1)$ (3)

Die Zunahme des realen Regionaleinkommens $\dot{Y}_1$, d. h. des wirtschaftlichen Wachstums, ist eine Funktion der Erhöhung des potentiellen Outputs $\dot{O}_1$ und der realen Nachfrage $\dot{D}_1$.[1]

$\dot{Y}_1 = f(\dot{O}_1, \dot{D}_1)$ (4)

Die Beziehungen auf der Angebotsseite lassen sich durch eine Produktionsfunktion und auf der Nachfrageseite durch eine Einkommensverwendungsfunktion ausdrücken. Das Produktionspotential wird unter anderem von der Qualität und Quantität der in der Region vorhandenen Produktionsfaktoren Arbeit L, Kapitel K und Boden Q bestimmt.

$O_1 = f(L_1, K_1, Q_1 \ldots)$.[2] (5)

Die Zunahme des Produktionspotentials hängt ab von den in der Region vorhandenen zusätzlichen Produktionsfaktoren.

$\dot{O}_1 = f(\dot{L}_1, \dot{K}_1, \dot{Q}_1 \ldots)$ (6)

Die reale Nachfrage wird von der in der Region vorhandenen privaten und öffentlichen Nachfrage nach Konsumgütern C und Investitionsgütern I, ihr Wachstum von der Möglichkeit der Mobilisierung zusätzlicher regionaler Nachfrage bestimmt.

$D_1 = f(C_1, I_1 \ldots)$ (7)

$\dot{D}_1 = f(\dot{C}_1, \dot{I}_1 \ldots)$ (8)

Die Höhe des Sozialprodukts und das wirtschaftliche Wachstum einer Region wird noch von einer Reihe weiterer Einflußgrößen geprägt. Von besonderer Bedeutung ist die Ausstattung einer Region mit den Variablen technischer Fortschritt T, Raumstruktur R, Sektoralstruktur SE, Infrastruktursystem IN, politisches System PO, soziales System SO und die Veränderung dieser Faktoren in der Zeit. Diese Determinanten des regionalen Wachstumsprozesses wirken sowohl auf die Angebots- als auch auf die Nachfrageseite. Der technische Fortschritt wurde in der neoklassischen Wachstumstheorie in die Produktionsfunktion einbezogen. Eine Verbesserung des technischen Fortschritts kann aber nicht nur auf der Angebotsseite

[1] Der Punkt über den Variablen bezeichnet Änderungen in der Zeit ($\dot{Y} = dY/dt$).

[2] Die Punkte in der Klammer drücken aus, daß noch andere Größen auf die zu erklärende Variable einwirken.

zu einer günstigeren Faktorkombination, sondern auch auf der Nachfrageseite über organisatorische Veränderungen zu einer Mobilisierung zusätzlicher Nachfrage führen. Der regionale Wachstumsprozeß wird neben der bestehenden Raumstruktur (z. B. dem intraregionalen Agglomerationsgrad) und der bestehenden Sektoralstruktur (z. B. dem Industrialisierungsgrad) zusätzlich beeinflußt durch Veränderungen der Raumstruktur und durch sektorale Umschichtungen. So läßt eine verbesserte Erreichbarkeit der Produktions- und Konsumorte eine Erhöhung des Angebots und der Nachfrage erwarten. Infrastrukturinvestitionen bewirken auf der Angebotsseite Kostensenkungen und Produktivitätssteigerungen bei den Unternehmern und auf der Nachfrageseite Wohlstandseffekte bei den privaten Haushalten (*R. L. Frey* 1969, S. 103-126). Daneben kann die Konjunktur-, Struktur- und Regionalpolitik des Staates einen Beitrag zur Beseitigung wachstumshemmender Engpässe leisten. Schließlich können vom sozialen System, etwa durch Änderungen im Verhaltensmuster der Anbieter und Nachfrager, Wachstumseffekte ausgehen.

In einer geschlossenen Region ist das wirtschaftliche Wachstum durch die innerhalb der Region vorhandenen und mobilisierbaren Wachstumsdeterminanten limitiert. Wir heben im folgenden die restriktive Annahme einer geschlossenen Region auf und beziehen Interaktionen mit anderen Regionen in die Betrachtung ein. In einer *offenen Region* wird die Zunahme des realen Sozialprodukts neben den internen Einflußgrößen zusätzlich durch externe Wachstumsdeterminanten, insbesondere durch interregionale Faktorwanderungen sowie interregionale Güter- und Dienstleistungsbewegungen bestimmt. In aller Regel erhöht die Zuwanderung mobiler Produktionsfaktoren (Arbeit, Kapital, technisches Wissen) die regionale Produktionskapazität, und entsprechend wirkt die Abwanderung von Arbeitskräften und Kapital wachstumshemmend. Eine Intensivierung des interregionalen Güteraustausches kann über die Angebots- und Nachfrageseite Wachstumseffekte auslösen, wenn infolge der erhöhten interregionalen Produktionsspezialisierung ein effizienter Einsatz der Produktionsfaktoren erreicht wird oder wenn die Exportnachfrage expandiert. Die Richtung und Intensität der interregionalen Faktor- und Güterströme wird beeinflußt von der Quantität und Qualität der in den einzelnen Regionen verfügbaren internen Wachstumsdeterminanten; diese Zusammenhänge werden noch eingehend zu behandeln sein.

Das realisierte Wachstum einer Region ist eine Funktion des Zusammenwirkens aller in nachfolgendem Schaubild (Abb. 2.23) für ein Zwei-Regionen-Modell zusammengefaßten internen und externen Wachstumsdeterminanten. Im folgenden wird trotzdem versucht, für einzelne Determinanten deren Effekte auf den räumlichen Differenzierungsprozeß zu untersuchen. Die Zielsetzung der bewußt einfach gehaltenen Ausführungen ist es, einige der verwendeten Begriffe zu definieren sowie zur Klärung der Frage nach den Ursachen und Wirkungen regionsinterner Veränderungen, vor allem aber der Faktor- und Güterströme beizutragen.

2.2.2 Theorien der Faktormobilität

In Kapitel 2.2.1 wurde darauf hingewiesen, daß das Produktionspotential einer Region von der Quantität und Qualität der in der Region vorhandenen Produktionsfaktoren abhängt und die Zunahme des Produktionspotentials eine Funktion der Veränderung der Produktionsfaktoren ist. Diese Veränderung in der Faktorausstattung läßt sich durch interne und externe Determinanten erklären. In dem in Abb. 2.23 dargestellten Zwei-Regionen-Modell hängt die Zunahme des *Produktionsfaktors Arbeit* in der Region 1 ($\dot{L}_1$) von der Möglichkeit der Mobilisierung zusätzlicher Arbeitskräfte innerhalb der Region 1 ab ($\dot{L}_{11}$) sowie vom Saldo der interregionalen Mobilität der Arbeitskräfte, d. h. der Faktorbewegungen von R_2 nach R_1 ($\dot{L}_{21}$) und von R_1 nach R_2 ($\dot{L}_{12}$) (*H. Siebert* 1970 b, S. 33 f.).

$$\dot{L}_1 = \dot{L}_{11} + \dot{L}_{21} - \dot{L}_{12}$$

Bei der regionsinternen Veränderung des Produktionsfaktors Arbeit ist zu unterscheiden zwischen qualitativen und quantitativen Veränderungen. Eine verbesserte Ausbildung der Arbeitskräfte erhöht deren Produktivität und kann bei gegebenem Arbeitsangebot zu einer Erhöhung des Sozialprodukts führen. Die quantitative Veränderung des Arbeitsangebots wird in der Regel in Stunden geleisteter Ar-

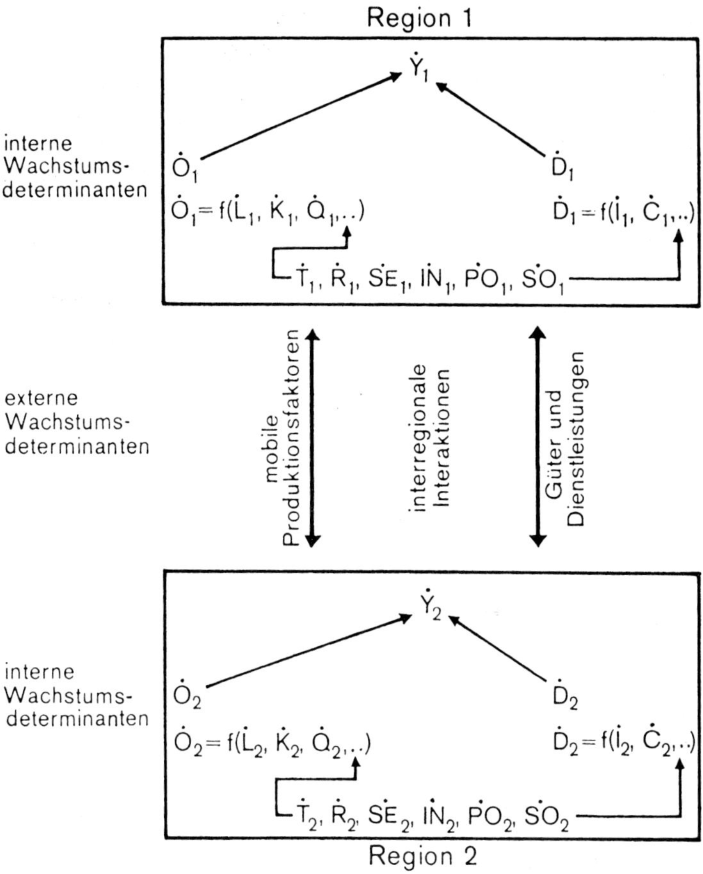

Y = reales Einkommen
O = Output
D = Nachfrage
L = Arbeit
K = Kapital
Q = Boden
T = technischer Fortschritt
R = Raumstruktur
SE = Sektoralstruktur
IN = Infrastruktursystem
PO = politisches System
SO = soziales System
I = Investitionsgüter
C = Konsumgüter

Abb. 2.23 Determinanten des regionalen Wirtschaftswachstums

beitszeit gemessen. Wichtige Determinanten des Arbeitsangebots sind die natürliche Bevölkerungsentwicklung, der Altersaufbau der Bevölkerung – wobei der Anteil der Bevölkerung im nicht erwerbsfähigen Alter („dependency ratio“) von Bedeutung ist –, der Anteil der Erwerbstätigen an den Erwerbsfähigen, die Arbeitszeit der Erwerbstätigen usw. Das natürliche Bevölkerungswachstum, d. h. die regionsinterne Bevölkerungveränderung, steuern ein positiver und negativer Regelkreis (Abb. 2.24). Das System ist im Gleichgewicht, wenn sich die Wirkungen des positiven und negativen Regelkreises gerade aufheben, wenn also die Zahl der Geburten den Todesfällen entspricht (*D. Meadows* et. al. 1972, S. 26 ff.).

Abb. 2.24 Regionsinterne Bevölkerungsveränderung

Unter dem Begriff räumliche (interregionale) Mobilität der Arbeitskräfte soll jede Veränderung des Produktionsfaktors Arbeit von einem Raumpunkt (Region) zu einem anderen Raumpunkt (Region) verstanden werden. Bei räumlichen Arbeitskräftebewegungen mit gleichzeitigem Wechsel des Wohnorts handelt es sich um Wanderung (Migration), ist die räumliche Arbeitskräftebewegung nicht mit einer Verlagerung des Wohnsitzes verbunden, wird von Berufspendlern gesprochen. Es ist Aufgabe einer Theorie interregionaler Arbeitskräftemobilität, zu erklären, erstens welche Gründe zu Mobilitätsvorgängen führen und deren Intensität, Richtung und Reichweite beeinflussen, und zweitens welche Wirkung die Mobilität des Produktionsfaktors Arbeit auf die regionale Entwicklung ausübt.

Gründe, die die Entscheidung zu wandern (bzw. zu pendeln) beeinflussen, sind zu suchen im Verhalten der Akteure, in Bedingungen, die in der Herkunfts- und Zielregion herrschen sowie in den intervenierenden Hindernissen zwischen der Herkunfts- und Ziel-

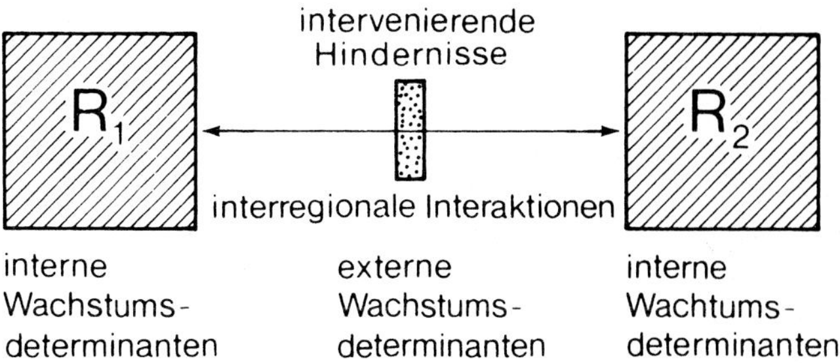

Abb. 2.25 Zwei-Regionen-Modell interner und externer Wachstumsdeterminanten mit intervenierenden Interaktionshindernissen

region (*E. S. Lee* 1972, S. 118). Die räumliche Veränderung des Arbeits-, aber auch des Wohnstandortes ist ein Akt sozioökonomischen Handelns. Voraussetzung für eine räumliche Mobilitätsentscheidung ist die Unzufriedenheit eines Individuums oder einer Gruppe mit der ökonomischen und gesellschaftlichen Situation an der bestehenden Raumstelle (Region) und die Kenntnis von alternativen Raumstellen (Regionen), die eine bessere Verwirklichung des individuellen Anspruchsniveaus erwarten lassen. Die Fähigkeit, räumliche Unterschiede in der Nutzenerfüllung zu erkennen, hängt vom Informationsstand der Akteure ab. Dieser wiederum wird beeinflußt vom bestehenden Kommunikationssystem, d. h. von der Bereitschaft, mobilitätsrelevante Informationen aufzunehmen, von der Leistungsfähigkeit der Kommunikationskanäle und von der Intensität der Informationsimpulse aus anderen Regionen (*H. Siebert* 1970 b, S. 44-59). Grundsätzlich gilt: Je größer die Unzufriedenheit mit den Arbeits- und Lebensbedingungen an der bestehenden Raumstelle und je größer die erkennbaren interregionalen Nutzendifferenzen sind, desto höher ist die Wahrscheinlichkeit für räumliche Mobilität. Interregionale Unterschiede im Nutzen werden in theoretischen und empirischen Untersuchungen durch folgende Variable ausgedrückt: Einkommen, Lohnniveau, Lebenshaltungskosten, Beschäftigungsstruktur, Verfügbarkeit von Arbeitsplätzen, Verstädterungsgrad, Wohnverhältnisse, Freizeitwert, kulturelle Infrastruktur, soziale Position . . . In ökonomischen Theorien wird vielfach das Lohnniveau oder die Verfügbarkeit von Arbeitsplätzen als entscheidende Determinante der räumlichen Arbeitskräftemobilität angesehen. Die Modelle gehen davon aus, daß die Arbeitskräfte von Regionen mit niedrigem zu Regionen mit höherem Lohnniveau wandern oder entsprechend von Regionen mit Arbeitskräfteüberschuß zu solchen mit Arbeitskräfteknappheit; je größer die interregionalen Unterschiede sind, desto höher ist die erwartete Intensität der räumlichen Mobilität. Als Kritik ist anzuführen, daß in diesen Modellen außerökonomische Migrationsstimuli ebensowenig Berücksichtigung finden wie der Raum als Mobilitätshemmnis.

Die Entfernung spielt in Wanderungsmodellen, die in Analogie zum newtonschen Gravitationsgesetz entwickelt wurden, eine wichtige Rolle. Gestützt auf empirische Untersuchungen von Wanderungsbewegungen in Großbritannien folgert *E. G. Ravenstein* (1885, 1889), daß die Wanderungsintensität zwischen zwei Regionen (M_{12}) umgekehrt proportional zur Entfernung (D_{12}) und direkt proportional zur Bevölkerungszahl der Region 1 (P_1) und der Region 2 (P_2) ist.

$$M_{12} = k \cdot \frac{P_1 \cdot P_2}{D_{12}}$$

W. Isard (1960, S. 510) erweiterte diesen Grundansatz eines Gravitationsmodells und gelangt zu folgender Formulierung:

$$M_{12} = k \cdot \frac{w_1 (P_1)^{a1} \cdot w_2 (P_2)^{a2}}{D_{12}^{b}}$$

wobei k eine Gravitationskonstante, w_1 und w_2 Gewichtungsfaktoren der Massen P_1 bzw. P_2 und a_1, a_2, b Exponentialkoeffizienten der Bevölkerungszahl der beiden Regionen bzw. der Entfernung darstellen. Eine Theorie, die die Bestimmung dieser Werte erklären könnte, fehlt bislang. Empirische Überprüfungen der Hypothesen der Gravitationsmodelle liefern bei Verwendung großer Aggregate befriedigende Ergebnisse (*G. K. Zipf* 1946; *J. Q. Stewart*, *W. Warntz* 1958). Die gravierende Schwäche dieser deskriptiven Modelle ist, daß sie die Gründe für Wanderungsbewegungen nicht zu erklären vermögen.

I. S. Lowry (1966) unternimmt den Versuch, ökonomische Modellansätze, die mehr nach den Ursachen der Migration fragen, mit

Elementen der distanzorientierten Gravitationsmodelle zu verknüpfen. Der Grundgedanke ist, daß die Menschen in der Regel von der Region hoher in die niedriger Arbeitslosigkeit wandern sowie von der Region niedrigen in jene hohen Lohnniveaus. Selbst wenn die Wanderungsströme, gemäß der neoklassischen Annahme, langfristig ein Angleichen der interregionalen Lohn- und Beschäftigungsunterschiede bewirken, kommt es noch zu Wanderungen, deren Umfang von der Größe der Arbeitsmärkte und der Entfernung zwischen den Regionen abhängt. Diese Zusammenhänge lassen sich wie folgt formalisieren:

$$M_{12} = f \left(\frac{U_1}{U_2}; \frac{W_2}{W_1}; \frac{L_1 \; L_2}{D_{12}} \right)$$

wobei M_{12} die Wanderung zwischen der Region 1 und der Region 2, U den Anteil der Arbeitslosen am Arbeitskräftepotential in nichtlandwirtschaftlichen Sektoren, W die Löhne in der verarbeitenden Industrie, L die Zahl der Erwerbsfähigen in nichtlandwirtschaftlichen Sektoren und D die Luftlinienentfernung ausdrücken. Empirische Untersuchungen interregionaler Wanderungen in den USA bestätigen einige der Hypothesen dieses Modells (*H. W. Richardson* 1973, S. 93; *J. Wulf* 1972, S. 491).

Unbefriedigend im Migrationsmodell von *I. S. Lowry* ist die Behandlung der Distanz als reine Luftlinienentfernung. In regionalwissenschaftlichen Untersuchungen ist bei der Annahme, daß mit zunehmender Entfernung die Mobilität der Arbeit abnimmt, von einem umfassenden Distanzbegriff auszugehen, der neben der Kilometerentfernung die ökonomische und soziale Entfernung mit berücksichtigt. Der mobilitätshemmende Effekt zunehmender Entfernung läßt sich u. a. erklären aus:

- den abnehmenden Informationsmöglichkeiten
- den zunehmenden Kosten der Raumüberwindung (z. B. Umzugskosten)
- den wachsenden Unterschieden in Kultur, Sprache, Lebensgewohnheiten, Tradition, Religion und den damit verbundenen Anpassungsschwierigkeiten im Zielgebiet
- der räumlichen Verteilung intervenierender Migrationshindernisse. Nach *S. A. Stouffer* (1940, 1960) hängt die Wanderung von der

Herkunftsregion 1 zur Zielregion 2 (M_{12}) ab von der Zahl der Opportunitäten in der Zielregion (X_2), der Zahl der intervenierenden Gelegenheiten (intervening opportunities), die zwischen der Herkunfts- und Zielregion liegen (X_{12}), und der Zahl der konkurrierenden Migranten (competing migrants) im Einzugsgebiet der Zielregion (M_2). Dieser Zusammenhang läßt sich wie folgt ausdrücken:

$$M_{12} = k \cdot \frac{X_2^a}{X_{12}^b \cdot M_2^c}$$

wobei k eine Konstante und a, b, c Parameter sind, deren Werte aus dem empirischen Datenmaterial zu ermitteln sind.

H. W. Richardson (1973) entwickelte ein regionales Wachstumsmodell, das in Kapitel 2.3.8 skizziert wird. Die Bestimmungsgleichung des regionalen Wachstums des Produktionsfaktors Arbeit enthält die natürliche Wachstumsrate der Bevölkerung als Indikator für regionsinterne Veränderungen sowie Agglomerationseffekte, Standortbindungen (locational preference) und regionale Lohnunterschiede; diese drei unabhängigen Variablen beeinflussen die Arbeitskräftemobilität. Mittels der Agglomerationseffekte und der Lohnunterschiede wird versucht, die realisierte interregionale Migration zu erklären. Die Variable Standortbindung hingegen erfaßt jene Kräfte, die Bewohner veranlassen, in ihrer Region zu verharren, trotz der in anderen Regionen bestehenden Agglomerationsvorteile und höheren Löhne. Die Bestimmungsgleichung der Standortbindung enthält Faktoren wie das Bevölkerungspotential der größten Stadt der Region, die Entfernung der Einwohner zur regionalen Metropole, die Aufenthaltsdauer in der Region und die Mobilitätskosten zur nächstgelegenen Region höheren Einkommens (*H. W. Richardson* 1973, S. 213 f.). Wichtig am Ansatz von *Richardson* ist die Schlüsselstellung, die Agglomerationseffekte und damit die Raumstruktur bei der Erklärung der Arbeitskräftemobilität einnehmen, sowie die Einbindung der Faktormobilität in eine umfassende Wachstumstheorie.

H. Siebert (1993, 1995) erweitert die Diskussion über die Ursachen der Wanderung um eine dynamische Komponente. Bei einer Wanderungsentscheidung handelt es sich nicht um ein statisches

Entscheidungsproblem für eine Periode, sondern um ein dynamisches Entscheidungsproblem unter Unsicherheit. Der potentielle Migrant versucht, den Nutzen, der sich aus der Wanderung ergibt, nicht für einen begrenzten Zeitraum, sondern über seine gesamte Lebenszeit zu maximieren. Folglich spielen bei Wanderungsentscheidungen Erwartungen über die künftige Einkommensentwicklung in der Herkunftsregion (Auswanderungsland) und der Zielregion (Einwanderungsland) eine entscheidende Rolle. Eine erwartete Verschärfung der interregionalen (internationalen) Einkommensdisparitäten fördert die Wanderungsentscheidung. Wird hingegen ein Abbau der Einkommensunterschiede angenommen, vermindert sich der Anreiz zur Migration, sofern die Option, zu einem späteren Zeitpunkt zu wandern, bestehen bleibt.

Nach der Behandlung der Gründe sind die Wirkungen der interregionalen Mobilität des Produktionsfaktors Arbeit auf den räumlichen Differenzierungsprozeß zu untersuchen. (Vergleiche hierzu auch die Ausführungen in Kapitel 2.3 Regionale Wachstums- und Entwicklungstheorien). Im Fall des in Abb. 2.23 dargestellten Zwei-Regionen-Modells führt die Wanderung von Arbeitskräften von Region 1 nach Region 2 zu einer Erhöhung des Arbeitskräftepotentials in R_2 und zu einer gleichzeitigen Verminderung in R_1. Neoklassische Gleichgewichtsmodelle beantworten die Frage nach den Wirkungen dieser Wanderungen auf Wirtschaftswachstum und Pro-Kopf-Einkommen in der Herkunfts- und Zielregion wie folgt: Ausgangspunkt neoklassischer Ansätze ist die Formulierung restriktiver Annahmen wie homogenes Arbeitsangebot, vollkommene Konkurrenz am Arbeitsmarkt, Vollbeschäftigung, freie Mobilität der Produktionsfaktoren, interregionale Transportkosten von Null. Wird des weiteren unterstellt, daß Lohnunterschiede der einzige Migrationsgrund sind, wandern die Arbeitskräfte von der Region niedriger in die Region hoher Löhne und bewirken in der Zielregion ökonomische Expansionseffekte und in der Herkunftsregion Kontraktionseffekte gleicher Stärke. Die Wanderung der Arbeitskräfte gleicht bei den gesetzten Prämissen die Löhne in beiden Regionen aus und kommt zum Stillstand, wenn keine interregionalen Lohndifferenzen mehr bestehen.

Die in neoklassischen Gleichgewichtsmodellen beschriebenen Wirkungen der Arbeitskräftemobilität lassen sich aus den vorgegebenen Restriktionen ableiten. Werden jedoch andere (wirklichkeitsnähere) Annahmen eingeführt, sind Wirkungen der Wanderung zu erwarten, die weder zu einer Parallelität von Expansions- und Kontraktionseffekten noch zu einem interregionalen Ausgleich des Pro-Kopf-Einkommens führen. Entstehen durch die Zuwanderung von Arbeitskräften Agglomerationsvorteile (interne und externe Ersparnisse), so ist davon auszugehen, daß die Expansionseffekte in der Zielregion größer sind als die Kontraktionseffekte in der Herkunftsregion. Die Folge ist ein Anstieg der nationalen Wachstumsrate, aber auch die Verschärfung interregionaler Einkommensunterschiede. Auf Grund des selektiven Charakters der Wanderung ist eine langfristige Zementierung räumlicher Disparitäten möglich. Empirische Untersuchungen belegen, daß vielfach junge, dynamische und qualifizierte Arbeitskräfte wandern. Dieser interregionale Transfer von „human capital" erweitert das Entwicklungspotential der Zielregion, in der Abwanderungsregion hingegen verschlechtern sich die Wachstumsbedingungen. Durch die selektive Wanderung verliert die Entleerungsregion an Attraktivität für Kapitalimporte, und es fehlen ihr gerade jene Fachkräfte, die in der Lage wären, Innovationen aus anderen Regionen aufzunehmen und durchzusetzen sowie das regionsinterne Wachstumspotential auszuschöpfen. Es ist ein Ziel der neuen Wachstumstheorie und der neuen Außenhandelstheorie, diese Zusammenhänge modellintern zu erklären (vgl. Kapitel 2.4.1).

Nicht in jedem Fall bewirkt die Zuwanderung von Arbeitskräften Expansionseffekte und einen Anstieg des Pro-Kopf-Einkommens bzw. die Abwanderung Schrumpfungseffekte und personelle Einkommensminderungen. Wird in der Zielregion durch hohe Wanderungsintensität die vorhandene Absorptionskapazität überschritten, treten Agglomerationsnachteile auf. Der zeitweilige Zusammenbruch der materiellen Infrastruktur, der in vielen Großstädten vornehmlich in Entwicklungsländern zu beobachten ist, verschlechtert die Produktionsbedingungen der bestehenden Betriebe und die Lebensbedingungen der Bevölkerung. Gelingt es zudem nicht, die zugewanderten Arbeitskräfte in den Wirtschaftsprozeß zu integrieren, sinkt in der Zuwanderungsregion zumindest temporär das durchschnittliche Pro-Kopf-Einkommen. Für die Entleerungsregion kann sich die Abwanderung unter bestimmten Voraussetzungen auch positiv auswirken. Herrscht beispielsweise Arbeitslosigkeit, die durch die Migration vermindert wird, erhöht sich das durchschnittliche Pro-Kopf-Einkommen. Schließlich besteht die Möglichkeit, daß die Abwanderung unterbeschäftigter Arbeitskräfte einen Substitutionsprozeß von Arbeit durch Kapital in Gang setzt, der aufgrund einer effizienteren Faktorkombination das Produktionsvolumen in der Abwanderungsregion erweitert (*P. G. Jansen* 1969, S. 151 ff.).

Regionsinterne Veränderungen des Produktionsfaktors Arbeit haben vergleichbare Auswirkungen auf Wirtschaftswachstum und Pro-Kopf-Einkommen wie Bestandsveränderungen aufgrund interregionaler Mobilität. Auch hier sind die Wirkungen quantitativer Veränderungen des Arbeitskräftepotentials in Zusammenhang zu sehen mit Agglomerationseffekten, Beschäftigungsgrad, Substitutionsmöglichkeiten usw.

Zur Beschäftigung des Arbeitskräftepotentials ist als Komplementärfaktor Kapital erforderlich. In ökonomischen und regionalwissenschaftlichen Untersuchungen nimmt der *Produktionsfaktor Kapital* eine zentrale Stellung ein, da die Kapitalbildung als Motor des Wirtschaftswachstums angesehen wird und die räumliche Verteilung des Kapitals das Arbeitsplatzangebot festlegt und damit die Siedlungsstruktur beeinflußt. Der Begriff Kapital bezeichnet jenen Teil des Produktionsergebnisses früherer Perioden, der zur Produktionserstellung in der betrachteten Periode beiträgt. *W. Klöppel* (1973, S. 16) unterscheidet zwei Zustandsformen des Kapitals: Sachkapital, das sind produzierte Produktionsmittel (z. B. Gebäude, maschinelle Anlagen), und Geldkapital, das sind Mittel, die zur Transformation in Sachkapital bereitstehen.

In einem Zwei-Regionen-Modell hängt die Veränderung des Kapitalbestandes in der Region 1 ($\dot{K}_1$) ab von der regionsinternen Kapitalakkumulation ($\dot{K}_{11}$) sowie von der interregionalen Kapazitätsmobilität, d. h. von den Kapitalbewegungen von R_2 nach R_1 ($\dot{K}_{21}$) und von R_1 nach R_2 ($\dot{K}_{12}$).

$$\dot{K}_1 = \dot{K}_{11} + \dot{K}_{21} - \dot{K}_{12}$$

Für eine geschlossene Region läßt sich die Veränderung des Kapitalbestandes mittels eines positiven und eines negativen Regelkreises erklären (Abb. 2.26). Das bestehende Sachkapital produziert Güter.

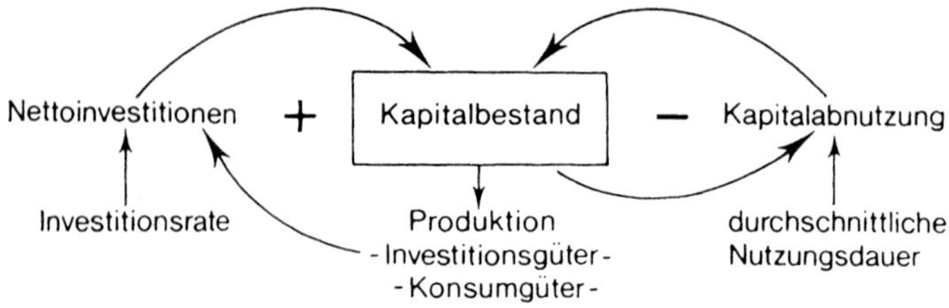

Abb. 2.26 Regionsinterne Veränderung des Kapitalbestandes

Die für konsumtive Zwecke verwendeten Güter (Konsumgüter) scheiden aus dem Produktionsprozeß aus. Der nicht konsumierte Teil des Sozialprodukts steht für investive Zwecke zur Verfügung. Die produktiven Nettoinvestitionen führen dem Kapitalbestand neue Anlagen (Investitionsgüter) zu und erweitern das Produktionspotential der Region. Diesem positiven Regelkreis steht ein negativer Regelkreis gegenüber. Das Sachkapital unterliegt der Kapitalabnutzung (Abschreibung), die von der durchschnittlichen Nutzungsdauer der Produktionsmittel abhängt. Verdiente Abschreibungen stellen Geldkapital dar, sofern sie über Ersatzinvestitionen wieder in Sachkapital transformiert werden. Während die Nettoinvestitionen den Kapitalbestand der Region vergrößern, bewirken die Ersatzinvestitionen lediglich die Erhaltung des gegebenen Kapitalbestandes. Das System befindet sich im stationären Gleichgewicht, wenn die Investitionen gleich der Kapitalabnutzung sind (*D. Meadows* et. al. 1972, S. 30 ff.; *H. Siebert* 1977 b, S. 72 ff.).

In einer offenen Region ist die interregionale Mobilität des Kapitals mit zu berücksichtigen. Es gehört zu den Aufgaben einer Theorie interregionaler Kapitalmobilität, die Gründe und Wirkungen der räumlichen Mobilität des Produktionsfaktors Kapital zu erklären. Als eine Lösungsmöglichkeit bietet sich an, diesen Fragenkomplex in Analogie zur Mobilität des Produktionsfaktors Arbeit zu beantworten. Danach sind die Gründe, die Entscheidungen über räumliche Kapitalbewegungen beeinflussen, im Verhalten der Investoren zu suchen, in den Investitionsbedingungen in der Herkunfts- und Zielregion sowie in den bestehenden Mobilitätshemmnissen. In ökonomischen Theorien wird vielfach vereinfachend angenommen, daß die Investoren maximalen Gewinn anstreben und daß die interregionalen Unterschiede in der Profitrate die entscheidende Determinante der räumlichen Kapitalmobilität darstellen. Kapital wandert demnach von der Region niedriger in die Region hoher Profitrate. Allerdings ist der Produktionsfaktor Kapital nicht vollkommen mobil, sondern weist von der Zustandsform des Kapitals abhängige Beharrungsmuster auf, welche die Mobilität beeinträchtigen. Das einmal mit dem Boden verbundene Sachkapital (bestehendes Sachkapital, physical capital) ist weitgehend immobil. Empirische Untersuchungen zeigen, daß Standortverlagerungen etwa von Produktionsstätten wegen der hohen Kosten des Abbaus, Transports und Neuaufbaus der Gebäude und maschinellen Anlagen relativ selten sind, zumindest gemessen an der Gesamtzahl der Betriebe. Für trotzdem durchgeführte Verlagerungen bestehender Betriebe sind in der Regel nicht höhere Opportunitäten (z. B. Profitraten) in anderen Regionen maßgebend; sie werden vielmehr durch existenzgefährdende Unzulänglichkeiten am bisherigen Standort verursacht (*F.-J. Bade* 1979). Daneben gibt es auch die Möglichkeit, das bestehende Sachkapital allmählich zu verlagern, und zwar über verdiente Abschreibungen, die nicht reinvestiert, sondern in andere Regionen transferiert werden.

Aber auch die interregionale Mobilität des neu geschaffenen Sachkapitals und des Geldkapitals ist durch eine Reihe von Faktoren eingeschränkt. Ein Teil der neuen Kapitalgüter ist an der bestehenden Produktionsstätte zu verwenden, etwa um in der Vergangenheit begonnene Investitionsvorhaben fortzuführen bzw. abzuschließen. Auch lehrt die Erfahrung, daß Unternehmer bei relativ geringen interregionalen Opportunitätsdifferenzen bevorzugt im eigenen Unternehmen investieren, zumal wenn dort die Investitionsmittel erwirtschaftet wurden. Schließlich können Mängel im Kommunikationssystem die interregionale Kapitalmobilität behindern (*H. Siebert* 1970 b, S. 71). Wegen der bestehenden Mobilitätshemmnisse ist davon auszugehen, daß trotz höherer Opportunitäten in anderen Regionen nur ein Teil des neu geschaffenen Sachkapitals und des Geldkapitals abfließt.

H. W. Richardson (1973, S. 108) weist darauf hin, daß die interregionalen Kapitalbewegungen ganz überwiegend in Zusammenhang stehen mit Betriebsgründungen (Neugründungen, Zweigstellengründungen) oder Betriebsverlagerungen. Zur Beantwortung der Frage nach den Gründen der räumlichen Mobilität des Kapitals sind daher die Ergebnisse der Theorie unternehmerischer Standortwahl heranzuziehen. Die wesentlichen Einflußgrößen der betrieblichen Standortbestimmung wurden bereits in Kapitel 2.1.1 diskutiert.

Die Wirkungen der interregionalen Mobilität des Produktionsfaktors Kapital und der regionsinternen Kapitalakkumulation auf Wirtschaftswachstum und Pro-Kopf-Einkommen lassen sich analog der für den Produktionsfaktor Arbeit durchgeführten Analyse darstellen. Ausgangspunkt der Betrachtung ist wieder das in Abb. 2.23 vorgestellte Zwei-Regionen-Modell. Die Wanderung des Kapitals von Region 1 nach Region 2 führt in R_2 zu einer Erhöhung und in R_1 zu einer Verminderung des Kapitalbestandes und damit des Produktionspotentials. Bei Gültigkeit der den neoklassischen Modellen zugrunde liegenden Restriktionen entspricht im neuen Gleichgewicht der Expansionseffekt in der Zielregion gerade dem Kontraktionseffekt in der Herkunftsregion. Dies setzt voraus, daß als Folge der interregionalen Kapitalbewegungen die Profitrate in der Zielregion sinkt und in der Herkunftsregion ansteigt. Dieses Ergebnis steht im Widerspruch zu den Aussagen polarisationstheoretischer Ansätze. Realisieren, beispielsweise, die nach R_2 gewanderten Betriebe Agglomerationsvorteile, ist mit einem Anstieg der Profitrate in der Zielregion der Kapitalströme zu rechnen, und es erhöht sich dadurch die Attraktivität dieser Region für weitere Kapitalimporte. Den einmal in Gang gesetzten kumulativen Entwicklungsprozeß verstärkt das zu beobachtende Unternehmerverhalten, selbst bei etwas geringeren Gewinnerwartungen die Investitionsentscheidung zugunsten der höher entwickelten Region (Zentrum) zu treffen und die in der Entwicklung zurückgebliebenen Regionen (Peripherie) zu meiden (*H. W. Richardson* 1973, S. 105). Die Konsequenz ist die Verschärfung interregionaler Disparitäten, die sich in Unterschieden im Pro-Kopf-Einkommen und in den Wachstumsraten dokumentieren.

In zunehmendem Maße setzt sich die Erkenntnis durch, daß die Wirkung der Mobilität des Produktionsfaktors Kapital nicht nur vom Volumen der Kapitalströme, sondern entscheidend von der

Verwendung des Kapitals abhängt. Neben der quantitativen ist die qualitative Dimension der Kapitalmobilität zu beachten. In die Bewertung von Investitionen (z. B. einer Betriebsansiedlung) sind neben der Höhe der eingesetzten Investitionsmittel der Beschäftigungseffekt der Investitionen, die in der Region mobilisierten Vorwärts- und Rückwärtskopplungseffekte, aber auch die durch die Betriebsansiedlung verursachten sozialen Kosten und Umweltbelastungen einzubeziehen (*D. Fürst, P. Klemmer, K. Zimmermann* 1976, S. 38). Eine ausführliche Diskussion der räumlichen Wirkungen von Investitionen findet sich in Kapitel 3.2.2.

Neben den Produktionsfaktoren Arbeit und Kapital sind das *technische Wissen* und der *technische Fortschritt* als wesentliche Determinanten des regionalen Wirtschaftswachstums anzusehen. Im folgenden wird versucht, die verwendeten Begriffe zu definieren, die Gründe für die unterschiedliche räumliche Verteilung des technischen Fortschritts zu diskutieren sowie die Wirkung des technischen Fortschritts auf die regionale Entwicklung darzustellen. Die Ausführungen in diesem Abschnitt beschränken sich auf die Behandlung des *technischen Wissens*. In einigen Konzepten der „New Economic Geography" wird ein umfassenderer Wissensbegriff zur Erklärung interregionaler Wachstums- und Entwicklungsunterschiede verwendet (vgl. Kapitel 2.4).

Technisches Wissen bezeichnet den in einer Region gegebenen Bestand an Produktionsverfahren, Produkten und Organisationsformen, technischer Fortschritt die Bestandsveränderung des technischen Wissens (*H. Siebert* 1977 b, S. 80). Neues technisches Wissen kann sich ausdrücken in der kostenmäßig günstigeren Herstellung eines bereits produzierten Gutes, in der Produktion neuer Güter bzw. der Bereitstellung neuer Dienstleistungen oder in neuen Organisationsformen. Der technische Fortschritt durchläuft drei Phasen: die Invention, die Innovation und die Diffusion. In einem Lehrbuch ist aus didaktischen Gründen eine terminologisch exakte Differenzierung in Invention, Innovation und Diffusion angebracht. In der Praxis stehen diese Phasen in einer interdependenten Beziehung, d. h. es kommt zu Rückkopplungen zwischen Forschern, Produzenten und Anwendern (*S. J. Kline* und *N. Rosenberg* 1986). Unter einer Invention ist die Entdeckung neuer Problemlösungen, neuer Ideen zu verstehen. Die Innovation bezeichnet die erstmalige Durchsetzung der Erfindung, die erstmalige Realisierung der neuen Idee, und die Diffusion deren allgemeine Verbreitung. Der Diffusionsprozeß ist abhängig von dem Grad der Verwertung der Neuerung durch andere Produzenten (Imitation) und der Bereitschaft der Nachfrager, neue Produkte aufzunehmen (Adaption).[1] Die Entstehung, Durchsetzung und Verbreitung neuen technischen Wissens ist als ein raumzeitlicher Prozeß zu verstehen (*M. M. Opp* 1974, S. 43 ff.).

In einem Zwei-Regionen-Modell wird der technische Fortschritt der Region R_1 und R_2 bestimmt von den jeweiligen regionsinternen Inventionen, von der interregionalen Mobilität der Inventionen und von der Durchsetzung (Innovation) und Verbreitung (Diffusion) der Neuerung in beiden Regionen.

Zunächst wird die Veränderung des technischen Wissens in einer geschlossenen Region behandelt. Im Verlauf der Entwicklung verändert sich der Wissensstand einer Region. Bestehendes technisches Wissen geht ungewollt verloren oder wird bewußt aufgegeben. Andererseits entsteht neues technisches Wissen, und zwar im Fall einer geschlossenen Region ausschließlich durch eine Invention. *H. Siebert* (1970 b, S. 76 ff.; 1977 b, S. 81 ff.) nennt drei Erklärungsversuche für die Entstehung neuen technischen Wissens. Erstens: Die Invention ist die Folge eines Zufalls. Dieser zufallstheoretische Erklärungsansatz ist unbefriedigend, da Erfindungen, wie empirische

[1] In den verschiedenen Fachdisziplinen werden die Begriffe Invention, Innovation, Diffusion, Imitation, Adaption zum Teil unterschiedlich definiert. Die vorliegende Arbeit verwendet die in der Regionalökonomie gebräuchlichen Begriffsbestimmungen, um die Verbindung des technischen Fortschritts mit den anderen Wachstumsdeterminanten aufzeigen zu können. Zunehmend werden in der Literatur zur Innovationsforschung Invention, Innovation und Diffusion als Elemente des *Innovationsprozesses* angesehen. Was den Diffusionsprozeß anbetrifft, finden sich in der Literatur auch andere definitorische Abgrenzungen (vgl. *E. J. Malecki* 1991, S. 119 ff.; *OECD* 1992). Imitation ist danach die Kopie einer Innovation, ohne daß Schutz- oder Verwertungsrechte vorliegen. Erfolgt die Innovation auf der Basis von Schutz- oder Verwertungsrechten, läßt sich unterscheiden in Adoption bei unveränderter Übernahme der Innovation und in Adaption, wenn die Innovation vor ihrer Vermarktung an die spezifischen Anforderungen der Nutzer angepaßt wird.

Untersuchungen zeigen, räumlich, zeitlich und sektoral nicht zufällig gestreut sind. Zweitens: Die Invention ist das Ergebnis eines nicht gesteuerten und geplanten Lernprozesses. Neues technisches Wissen entsteht aus dem Lernen am Erfolg oder Mißerfolg; erfolgreiche Handlungen werden wiederholt und nicht erfolgreiche Handlungen ausgeschaltet. Durch die permanente Veränderung der Verhaltensweisen der Akteure ergeben sich neue Problemlösungen. Drittens: Die Invention ist das Resultat eines gesteuerten und geplanten Suchprozesses. Private und staatliche Unternehmen und Forschungsinstitutionen suchen gezielt nach neuem Wissen. Der Erfolg dieses Suchprozesses ist abhängig vom bestehenden Wissensstand einer Gesellschaft, von der Problemstruktur der Region, d. h. vom Grad der Unzufriedenheit der Menschen mit den traditionellen Problemlösungen im Vergleich zu ihrem Anspruchsniveau, von der Höhe der eingesetzten Finanzmittel etc. Wird den lern- und suchtheoretischen Ansätzen ein hoher Erklärungswert zuerkannt, ist davon auszugehen, daß aufgrund unterschiedlicher Ausgangsbedingungen die Erfindungen interregional ungleich verteilt sind.

In einem Zwei-Regionen-System mit interregionalen Interaktionen ist neben der räumlich differenzierten regionsinternen Entstehung der Inventionen deren interregionale Mobilität zu berücksichtigen. Die interregionale Mobilität einer Invention ist vom bestehenden Kommunikationssystem abhängig, d. h. von der Sendebereitschaft der Inventoren in der Herkunftsregion, von der Aufnahmebereitschaft der potentiellen Rezeptoren in der Zielregion und von der Leistungsfähigkeit der Informationskanäle. Grundsätzlich ist anzunehmen, daß staatliche Forschungsstellen eher bereit sind, Erfindungen weiterzugeben, als private Forschungsstellen. Private Unternehmen versuchen zunächst eine Erfindung geheimzuhalten mit der Zielsetzung, sie im eigenen Betrieb zu realisieren, um gegenüber den Konkurrenten einen Wettbewerbsvorsprung zu erreichen. Kurzfristig ist vor allem bei privaten Unternehmen von einer geringen Sendebereitschaft auszugehen mit der Folge einer weitgehenden intra- und interregionalen Immobilität der Inventionen. Langfristig kann ein Erfinderunternehmen ein Interesse daran haben, neue Problemlösungen weiterzugeben. Die räumliche Ausbreitung vollzieht sich vielfach in Verbindung mit der Nutzung neuer

Produktionsverfahren in bestehenden bzw. neugegründeten Zweigbetrieben oder durch Lizenzvergabe an andere Unternehmen. Schließlich ist zu erwarten, daß auch bezüglich der Fähigkeit und Bereitschaft potentieller Rezeptoren, neue Erkenntnisse aufzunehmen, interregionale Unterschiede bestehen. Zusammenfassend läßt sich feststellen, daß Inventionen nicht unendlich mobil sind, wie gelegentlich in der Literatur angenommen wird, sondern mobilitätshemmende Beharrungsmuster aufweisen. Aufgrund dieser Mobilitätshemmnisse kann eine räumlich ungleiche Ursprungsverteilung der Inventionen durch den interregionalen Kommunikationsprozeß nicht aufgehoben werden. (*H. Siebert* 1970 b, S. 88 ff.; *M. M. Opp* 1974, S. 45 ff.).

Bislang wurde die räumliche Verteilung der Inventionen behandelt. Die in einer Region vorhandenen Kenntnisse über Erfindungen geben lediglich den potentiellen technischen Fortschritt an. Nur jener Teil der Erfindungen, der von den Unternehmen tatsächlich wirtschaftlich genutzt wird, stellt den realisierten technischen Fortschritt einer Region dar. Entscheidend für die regionale Entwicklung ist die erstmalige Durchsetzung einer Erfindung (Innovation) und deren allgemeine Verbreitung (Diffusion) innerhalb einer Region (*A. E. Ott* 1959, S. 302 ff.). Die erstmalige Verwirklichung einer Invention in einer Region ist eine Funktion des bestehenden Wissensstandes, der Kapitalausstattung und der Struktur des Kapitalstocks, der Wettbewerbsintensität und der branchenspezifischen Konjunkturlage, der Betriebsgrößen-, Sektoral-, Motivationsstruktur etc. Die allgemeine Verbreitung einer Innovation in einer Region, d. h. die Imitation durch andere Unternehmen und die Adaption durch die Nachfrager, wird neben den für die Innovation genannten Einflußfaktoren ganz entscheidend von der Organisation des Kommunikationsprozesses geprägt.[1] Aufgrund der Vielzahl von Faktoren, die Innovationen und deren Diffusion beeinflussen, ist zu erwarten, daß nicht nur die Entstehung der Inventionen, sondern auch die erstmalige Durchsetzung und die allgemeine Verbreitung technischer

---

1 Ausführlich sind die Einflußfaktoren für die erstmalige Durchsetzung einer Inventition sowie für die allgemeine Verbreitung durch Imitation und Adaption behandelt bei *H. Siebert* (1970 b, S. 94-113) und *M. M. Opp* (1974, S. 63-81).

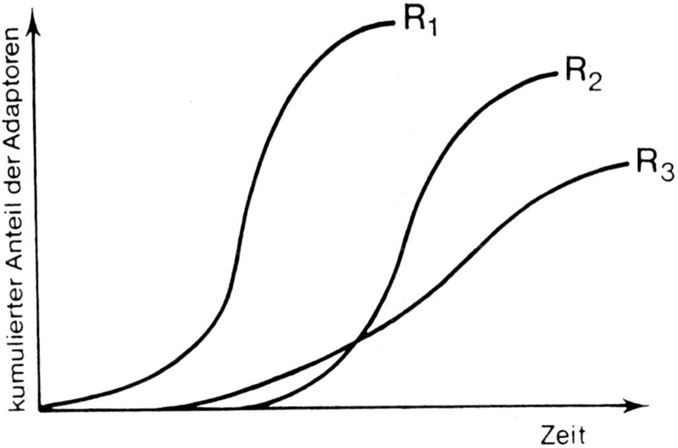

Abb. 2.27 Logistische Wachstumskurven der Adaption für drei Regionen

Neuerungen unterschiedlich auf einzelne Regionen verteilt sind. Es ist folglich von einer interregional ungleichmäßigen Verteilung des technischen Fortschritts auszugehen.

Im Mittelpunkt des Forschungsinteresses der Geographie stand bislang jene Phase des Entwicklungsprozesses des technischen Fortschritts, die sich mit der Diffusion von Innovationen befaßt. Die primäre Zielsetzung der geographischen Diffusionsforschung war und ist es, den raumzeitlichen Ausbreitungsprozeß von Innovationen zu beschreiben und zu erklären (vgl. *T. Hägerstrand* 1966, S. 27-42; *R. Abler*, *J. S. Adams*, *P. Gould* 1971, S. 389-451; *G. Bahrenberg* 1975, S. 38-43). Die zeitliche Ausbreitung von Innovationen weist normalerweise einen S-förmigen Verlauf auf. In Abb. 2.27 sind auf der x-Achse die Zeit und auf der y-Achse der kumulative Anteil der Adaptoren (Unternehmungen, Individuen) abgetragen. Jede der für drei verschiedene Regionen dargestellten Kurven des kumulativen Wachstums der Adaption zeigt ein ähnliches Verlaufsmuster; die Kurve nimmt in der Anfangsphase nur langsam zu, steigt in der Expansionsphase steil an und nähert sich in der Sättigungsphase asymptotisch einer Höchstgrenze. Dabei können, wie Abb. 2.27 zeigt, durchaus interregionale Unterschiede bestehen, sowohl was die Geschwindigkeit des Ausbreitungsprozesses als auch was die Zahl der Adaptoren anbetrifft.

Hinsichtlich der räumlichen Diffusion von Innovationen werden in der Literatur verschiedene Ausbreitungstypen unterschieden. Die wellenförmige Diffusion ist distanzabhängig. Die Neuerung breitet sich vom Innovationszentrum in konzentrischen Kreisen auf das Hinterland aus und wird in der Regel durch persönliche Kontakte weitergeleitet („Nachbarschaftseffekte"). Die Neuerung kann sich jedoch auch entlang der vom Innovationszentrum zentrifugal ausgehenden Kommunikationslinien ausbreiten; das räumliche Diffusionsmuster nimmt dann die Form von Speichen eines Rades an. Die hierarchische Diffusion hingegen ist durch eine Hierarchieabhängigkeit gekennzeichnet. Die Ausbreitung der Innovation vollzieht sich sprunghaft und folgt dem hierarchischen System der zentralen Orte („Hierarchieeffekt"). Welcher Typ der räumlichen Innovationsausbreitung sich in der Realität durchsetzt, hängt von einer Reihe von Faktoren ab wie dem Entwicklungsstand einer Region, der Art der Innovation, dem betrachteten Raumgrößenmaßstab etc. Es ist zu erwarten, daß in Regionen mit niedrigem Entwicklungsstand die auf persönlichen Kontakten beruhende wellenförmige Diffusion vorherrscht und sich mit zunehmender Entwicklung des Kommunikationssystems die Voraussetzungen für die hierarchische Diffusion verbessern (*E. Giese* 1978, S. 95 f.). Die Ausbreitung unternehmerischer Innovationen im industriellen Bereich (neue Investitionsgüter, neue Produktionsverfahren) folgt vielfach dem hierarchischen System der zentralen Orte bzw. spezialisierten Kommunikationslinien, während bei neuen Konsumgütern und unternehmerischen Innovationen im Agrarsektor die wellenförmigen Diffusionsmodelle eher anwendbar erscheinen (*P. O. Pedersen* 1970, S. 203-254; *J. R. Lasuén* 1973, S. 163-188; *H. W. Richardson* 1973, S. 127). Schließlich ist davon auszugehen, daß auf der lokalen Maßstabsebene (Mikroebene) Informationen über Neuerungen überwiegend durch persönliche Kontakte zwischen Menschen weitergegeben werden und daß mit zunehmendem Raumgrößenmaßstab (Meso-, Makroebene) die hierarchische Diffusion an Bedeutung gewinnt (*E. Wirth* 1979, S. 202 ff.).

Einige räumliche Aspekte des Entwicklungsprozesses technischen Fortschritts faßt Abb. 2.28 anhand eines hypothetischen Bei-

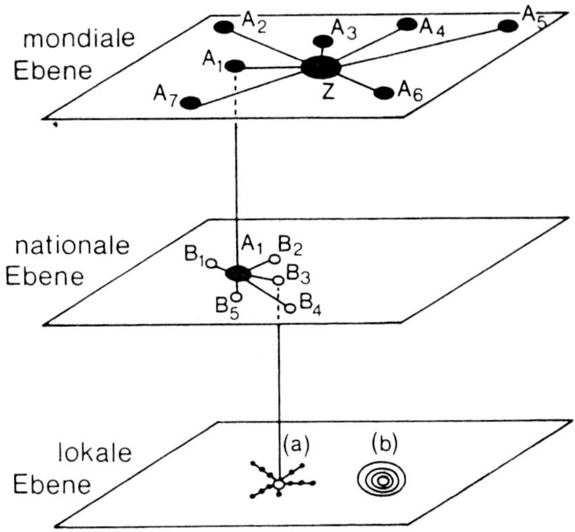

Abb. 2.28 Räumliche Ausbreitungsprozesse des technischen Fortschritts

spiels zusammen, wobei vereinfachend nur drei Maßstabsebenen (mondial, national, lokal) betrachtet werden. Z bezeichnet den Standort der Invention eines neuen Produktionsverfahrens; an diesem Standort setzt das Erfinderunternehmen die Invention auch erstmalig durch. Nach der erstmaligen Realisierung erfolgt durch Lizenzvergabe die weltweite Verbreitung der Invention. In den einzelnen Ländern wird die Neuerung aus dem Ausland zuerst im Ort höchster Zentralitätsstufe durchgesetzt (A). Die Diffusion der Innovation folgt innerhalb eines Landes (nationale Ebene) zunächst der Hierarchie der zentralen Orte, d. h. die Innovation breitet sich sprunghaft vom Ort höchster Zentralität auf die Orte der jeweils nächst geringeren Stufe aus (B_1, B_2 . . .). Auf der lokalen Ebene ist bei neuen Produktionsverfahren im Industriesektor eher eine Ausbreitung entlang bestehender Kommunikationslinien (Alternative a) und bei neuen Produktionsverfahren im Agrarsektor (ähnlich wie bei Konsumgütern) eine wellenförmige Diffusion (Alternative b) zu erwarten.

Hinsichtlich ihrer Wirkungen auf die regionale Entwicklung besteht ein grundsätzlicher Unterschied zwischen den Produktionsfaktoren Arbeit bzw. Kapital und dem technischen Fortschritt. Eine Einheit der Produktionsfaktoren Arbeit und Kapital kann nur an einer Raumstelle eingesetzt werden, neues technisches Wissen hingegen ist gleichzeitig an mehreren Raumstellen verwendbar. Die sich daraus ergebenden Folgerungen werden am Beispiel des eingangs vorgestellten Zwei-Regionen-Modells behandelt, wobei R_1 die abgebende und R_2 die empfangende Region des neuen technischen Wissens sei. Wie bereits diskutiert, vermindert die Abwanderung von Arbeit und Kapital das Produktionspotential der Herkunftsregion; aufgrund des reduzierten Faktorbestandes treten in der Regel Kontraktionseffekte ein. Im Unterschied hierzu verändert der Export neuen technischen Wissens den Faktorbestand der abgebenden Region nicht, und es sind zumindest kurzfristig keine Schrumpfungseffekte zu erwarten. Im Gegenteil können über die Einkünfte aus der Lizenzvergabe positive Wirkungen eintreten. Langfristig sind jedoch wachstumshemmende Effekte in der Abgaberegion nicht auszuschließen, da sich als Folge des Transfers neuen techni-

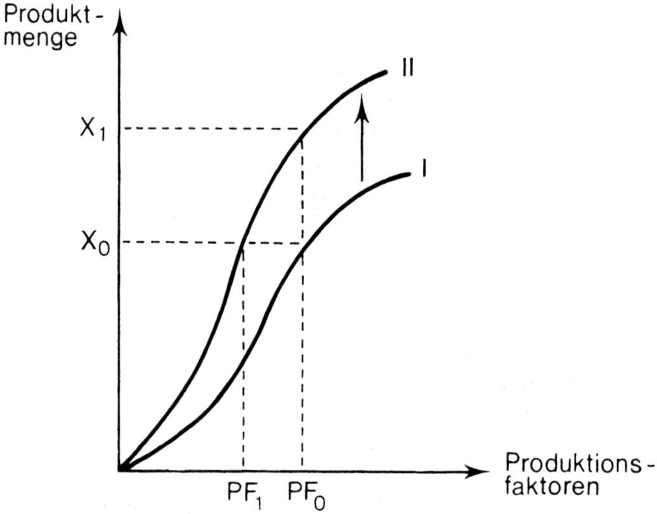

Abb. 2.29 Veränderung der Produktionsfunktion durch technischen Fortschritt

schen Wissens die Wettbewerbsfähigkeit der empfangenden Region verbessert (*H. Siebert* 1970 b, S. 117 f.). In der Empfangsregion erhöht der Zustrom neuen technischen Wissens – wie auch die Zuwanderung von Arbeit und Kapital – das Produktionspotential. Realisierter technischer Fortschritt ermöglicht beispielsweise die kostenmäßig günstigere Herstellung eines bereits produzierten Gutes und bewirkt eine Veränderung der Produktionsfunktion. Die in Abb. 2.29 dargestellte Gesamtertragskurve verschiebt sich von I nach II. Durch technischen Fortschritt kann mit demselben Faktoreinsatz (PF_0) eine größere Produktmenge (x_1 statt x_0) bzw. dieselbe Produktmenge (x_0) mit einem geringeren Faktoreinsatz (Pf_1 statt Pf_0) erzeugt werden. (*A. E. Ott* 1959, S. 303).

A. E. Ott (1959, S. 309 ff.) unterscheidet arbeitsparenden, neutralen und kapitalsparenden technischen Fortschritt. In Abb. 2.30 sind

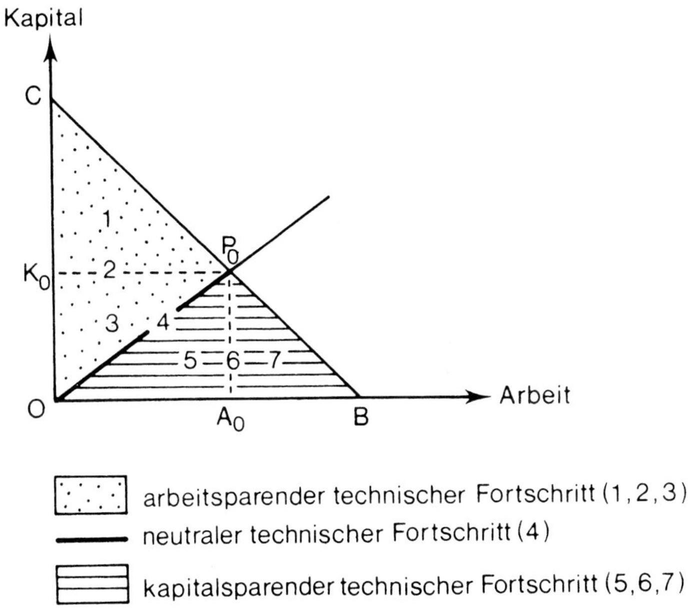

Abb. 2.30 Arbeitssparender, neutraler und kapitalsparender technischer Fortschritt
Entwurf: nach *A. E. Ott* (1959, S. 310)

auf der x-Achse der Produktionsfaktor Arbeit und auf der y-Achse der Produktionsfaktor Kapital abgetragen. Das traditionelle Produktionsverfahren P_0 erfordert einen Arbeitseinsatz von A_0 und einen Kapitaleinsatz von K_0; $\frac{K_0}{A_0}$ drückt die Kapitalintensität aus. Durch die Einführung eines neuen Produktionsverfahrens, d. h. durch technischen Fortschritt, kann dieselbe Produktionsmenge mit einem geringeren Faktoreinsatz erzeugt werden. Das neue Produktionsverfahren wird folglich eine Faktorkombination aufweisen, die innerhalb des Dreiecks OBC liegt. Vereinfachend wird angenommen, daß sich die Faktorpreise nicht verändern. *A. E. Ott* definiert alle Möglichkeiten des technischen Fortschritts, bei denen die Kapitalintensität steigt, als arbeitsparenden technischen Fortschritt; sie liegen innerhalb des Dreiecks OP_0C. Im Fall 1 (Dreieck K_0P_0C) handelt es sich um arbeitsparenden technischen Fortschritt bei Kapitalmehraufwand, im Fall 2 (Linie K_0P_0) um arbeitsparenden technischen Fortschritt bei konstantem Kapitalaufwand und im Fall 3 (Dreieck OP_0K_0) um überwiegend arbeitsparenden technischen Fortschritt, d. h. die Arbeitsersparnis ist größer als die Kapitalersparnis. Beim neutralen technischen Fortschritt ändert sich die Kapitalintensität nicht; der Arbeitsbedarf vermindert sich in demselben Maße wie der Kapitalbedarf (Fall 4, Faktorkombination entlang der Linie OP_0). Beim kapitalsparenden technischen Fortschritt schließlich sinkt die Kapitalintensität. Alle Möglichkeiten des kapitalsparenden technischen Fortschritts liegen innerhalb des Dreiecks OBP_0. Hierbei ist zu unterscheiden in überwiegend kapitalsparenden technischen Fortschritt, d. h. die Kapitalersparnis ist größer als die Arbeitsersparnis (Fall 5, Dreieck OA_0P_0), in kapitalsparenden technischen Fortschritt bei konstantem Arbeitsaufwand (Fall 6, Linie A_0P_0) und in kapitalsparenden technischen Fortschritt bei Arbeitsmehraufwand (Fall 7, Dreieck A_0BP_0).

In der Literatur wird vielfach darauf hingewiesen, daß in einer Region mit begrenztem Bestand an Produktionsfaktoren (Arbeit, Kapital bzw. Boden) die wirtschaftliche Entfaltungsmöglichkeit von der Fähigkeit abhängt, neues technisches Wissen zu schaffen und durchzusetzen. Im folgenden ist vereinfachend angenommen, daß in einem Zwei-Regionen-Modell die Region R_1 durch einen höheren Entwicklungsstand bei ausreichender regionsinterner Kapitalakkumulation und Arbeitskräfteknappheit und die Region R_2 durch einen niedrigen Entwicklungsstand bei Kapitalknappheit und Arbeitskräfteüberschuß charakterisiert ist. R_1 startet einen gesteuerten und geplanten Suchprozeß nach arbeitssparendem neuen technischen Wissen. Aufgrund des bestehenden Wissensstandes und der eingesetzten Finanzmittel gelingt es, neue Produktionsverfahren zu entwickeln und durchzusetzen, die es ermöglichen, dieselbe Produktionsmenge mit niedrigerem Arbeitskräfteaufwand bei konstantem Kapitalaufwand herzustellen (Fall 2 in Abb. 2.30). Der arbeitssparende technische Fortschritt leistet in R_1 einen Beitrag, den das wirtschaftliche Wachstum limitierenden Arbeitskräfteengpaß zu überwinden. Wird das in R_1 erfolgreiche neue Produktionsverfahren in der Region R_2 eingesetzt, so führt dies zwar ebenfalls zu einer kostenmäßig günstigeren Produktion, gleichzeitig vergrößert sich jedoch der Arbeitskräfteüberschuß. Zur Problemlösung hätte R_2 kapitalsparenden technischen Fortschritt bei Arbeitskräftemehraufwand benötigt (Fall 7 in Abb. 2.30). Daraus läßt sich folgern, daß die Wirkung des technischen Fortschritts auf die regionale Entwicklung vom Fortschrittstyp und den in der Region herrschenden ökonomischen Bedingungen abhängt.

2.2.3 Theorien der Gütermobilität

Zwischen der interregionalen Mobilität der Produktionsfaktoren und der im folgenden zu behandelnden *interregionalen Gütermobilität* besteht eine alternative Beziehung. Unter der vereinfachenden Annahme völliger interregionaler Mobilität der Produktionsfaktoren werden die Konsumgüter in der Region produziert, in der sie nachgefragt werden[1]; ein interregionaler Güteraustausch findet nicht statt. Wie eingangs behandelt, weisen jedoch die mobilen Produktionsfaktoren Arbeit, Kapital, technisches Wissen faktorspezifische, die Mobilität hemmende Beharrungsmuster auf; zudem ist der Faktor Boden völlig immobil. Je geringer die interregionale Faktormo-

[1] Zusätzliche Voraussetzungen sind die beliebige Teilbarkeit der Produktionsfaktoren sowie fehlende interne und externe Ersparnisse.

bilität ist, desto größer ist der potentielle Bereich für den Güteraustausch. Bei vollkommener interregionaler Immobilität der Produktionsfaktoren wird der Güterhandel zur einzigen ökonomischen Interaktionsform zwischen den Regionen; die Faktorenwanderungen werden duch Güterbewegungen substituiert (*H. Siebert* 1970 b, S. 119-122; *B. Ohlin* 1931; *R. A. Mundell* 1957).

Ähnlich wie bei der Behandlung der Produktionsfaktoren Arbeit, Kapital, technisches Wissen soll am Beispiel eines Zwei-Regionen-Modells versucht werden, einmal Ursachen, Richtung und Umfang, zum anderen die Wirkungen des interregionalen Güterhandels in den Grundzügen zu erklären.[1] Die wichtigsten Bestimmungsgründe des Güterhandels zwischen Regionen (Ländern) gliedert *H. Hesse* (1977, S. 364-388) in folgende drei Determinantenkomplexe:

1. Mangelnde Liefermöglichkeiten aufgrund von Nicht-Verfügbarkeit
2. Preisunterschiede
3. Marktüberschneidungen bei heterogener Konkurrenz

Zu 1: Ein wesentlicher Grund für die Aufnahme des interregionalen Güterhandels ist darin zu sehen, daß in der Region R_1 einer bestehenden Nachfrage nach Gütern unabhängig von Kosten und Preisen kein ausreichendes internes Angebot gegenübersteht, und daß gleichzeitig die Region R_2 Kapazitätsreserven besitzt, diese Güter zu liefern. Die mangelnden bzw. begrenzten Liefermöglichkeiten in der Importregion können dauerhaft oder vorübergehend sein. Eine dauerhafte Nicht-Verfügbarkeit von Gütern ist gegeben, wenn aufgrund natürlicher Gegebenheiten, etwa der geologischen oder klimatischen Beschaffenheit, bestimmte Bodenschätze nicht vorhanden sind oder einige Agrarprodukte nicht angebaut werden können. Von einer vorübergehenden Nicht-Verfügbarkeit von Gütern wird gesprochen, wenn unabhängig von Kosten und Preisen die heimischen Produzenten lang-, mittel- oder kurzfristig nicht in der Lage sind, die interne Nachfrage zu befriedigen. Beispielsweise fehlen in Regionen mit niedrigem Entwicklungsstand oder mit geringem orga-

[1] Der Begriff Region wird für supranationale, nationale und subnationale Gebietseinheiten verwendet. Die Außenwirtschaftstheorie untersucht die Gütermobilität zwischen Ländern.

nisatorischen und technischen Wissen die Voraussetzungen für die Produktion bestimmter Erzeugnisse (z. B. Investitionsgüter). Auch können Mißernten oder Streiks zu Versorgungsengpässen führen und Güterimporte notwendig machen.

Zu 2: Einen anderen wesentlichen Grund für das Zustandekommen von interregionalem Güterhandel bilden Preisunterschiede zwischen den Regionen. Die Region R_1 exportiert Güter, bei denen sie gegenüber R_2 einen Preisvorteil aufweist, und importiert Güter aus R_2, bei denen sie Preisnachteile hat. Ursachen für interregionale Preisdifferenzen können Nachfrageunterschiede oder Kostenunterschiede zwischen den am Handel teilnehmenden Regionen sein. Interregionale Nachfrageunterschiede erklären sich u. a. aus Ungleichheiten in den natürlichen Gegebenheiten, im Pro-Kopf-Einkommen, in den Verhaltensweisen der Nachfrager. Interregionale Kostenunterschiede werden begründet mit Ungleichheiten in der mengenmäßigen Ausstattung der Regionen mit Produktionsfaktoren und mit Produktivitätsdifferenzen als Folge etwa von Unterschieden in der Qualität der Produktionsfaktoren oder in den Realisierungsmöglichkeiten von Skalenerträgen („economies of scale").

Zu 3: Weitere Bestimmungsgründe des interregionalen Güterhandels sind die Präferenzvielfalt der Nachfrager, die darauf abgestimmte Produktdifferenzierung der Hersteller sowie deren marktstrategische Entscheidungen. Im Laufe der wirtschaftlichen Entwicklung werden die Bedürfnisstrukturen und Qualitätsansprüche der Nachfrager vielfältiger. Die Produzenten passen sich mit Produktdifferenzierung den veränderten Käuferpräferenzen an und versuchen aus marktstrategischen Gründen, eine räumliche Diversifikation der Absatzmärkte zu erreichen. Die Folge ist eine zunehmende Durchdringung und Überschneidung der Absatzmärkte der Produzenten, die verwandte Güter herstellen, aber in verschiedenen Regionen ihren Produktionsstandort haben; gleichzeitig verbessern sich die Auswahlmöglichkeiten der Nachfrager. Ein beachtlicher Teil des Handels mit heterogenen Gütern, der zwischen industrialisierten Regionen stattfindet, läßt sich nicht mit dem Argument der Nicht-Verfügbarkeit bzw. mit Preisdifferenzen erklären, sondern ist auf tatsächliche oder vermeintliche Qualitätsunterschiede zurückzuführen.

In eine regionalwissenschaftliche Untersuchung zur Gütermobilität sind die Einflüsse des interregionalen Kommunikationssystems und der interregionalen Handelshemmnisse einzubeziehen. Voraussetzung für das Zustandekommen des interregionalen Handels ist die Kenntnis der Wirtschaftssubjekte über Liefermöglichkeiten, Preise, Qualitäten etc. der in anderen Regionen angebotenen Güter. Die Transparenz des interregionalen Güterangebots hängt vom bestehenden Kommunikationssystem ab. Der Umfang des Güterhandels wird von den zwischen den Regionen bestehenden Handelshemmnissen beeinflußt. Es bietet sich an, die Handelshemmnisse zu unterteilen in handelsbeschränkende Maßnahmen des Staates zur direkten Beeinflussung in der Regel grenzüberschreitender Güterströme und in Transportkosten. Zur Beschränkung des internationalen Handels steht dem Staat eine Vielzahl von Maßnahmen zur Verfügung; das Spektrum reicht von Ein- und Ausfuhrverboten über Kontingentierungen bis zur Erhebung von Zöllen. Der handelsbeschränkende Effekt der Transportkosten hängt ab von der Entfernung zwischen Produktionsort und Absatzgebiet, dem Gewicht und Volumen der zu befördernden Güter, den Frachtraten, der Qualität und Struktur der Verkehrsinfrastruktur, produktspezifischen technischen Vertriebsschwierigkeiten etc. Nach *H. Linnemann* (1966) hat neben der Höhe des Sozialprodukts die Entfernung zwischen Ländern eine zentrale Bedeutung für das Ausmaß der internationalen Warenströme; es wird erwartet, daß sich mit steigendem Bruttosozialprodukt das Handelsvolumen erhöht, während mit wachsender Entfernung der Handel sinkt. Grundsätzlich gilt: Je höher (niedriger) die Kosten der Raumüberwindung – wobei sich Zölle als künstliche Transportkosten interpretieren lassen –, desto enger (weiter) wird der Spielraum für den interregionalen Güteraustausch.

Nach den Bestimmungsgründen sind die Wirkungen des interregionalen Handels, insbesondere die Vorteile und Nachteile für die am Handel beteiligten Regionen, zu untersuchen. Als entscheidendes Argument für die Aufnahme bzw. Ausweitung des interregionalen Güterhandels werden die sich daraus ergebenden Wohlfahrtsgewinne genannt. Im folgenden ist am Beispiel eines Zwei-Regionen-Modells zu überprüfen, inwiefern durch Außenhandel für das Gesamtsystem sowie für beide Regionen Wohlfahrtseffekte auftreten. Die klassischen und neoklassischen Erklärungsansätze basieren auf einer Reihe von vereinfachenden Annahmen. Üblicherweise wird unterstellt, daß die Produktionsfaktoren Arbeit und Kapital innerhalb einer Region (Volkswirtschaft) mobil, interregional jedoch immobil sind und daß keine interregionalen Kosten der Raumüberwindung bestehen, d. h. es wird von Handelshemmnissen (z. B. Transportkosten, Zöllen) abstrahiert. Weitere Restriktionen sind in der Regel Vollbeschäftigung aller vorhandenen Produktionsfaktoren, vollständige Konkurrenz, Zwei-Güter-Produktion. Auf die wohlfahrtsfördernde Wirkung eines auf absoluten Kostenvorteilen beruhenden Außenhandels hat bereits *Adam Smith* (1776) hingewiesen. *David Ricardo* (1817) konnte nachweisen, daß internationale Arbeitsteilung und Handel auch noch bei relativen (komparativen) Kostenvorteilen lohnend sind. Nachfolgende Zahlenbeispiele für zwei Regionen (R_1, R_2), die jeweils zwei Güter (G_1, G_2) produzieren, verdeutlichen die Vorteile des Außenhandels im Vergleich zur Autarkiesituation. In den beiden Beispielen sind die gesamten Produktionskosten in Arbeitseinheiten (AE) ausgedrückt; der Außenhandel wird als Naturaltausch abgewickelt.

Im Beispiel 1 besitzt die Region R_1 beim Gut G_2 und die Region R_2 beim Gut G_1 einen absoluten Kostenvorteil. Im Autarkiefall (a) produzieren beide Regionen je eine Einheit beider Güter. Wird Außenhandel betrieben (Fall b), kann sich die Region R_1 auf die Produktion des Gutes G_2 und die Region R_2 auf die Produktion des Gutes G_1 spezialisieren. Die internationale Arbeitsteilung bewirkt bei gleichbleibenden Produktionskosten (Arbeitseinheiten) für jede der beiden Regionen und damit auch für das regionale Gesamtsystem eine bessere Güterversorgung.

Im Beispiel 2 besitzt für beide Güter die Region R_1 absolute Kostenvorteile und die Region R_2 absolute Kostennachteile. Der Grad der Überlegenheit der Region R_1 ist beim Gut G_2 größer als beim Gut G_1. Entsprechend ist der Grad der Unterlegenheit der Region R_2 beim Gut G_1 geringer als beim Gut G_2 ($\frac{100}{90} < \frac{120}{80}$); d. h. der absolute Kostennachteil der Region R_2 ist bei der Produktion einer Gütereinheit G_1 *relativ* geringer. Das Theorem der komparativen Kosten besagt nun, daß trotz absoluter Kostenvorteile einer Region bei beiden Gütern Außenhandel von Vorteil ist, wenn sich die Regionen auf die Produktion jenes Gutes spezialisieren, bei dem sie einen komparativen Kostenvorteil aufweisen. Produzieren, wie im Zahlenbeispiel 2 (b) dargestellt, die Region R_1 nur das Gut G_2 und R_2 nur G_1, ergibt sich im Vergleich zur Autarkiesituation für jede der beiden Regionen und für das Gesamtsystem, bei gleichen Inputeinheiten, eine bessere Güterversorgung. Die Außenhandelsgewinne für beide Regionen zusammen betragen bei G_1 0,2 und bei G_2 0,125 Outputeinheiten. Spezialisierung entsprechend der komparativen Kostenvorteile und Außenhandel führen demnach zu Wohlfahrtseffekten.

Beispiel 1: Absolute Kostenvorteile:
Stückkosten gemessen in Arbeitseinheiten (AE)

	R_1		R_2		$\sum$	
a) Autarkie	Input	Output	Input	Output	Input	Output
G_1	120 AE	1	100 AE	1	220 AE	2
G_2	80 AE	1	120 AE	1	200 AE	2
	200 AE	2	220 AE	2	420 AE	4
b) Außenhandel						
G_1	-	-	220 AE	2,2	220 AE	2,2
G_2	200 AE	2,5	-	-	200 AE	2,5
	200 AE	2,5	220 AE	2,2	420 AE	4,7

Beispiel 2: Komparative Kostenvorteile:
Stückkosten gemessen in Arbeitseinheiten (AE)

	R_1		R_2		$\sum$	
a) Autarkie	Input	Output	Input	Output	Input	Output
G_1	90 AE	1	100 AE	1	190 AE	2
G_2	80 AE	1	120 AE	1	200 AE	2
	170 AE	2	220 AE	2	390 AE	4
b) Außenhandel						
G_1	-	-	220 AE	2,2	220 AE	2,2
G_2	170 AE	2,125	-	-	170 AE	2,125
	170 AE	2,125	220 AE	2,2	390 AE	4,325

Die Lehre von den absoluten und komparativen Kostenvorteilen ist zu ergänzen um die Frage nach der Verteilung der Handelsgewinne auf beide Regionen und um die Frage nach den Auswirkungen des interregionalen Handels auf die Preise der Produktionsfaktoren. Die Aufteilung der Handelsgewinne auf beide Regionen hängt vom Verhältnis ab, in dem die Güter interregional getauscht werden; das natural ausgedrückte Tauschverhältnis wird terms of trade genannt. Bei der Berechnung der Handelsgewinne in obigen Zahlenbeispielen wurde vereinfachend eine Austauschrelation zwischen G_1 und G_2 von 1:1 angenommen. Die klassische Theorie der absoluten und komparativen Kosten behandelt nur die Angebotsseite und kann die Frage nach dem tatsächlichen interregionalen Tauschverhältnis nicht beantworten. Hierfür ist die Einbeziehung der Nachfrageseite notwendig, da auf die Tauschrelation alle Faktoren einwirken, die Angebot und Nachfrage in beiden Regionen bestimmen. Der in empirischen Studien am häufigsten verwendete net barter terms of trade – Begriff (P) ist definiert als das Verhältnis des Index der Ausfuhrpreise (P_X) zum Index der Einfuhrpreise (P_M).

$$P = \frac{P_X}{P_M} \cdot 100$$

Ein Anstieg von P, z. B. wenn die Ausfuhrpreise schneller ansteigen als die Einfuhrpreise, wird als Verbesserung der terms of trade angesehen, da bei konstanter Exportmenge mehr Güter importiert werden können. Umgekehrt wird ein Sinken von P als Verschlechterung der terms of trade einer Region angesehen, da mehr Güter exportiert werden müssen, um die gleiche Importmenge aufrechterhalten zu können. Eine Verbesserung (Verschlechterung) der terms of trade besagt, daß sich der Handelsgewinnanteil einer Region erhöht (vermindert) hat. Wie die Literatur zur Außenwirtschaftstheorie betont, lassen Veränderungen in den terms of trade nur bedingt Aussagen über Wohlfahrtseffekte zu. *H.-R. Hemmer* (1988, S. 222 ff.) erwartet, daß in einer wachsenden Volkswirtschaft, in der die Nachfrage nach Importgütern steigt und sich die terms of trade verringern, in der Regel der wohlstandssteigernde Wachstumseffekt stärker ist als der wohlstandsmindernde terms of trade-Effekt; trotz einer Verschlechterung der Tauschrelationen entstehen Wohlstandsgewinne. Nur im Grenzfall wird der aus dem Wachstumseffekt resultierende Einkommenszuwachs durch den negativen terms of trade-Effekt überkompensiert. Diese Situation, in der eine Region trotz Wirtschaftswachstum einen Realeinkommensverlust erleidet, nennt *J. Bhagwati* (1958) „immiserizing growth" (Verelendungswachstum).

Die Auswirkung des Außenhandels auf die Faktorpreise läßt sich durch nachfolgende Argumentationskette erläutern. Ausgangspunkt der Überlegung ist, daß in einem Zwei-Regionen-Modell, unabhängig von den absoluten Faktorbeständen, das Faktorausstattungsverhältnis zwischen beiden Regionen Unterschiede aufweist. Beispielsweise soll die Region R_1 einen relativ hohen Anteil des Produktionsfaktors Kapital besitzen, während die Region R_2 vergleichsweise günstig mit Arbeitskräften ausgestattet ist, d. h. $\left(\frac{K}{L}\right)_{R_1} > \left(\frac{K}{L}\right)_{R_2}$.

Wird unterstellt, daß die relative Häufigkeit der Produktionsfaktoren sich in den Faktorpreisen widerspiegelt, ist vor Eröffnung des Außenhandels in der kapitalreichen Region R_1 der Faktor Kapital und in der arbeitsreichen Region R_2 der Faktor Arbeit relativ billig. Mit Aufnahme des Außenhandels tritt eine Spezialisierung der Regionen auf die Produktion jener Güter ein, deren Faktorintensität der regionsspezifischen Faktorausstattung entspricht; d. h. eine Region wird jene Güter exportieren (importieren), bei deren Herstellung der relativ reichlich (knapp) vorhandene Faktor besonders intensiv genutzt wird. Die Region R_1 exportiert demnach kapitalintensive Güter und importiert arbeitsintensive Produkte aus der Region R_2, und umgekehrt führt R_2 arbeitsintensive Güter aus und kapitalintensive ein. Solange keine steigenden Skalenerträge vorliegen, führt der interregionale Handel in beiden Regionen zu steigenden Preisen für den relativ reichlich und zu fallenden Preisen für den relativ knapp vorhandenen Faktor. Unter den eingangs formulierten restriktiven Bedingungen bewirkt der interregionale Handel eine tendenzielle Angleichung der bei Aufnahme des Handels bestehenden Faktorpreisunterschiede, obgleich keine interregionalen Faktorbewegungen stattfinden. Die Gütermobilität ersetzt zum Teil die fehlende Faktormobilität. Das hier vorgestellte Hypothesensystem wird nach den schwedischen Nationalökonomen *E. F. Heckscher* (1919) und *B. Ohlin* (1933), die es entwickelten, als *Heckscher-Ohlin-Theorem* (auch Faktorproportionentheorem) bezeichnet. Der Theorie vom Ausgleich der Faktorpreise durch Außenhandel liegt eine Reihe von Restriktionen zugrunde. Bei Berücksichtigung realitätsnäherer Annahmen, wie unvollständige Konkurrenz, Transportkosten, ungleiche Produktionsfunktionen, werden die Tendenz zum Faktorpreisausgleich abgeschwächt und eine vollständige Angleichung der Preise der Produktionsfaktoren verhindert (*K. Rose, K. Sauernheimer* 1995, S. 407 ff.).

Nach der Behandlung der Vorteile ist auf mögliche Gefahren und Nachteile des Außenhandels hinzuweisen. Ganz allgemein ist davon auszugehen, daß internationale Arbeitsteilung zu gegenseitigen Abhängigkeiten führt. Länder beteiligen sich in der Regel nur dann am internationalen Güteraustausch, wenn die aus dem Handel resultierenden Wohlfahrtsgewinne höher eingeschätzt werden als die mit der Abhängigkeit verbundenen Gefahren. So streben die Länder bei besonders wichtig erachteten Gütern (z. B. bei Nahrungsmitteln) aus Gründen der Versorgungssicherheit – unabhängig von internationalen Preisunterschieden – ein gewisses Maß an Autarkie an.

Kontrovers diskutiert wird in der Literatur die Frage, ob Spezialisierung entsprechend der komparativen Kostenvorteile und Außenhandel für alle beteiligten Länder zu Wohlfahrtsgewinnen führt. Unstrittig ist, daß der Güteraustausch zwischen den Industrieländern für alle Beteiligten wohlfahrtssteigernde Effekte hat. Bei der Beurteilung der Wohlfahrtsgewinne des Handels der Entwicklungsländer mit den Industrieländern beziehen die Vertreter der Neoklassik und der Polarisations-Theorie unterschiedliche Grundpositionen. Nach neoklassischer Erklärung entspricht die im Band Wirtschaftsgeographie 2, Empirie, dargestellte Struktur des Güteraustauschs zwischen Industrie- und Entwicklungsländern den bestehenden Unterschieden in den komparativen Produktivitäts- und Kostenvorteilen. Industrieländer besitzen tendenziell bei Industrieprodukten und Entwicklungsländer bei landwirtschaftlichen Gütern komparative Vorteile (*H. Hesse* 1977, S. 382). Wie bereits ausführlich behandelt, besteht für alle am Handel beteiligten Länder zumindest die Möglichkeit, durch internationale Arbeitsteilung ihren Wohlstand zu erhöhen. Eine etwaige Benachteiligung der Entwicklungsländer wird erklärt mit monopolistischen Praktiken, Handelsbeschränkungen oder Erhaltungssubventionen von seiten der Industrieländer.

Im Unterschied hierzu vertreten die Anhänger der Polarisationstheorie die Auffassung, daß die internationalen Wirtschaftsbeziehungen einseitig den Industrieländern Vorteile und den Entwicklungsländern Nachteile bringen. Polarisationstheoretiker (z. B. *R. Prebisch*) argumentieren, daß die bestehenden Strukturunterschiede in den Außenhandelsbeziehungen zwischen Industrieländern (Zentrum) und Entwicklungsländern (Peripherie) aufgrund einer Verschlechterung der terms of trade einen Realeinkommenstransfer von den Entwicklungs- in die Industrieländer bewirken (vgl. Kapitel 2.3.7.2). Auch mittels der in Kapitel 2.4.1 vorgestellten „neuen" Außenhandelstheorie läßt sich die Entstehung von Zentrum-Peripherie-Strukturen erklären.

Literaturübersicht: Kapitel 2.2

Eine umfassende Darstellung der internen und externen Wachstumsdeterminanten, insbesondere der Theorie der Faktor- und Gütermobilität, enthalten nachfolgende Standardwerke der Regionalökonomie:

Armstrong, H., Taylor, J., 1993: Regional Economics and Policy. (2. Aufl.). New York, London.
Fürst, D., Klemmer, P., Zimmermann, K., 1976: Regionale Wirtschaftspolitik. Tübingen, Düsseldorf. Kapitel 2 A-D.
Richardson, H. W., 1973: Regional Growth Theory. London. Kapitel 4.
Siebert, H., 1970b: Regionales Wirtschaftswachstum und interregionale Mobilität. Tübingen. Kapitel 3-6.

Als Ergänzung zu den in Kapitel 2.2 behandelten Ursachen und Wirkungen der Mobilität einzelner Wachstumsdeterminanten sind folgende deutschsprachige Arbeiten zu empfehlen:

– Zur Mobilität der Arbeit

Jansen, P. G., 1969: Zur Theorie der Wanderung. In: Zur Theorie der allgemeinen und der regionalen Planung. Bielefeld, S. 150-163.

Siebert, H., 1995: Internationale Migration aus wirtschaftswissenschaftlicher Sicht. In: Geographische Rundschau. 47. S. 405-409.

– Zur Mobilität des Kapitals

Klöppel, W., 1973: Die Mobilität des privaten Kapitals und ihre Bedeutung für die Regionalpolitik. Münster. Beiträge zum Siedlungs- und Wohnungswesen und zur Raumplanung. Bd. 12.

– Zur Mobilität des technischen Fortschritts

Opp, M. M., 1974: Die räumliche Diffusion des technischen Fortschritts in einer wachsenden Wirtschaft. Baden-Baden. Aachener Studien zur internationalen technischen Zusammenarbeit. Internationale Kooperation. Bd. 12.

-Zur Gütermobilität

Krugman, P.; Obstfeld, M., 1991: International Economics. Theory and Policy (3. Aufl.). New York.

Rose, K.; Sauernheimer, K.,1995: Theorie der Außenwirtschaft (12. Aufl.). München.

Handwörterbuch der Wirtschaftswissenschaft (HdWW) 1. Bd. Außenhandel. I: Determinanten (*H. Hesse*); II: Terms of Trade (*H.-R. Hemmer*); III: Wohlfahrtseffekte (*J. Schumann*).

2.3 Regionale Wachstums- und Entwicklungstheorien

Die wirtschaftliche Entwicklung einer Region bzw. eines Systems von Regionen hängt von dem Zusammenwirken aller in Abb. 2.23 dargestellten internen und externen Wachstumsdeterminanten ab. Bislang ist es nicht gelungen, diese Determinanten in eine allgemeine, operationale, regionale Wachstums- und Entwicklungstheorie zu integrieren. Es besteht jedoch eine Vielzahl partieller Denkansätze zur Erklärung des räumlich differenzierten wirtschaftlichen Wachstumsprozesses und der gesellschaftlichen Entwicklung. Im folgenden werden zunächst sechs zentrale Bausteine der Theoriebildung vorgestellt. Das Spektrum der behandelten Ansätze reicht von der neoklassischen Theorie über die postkeynesianische Theorie, die Exportbasis-Theorie, die Theorie der endogenen Entwicklung bis zur Polarisationstheorie und der Wirtschaftsstufentheorie. Ausgehend von den Erkenntnissen dieser Partialansätze sind weiterführende Beiträge der Theoriebildung Gegenstand der Betrachtung. Sie verfolgen als Ziele, die regionale Wachstumstheorie mit der Standorttheorie zu verknüpfen sowie den Zusammenhang zwischen den internationalen Wirtschaftsbeziehungen und der Regionalentwicklung herzustellen.

2.3.1 Neoklassische Theorie

Die Grundhypothese der regionalen Wachstumstheorie der Neoklassik besagt, daß interregionale Unterschiede der Faktorentgelte durch Faktorwanderungen ausgeglichen werden, d. h. daß der Marktmechanismus zu einem Ausgleich regionaler Unterschiede des Pro-Kopf-Einkommens tendiert. Die in Kapitel 2.4.1 behandelte „neue" Wachstumstheorie vermag aufgrund realitätsnäherer Annahmen neben der Konvergenz auch die Divergenz interregionaler Einkommensunterschiede zu erklären (vgl. hierzu auch Band Wirtschaftsgeographie 2, 3. Aufl., S. 138 ff.).

Im folgenden wird ein von *George H. Borts und Jerome L. Stein* (1964) entwickeltes *einfaches Grundmodell* des neoklassischen Typs vorgestellt.[1] Ausgehend von vereinfachenden Annahmen, wie Vollbeschäftigung, vollkommene Konkurrenz , freie Mobilität der Produktionsfaktoren, interregionale Transportkosten von Null, für alle Regionen identische Produktionsfunktionen mit konstanten Skalenerträgen, Ein-Gut-Produktion, läßt sich aus einer nur die Angebotsseite berücksichtigenden Produktionsfunktion $Y = f(K, L, T)$ nachfolgende Wachstumsgleichung ableiten:

[1] Eine ausführliche Darstellung und Kritik der regionalen Wachstumstheorie der Neoklassik findet sich bei: *H. W. Richardson* (1969 a, S. 331-336 und 1973, S. 22-29); *F. Buttler, K. Gerlach* et al. (1977, S. 62-80).

$$y_i = a_i k_i + b_i l_i + t_i \quad (1)$$

$$k_i = \frac{s_i}{v_i} \pm \sum_j k_{ji} \quad (2)$$

$$l_i = n_i \pm \sum_j m_{ji} \quad (3)$$

$$k_{ji} = f(r_i - r_j) \quad (4)$$

$$m_{ji} = f(w_i - w_j) \quad (5)$$

wobei:

y = Wachstumsrate des Outputs (oder realen Einkommens)
k = Wachstumsrate des Kapitals
l = Wachstumsrate der Arbeit
t = Wachstumsrate des technischen Wissens
a = Anteil des Kapitals am Einkommen $\left(\frac{\Delta Y}{\Delta K} \cdot \frac{K}{Y}\right)$
b = Anteil der Arbeit am Einkommen $\left(\frac{\Delta Y}{\Delta L} \cdot \frac{L}{Y}\right)$

Bei Annahme konstanter Skalenerträge gilt:
$a + b = 1; b = 1 - a$

s = Sparquote $\left(\frac{S}{Y}\right)$
v = Kapitalkoeffizient $\left(\frac{K}{Y}\right)$
k_{ji} = jährlicher Nettokapitalstrom von Region j nach Region i, dividiert durch den Kapitalstock der Region i
n = natürliche Wachstumsrate der Bevölkerung
m_{ji} = jährlicher Nettomigrationsstrom von Region j nach Region i, dividiert durch die Bevölkerung der Region i
r = Kapitalzins (= Profitrate)
w = Lohnsatz

Gleichung (1) ist eine allgemeine Wachstumsgleichung; sie enthält die Determinanten der Wachstumsrate des Einkommens der einzelnen Regionen. Gleichungen (2) und (3) sind Definitionsgleichungen für die Wachstumsraten der Produktionsfaktoren Kapital und Arbeit. Sie beschreiben die Veränderungsraten des regionalen Faktorbestandes aus der Abhängigkeit von internen und externen Wachstumsdetermi-

nanten. Die Wachstumsrate des Kapitals wird bestimmt durch die intraregionale Kapitalbildung – sie hängt ab von der Sparquote und dem Kapitalkoeffizienten – und dem Saldo der interregionalen Kapitalbewegungen. Die Wachstumsrate des Faktors Arbeit wird bestimmt von intraregionalen Veränderungen des Arbeitskräftebestandes – ausgedrückt durch das natürliche Bevölkerungswachstum – und dem Saldo der interregionalen Arbeitskräftewanderung. Die Gleichungen (4) und (5) sind Verhaltensgleichungen; sie beinhalten die Kernaussage des Modells, daß interregionale Unterschiede in der Faktorentlohnung interregionale Faktorwanderungen hervorrufen.
Betrachten wir zunächst eine einzelne Region i. Der Mechanismus, der die Wirtschaft auf dem Gleichgewichtspfad hält, ist der Kapitalzins (= Profitrate).[1] Als grundlegende Gleichgewichtsbedingung des Modells gilt, daß der nationale Kapitalzins (r) dem Grenzprodukt des Kapitals

$$\left(\frac{Y_i}{\Delta K_i}\right)$$

entspricht:

$$\frac{\Delta Y_i}{\Delta K_i} = a_i \frac{Y_i}{K_i} = r \qquad (6)$$

Werden r als gegeben und a als konstant angenommen, müssen Output (Y_i) und Kapitalstock (K_i) die gleiche Wachstumsrate aufweisen. Die Berücksichtigung der Bedingung $y = k_i$ in Gleichung (1) ergibt im Gleichgewicht als Wachstumsrate des Outputs und des Kapitals:[2]

$$y_i = k_i = l_i + \frac{t_i}{1 - a_i} \qquad (7)$$

---

[1] Es wird vorausgesetzt, daß der Kapitalstock voll ausgelastet ist.

[2] Die Gleichung (1) lautet:

$$\begin{aligned}
y_i &= a_i k_i + b_i l_i + t_i \\
\text{da } a + b &= 1 \text{ sowie } y_i = k_i \text{ folgt:} \\
k_i &= a_i k_i + (1 - a_i) l_i + t_i \\
k_i - a_i k_i &= (1 - a_i) l_i + t_i \\
k_i (1 - a_i) &= (1 - a_i) l_i + t_i \\
k_i &= l_i + \frac{ti}{1 - a_i}
\end{aligned}$$

In einem Zwei-Regionen-Modell ist Gleichgewichtswachstum dann erreicht, wenn Region 1 und Region 2 identische Wachstumsraten von Output und Kapitalstock aufweisen. Die Gleichgewichtsbedingung lautet:

$$1_i + \frac{t_1}{1 - a_1} = 1_2 + \frac{t_2}{1 - a_2} \qquad (8)$$

Bei den gegebenen Prämissen befindet sich das System zwangsläufig im Gleichgewicht, wenn die drei Variablen der Gleichung (8) – Wachstumsrate der Arbeit (1), Wachstumsrate des technischen Wissens (t), Anteil des Kapitals am Einkommen (a) – in beiden Regionen gleich sind. Wird jedoch das interregionale Gleichgewicht durch unterschiedliche Wachstumsraten von Arbeit, Kapital oder technischem Fortschritt gestört, führen dem neoklassischen Modell innewohnende Ausgleichsmechanismen wieder zu einem dynamischen Gleichgewicht. Sie beruhen auf der Annahme substituierbarer Produktionsfaktoren. Mit der Veränderung des Kapitals (bzw. des Arbeitseinsatzes) geht eine Veränderung der Faktorentlohnung einher, welche wiederum Faktorwanderungen zur Folge hat. *Harry W. Richardson* (1969 a, S. 350 f.) betont die in der regionalen Wachstumstheorie der Neoklassik enthaltenen Ansätze für eine *Theorie der interregionalen Faktormobilität* und erklärt Richtung und Stärke der Faktorwanderungen wie folgt: Grundvoraussetzung ist die vollständige Konkurrenz auf allen Märkten; dies ist eine hinreichende Bedingung dafür, daß die Produktionsfaktoren nach ihrem Wertgrenzprodukt entlohnt werden. Lohnniveau und Kapitalverzinsung hängen ab von der Höhe des Einsatzes der Faktoren in der Produktionsfunktion. Aus Abb. 2.31 ist zu ersehen, daß mit ansteigender Kapitalintensität $\left(\frac{K}{L}\right)$ das Grenzprodukt des Kapitals $\left(\frac{\Delta K}{\Delta L}\right)$ sinkt und das Grenzprodukt der Arbeit $\left(\frac{\Delta Y}{\Delta L}\right)$ ansteigt.

Bei den gegebenen Prämissen werden die Produktionsfaktoren mit ihren Grenzprodukten entlohnt, d. h. das Grenzprodukt des Kapitals $\left(\frac{\Delta Y}{\Delta K}\right)$ ist gleich dem Kapitalzins (r) und das Grenzprodukt der Arbeit

$\left(\frac{\Delta Y}{\Delta L}\right)$ gleich dem Reallohn (w).

Da beide Regionen ein homogenes Gut bei identischen Produkti-

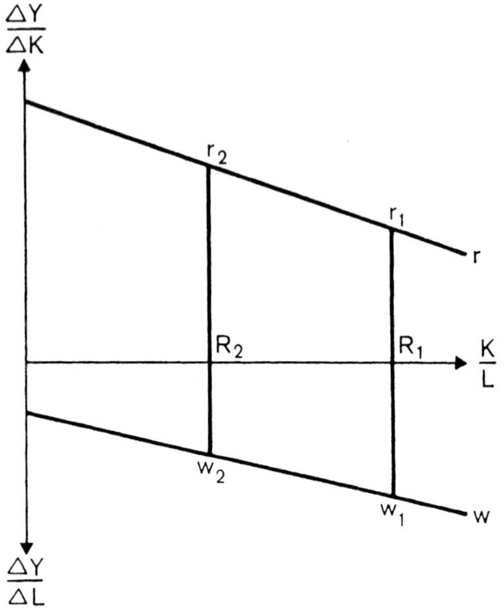

Abb. 2.31 Zusammenhang zwischen Kapitalintensität, Faktorentgelte und Faktormobilität
Entwurf: nach *H. W. Richardson* (1969 a, S. 351)

onsfunktionen erzeugen, weist die Region mit der höheren Kapitalintensität (R_1) höhere Reallöhne (w_1), aber eine niedrigere Kapitalverzinsung (r_1) auf, und die Region mit der niedrigeren Kapitalintensität (R_2) hat niedrigere Reallöhne (w_2), aber höhere Kapitalzinsen (r_2). Um zu einem Gleichgewicht im Zwei-Regionen-System zu gelangen, fließt so lange Kapital von der Region mit niedrigeren Kapitalzinsen (R_1) in die Region mit höheren Kapitalzinsen (R_2), und Arbeit wandert in umgekehrter Richtung von der Region niedrigerer Reallöhne (R_2) in die Region höherer Reallöhne (R_1), bis sich die regionalen Unterschiede der Faktorentgelte ausgeglichen haben. Dieses Ergebnis, daß die Region niedriger Reallöhne eine höhere Wachstumsrate des Kapitals und einen größeren Anstieg der Löhne erfährt, wird als Hinweis für die Konvergenz des regionalen Pro-Kopf-Einkommens gedeutet.

Horst Siebert (1970 b, S. 64 ff.) verdeutlicht den Zusammenhang zwischen interregionalen Unterschieden der Faktorentgelte und interregionaler Faktormobilität mit Hilfe des Edgeworthschen Box-Diagramms. Abgesehen von der erweiterten Annahme einer Zwei-Güter-Produktion gelten die eingangs aufgeführten Restriktionen. Abb. 2.32 a zeigt die Faktorausstattung in einem Zwei-Regionen-Modell. Beide Regionen haben gleichen Kapital-, aber unterschiedlichen Arbeitskräftebestand. Infolge des größeren Arbeitskräfteangebotes in Region 2 ist der Lohn niedriger als in Region 1. Dieser Lohnunterschied induziert Wanderung von Arbeitskräften von R_2 nach R_1. Dadurch verringert sich die Grenzproduktivität der Arbeit in R_1 und erhöht sich in R_2. Bei den gesetzten Prämissen führt die Arbeitskräftewanderung zu einer Verringerung der regionalen Unterschiede von Löhnen und Output. Im Gleichgewicht haben beide Regionen gleiche Lohnhöhe und identische Produktionsfunktionen, d. h. $O_1O'_1 = O_2O'_2$ (vgl. Abb. 2.32 b). Interregionale Unterschiede in der Kapitalausstattung bewirken vergleichbare Anpassungsprozesse.

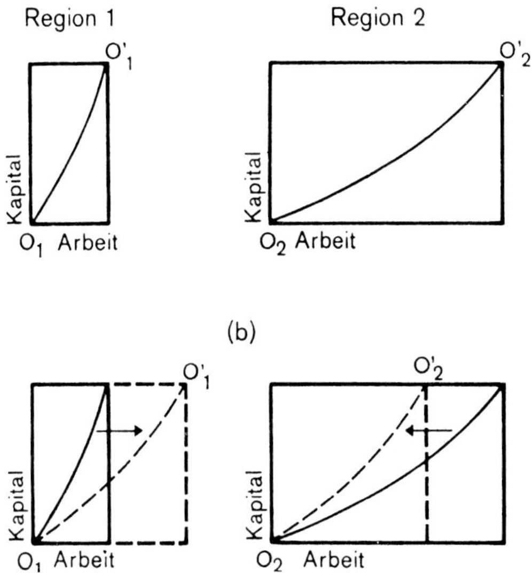

Abb. 2.32 Angleichung der Faktorentgelte durch Faktormobilität
Entwurf: nach *H. Siebert* (1970 b, S. 64 f.)

Der Umfang der interregionalen Kapitalbewegungen kann durch einen Vergleich von Investitionen und Ersparnissen bestimmt werden. Das regionale System befindet sich im Gleichgewicht, wenn die Gesamtinvestitionen ($\sum I_i$) gleich den Gesamtersparnissen ($\sum S_i$) sind, wobei nach Definition $I_i = k_i K_i$ und $S_i = s_i Y_i$. Ist jedoch $k_i K_i > s_i Y_i$, wird eine Region Kapital importieren. Da, wie eingangs dargestellt, $k_i = y_i$ und $\frac{K_i}{Y_i} = v_i$, wird Kapital importiert, wenn

$$y_i > \frac{s_i}{v_i}. \tag{9}$$

Dieses Ergebnis wird auf das Zwei-Regionen-Modell übertragen. ist $y_1 > \frac{s_1}{v_1}$, muß $y_2 < \frac{s_2}{v_2}$ sein, d.h. $\frac{s_2}{v_2} > \frac{s_1}{v_1}$. Um ein Gleichgewicht im regionalen System zu erreichen, muß Kapital von Region 2 in Region 1 fließen. Dies ist nur möglich, wenn die Region 2 eine höhere Sparquote und/oder einen niedrigeren Kapitalkoeffizienten als Region 1 aufweist.

G. H. Borts und J. L. Stein (1964, S. 6) kommen zu nachfolgenden allgemeinen Ergebnissen: Erstens, je höher die Wachstumsrate des Einkommens einer Region ist, desto größer ist die Wahrscheinlichkeit, daß die Region Kapital importiert. Zweitens, die rasch wachsenden Regionen importieren Kapital von den langsam wachsenden Regionen, vorausgesetzt, alle Regionen weisen ähnliche Sparquoten und ähnliche auf das Kapital entfallende Einkommensanteile auf. Diese auf deduktivem Weg gewonnenen Resultate versuchten *G. H. Borts und J. L. Stein* (1964) empirisch zu überprüfen. Untersuchungen in den Vereinigten Staaten ergaben, daß die Bundesstaaten mit den höheren Wachstumsraten in aller Regel die Staaten mit niedrigem Pro-Kopf-Einkommen sind. Diese Ergebnisse stützen die Hypothese des Ausgleichs zumindest interregionaler Unterschiede des Pro-Kopf-Einkommens.

Aus den gesamtwirtschaftlichen Wachstumsmodellen der Neoklassik werden durch räumliche Disaggregation regionale Wachstumsmodelle abgeleitet. Für die regionale Wachstumstheorie neoklassischer Provenienz ergibt sich daraus – im Gegensatz zu anderen Ansätzen regionaler Wachstums- und Entwicklungstheorien – der Vorteil einer größeren systematischen Geschlossenheit; außerdem konnte in die regionale Wachstumstheorie eine Theorie der Faktormobilität integriert werden. Gleichzeitig mußten jedoch auch die den gesamtwirtschaftlichen Modellen zugrundeliegenden Restriktionen in den regionalen Modellen übernommen werden. Hierin liegt die entscheidende Schwäche der regionalen Wachstumstheorie der Neoklassik. Restriktive Annahmen wie Vollbeschäftigung, vollkommene Konkurrenz oder freie Faktormobilität sind in regionalwissenschaftlichen Analysen in besonderem Maße problematisch, da in der Realität gerade interregionale Unterschiede in der Faktorauslastung, Oligopole und regionale Monopole sowie räumliche Mobilitätshemmnisse den räumlichen Differenzierungsprozeß der Wirtschaft bestimmen. Auch die Erklärung interregionaler Mobilität der Arbeit und des Kapitals allein aus Lohndifferenzen und unterschiedlicher Kapitalverzinsung ist zumindest unvollständig (vgl. hierzu Kapitel. 2.2.2). Es liegt eine große Zahl von empirischen Untersuchungen vor, die nachweisen, daß interregionale Arbeitskräftewanderungen nicht nur eine Funktion der Reallöhne sind, sondern von zusätzlichen Variablen wie Arbeitsplatzangebot, Lebenshaltungskosten, Verstädterungsgrad, Wohn- und Freizeitwert, sozialer Position abhängen. Schließlich wird in der neoklassischen Theorie die Nachfrageseite und die raumdifferenzierte Wirkung der Agglomerationsfaktoren vernachlässigt.

Trotz dieser grundlegenden Einwände ist die Auseinandersetzung mit der regionalen neoklassischen Wachstumstheorie von Wichtigkeit, da Elemente dieser Theorie in den Standorttheorien, aber auch in Theorieansätzen, die räumlich ungleichgewichtiges Wirtschaftswachstum annehmen, verwendet werden und da die neoklassische Doktrin die Regionalpolitik in der Bundesrepublik Deutschland und anderer marktwirtschaftlich orientierter Staaten über lange Zeiträume stark beeinflußte.

2.3.2 Postkeynesianische Theorie

Während die neoklassische Wachstumstheorie die Angebotsseite betont, ist die postkeynesianische Wachstumstheorie nachfrageorientiert und betrachtet die Investitionstätigkeit als eine entscheidende Determinante des wirtschaftlichen Wachstums. Nettoinvestitionen haben einen *Einkommens-, Kapazitäts- und Komplementäreffekt*. Dabei wird die Wirkung zusätzlicher Investitionen auf Volkseinkommen und Gesamtnachfrage als Einkommenseffekt, die auf Produktionskapazität und Kapitalstock als Kapazitätseffekt und alle positiven oder negativen Wirkungen intrasektoraler und intersektoraler Beziehungen als Komplementäreffekt bezeichnet.

Die kurzfristige einkommenschaffende Wirkung von Nettoinvestitionen und deren Beziehungen zu Beschäftigungsschwankungen hat *John M. Keynes* (1936) untersucht. Ausgehend von den Definitionsgleichungen für das Sozialprodukt $Y = C + I$ und $Y = C + S$ (wobei Y = Sozialprodukt, C = Konsum, S = Nettoersparnisse, I = Nettoinvestitionen) läßt sich die Gleichgewichtsbedingung $I = S$ ableiten. Bei Verwendung einer linear-homogenen Sparfunktion $S = sY$ folgt als Gleichgewichtseinkommen

$Y = \frac{1}{s} I$. Der Einkommenseffekt der Investitionen besagt nun, daß nur durch ständig ansteigende Nettoinvestitionen ein Anstieg des Sozialprodukts und der Gesamtnachfrage erreicht wird:

$$\dot{Y} = \frac{1}{s} \dot{I} \tag{1}$$

Gleichung (1) beschreibt den Einkommenseffekt der Nettoinvestitionen; $\frac{1}{s}$ ist als Investitionsmultiplikator definiert. Die Ausdehnung der Gesamtnachfrage, des Volkseinkommens, wird vom Verhältnis der Investitionszunahme ($\dot{I}$) zur Sparquote (s) bestimmt. Aufgrund der Multiplikatorwirkung einer autonomen Investition und der Akzeleratorwirkung induzierter Investitionen kann die im Zeitablauf eingetretene Einkommenserhöhung den Investitionsbetrag weit übersteigen.

Die Verknüpfung von Einkommens- und Kapazitätseffekt in der postkeynesianischen Wachstumstheorie vollzogen *Evsey D. Domar* (1946, S. 137-147) und *Roy F. Harrod* (1948).[1] Der Grundgedanke ist,

[1] Dem Harrod-Domar-Modell liegen neben allgemeinen, auch in den neoklassischen Modellen verwendeten vereinfachenden Annahmen, wie Vollbeschäftigung, vollkommene Konkurrenz, konstante Skalenerträge, Ein-Gut-Produktion, noch folgende für das postkeynesianische Modell spezifische Restriktionen zugrunde: konstante Sparquote, konstante (limitationale) Faktoreinsatzverhältnisse, konstante Wachstumsrate der Arbeitskräfte, die gleich dem Bevölkerungswachstum ist.

daß jede Nettoinvestition den Realkapitalbestand (K) vermehrt, d. h. $I = \dot{K}$, und die Produktionskapazität der Wirtschaft erweitert. Unter der vereinfachenden Annahme einer proportionalen Beziehung zwischen Realkapitalbestand und der damit erzeugten Güterproduktion in der Form $K = vY$ folgt für die zeitliche Einkommensveränderung:

$$\dot{Y} = \frac{1}{v} \cdot I \qquad (2)$$

Gleichung (2) beschreibt den Kapazitätseffekt der Nettoinvestitionen; $^1/_v$ bezeichnet *E. D. Domar* als Produktivität der Investition. Die Kapazitätszunahme wird vom Verhältnis der Investitionen (I) zum Kapitalkoeffizienten (v) bestimmt.[1]

Gleichgewichtswachstum ist dann gegeben, wenn die Gesamtnachfrage in gleichem Maße zunimmt wie die Produktionskapazität, wenn also Einkommenseffekt und Kapazitätseffekt einander entsprechen. Aus den Gleichungen (1) und (2) folgt als Gleichgewichtsbedingung:

$$\frac{\dot{I}}{I} = \frac{s}{v} \qquad (3)$$

Aufgrund von vereinfachenden Modellannahmen wachsen auf dem Gleichgewichtspfad neben den Nettoinvestitionen auch die Variablen Einkommen, Nettoersparnisse, Kapitalstock mit der Gleichgewichtsrate

$$y = \frac{s}{v}.$$[2]

Die Einbeziehung des Komplementäreffekts in die Theorie des wirtschaftlichen Wachstums ist das Verdienst von *Albert O. Hirschman* (1958, S. 98-119). Er unterteilt die durch Nettoinvestitionen direkt hervorgerufenen Anreize zur Durchführung komplementärer Investitionen in Vorwärtskopplungseffekte (forward linkage effects), die durch die Weiterverarbeitung des Outputs in Anschlußindustrien entstehen, und Rückwärtskopplungseffekte (backward linkage effects), die durch die Nachfrage nach Gütern und Diensten in

[1] Als Kapitalkoeffizient wird das Verhältnis zwischen Kapitalstock und Produktionskapazität bezeichnet.

[2] Diese stark vereinfachende Darstellung von Einkommens- und Kapazitätseffekt wurde übernommen aus: *G. Bombach* (1965, S. 776). Eine ausführliche Ableitung findet sich bei: *S. Klatt* (1959, S. 166 ff.); *K. Rose* (1971, S. 19 ff.); *H. Walter* (1983).

anderen inländischen Betrieben des primären, sekundären und tertiären Sektors bewirkt werden. Induziert beispielsweise eine Nettoinvestition in Form einer Zementfabrik den Bau eines Zementsteinwerks, so wäre dies ein Vorwärtskopplungseffekt, die Errichtung einer Fabrik für Zementsäcke zu Verpackungszwecken wäre ein Rückwärtskopplungseffekt. Zusätzlich werden in der Literatur noch Komplementäreffekte der Endnachfrage (final demand linkages) sowie technologische und fiskalische Komplementäreffekte angeführt (vgl. *M. H. Watkins* 1963, S. 141-158). So schafft eine Betriebsneugründung bzw. Erweiterung zusätzliches Faktoreinkommen, dessen Verbrauch die Nachfrage nach Gütern und Diensten erhöht, was weitere Investitionen induzieren kann. Technologische Komplementäreffekte entstehen, wenn der neue Betrieb zur Verbesserung und Verbreiterung des technischen Wissens der Bevölkerung beiträgt. Schließlich sind noch die Abgaben des Betriebs an den Staat anzuführen. Werden mit diesen Einnahmen der öffentlichen Hand Investitionen finanziert, so lösen diese ihrerseits wieder Einkommens-, Kapazitäts- und Komplementäreffekte aus. Wichtig ist, daß Komplementäreffekte in anderen Wirtschaftsbereichen nicht nur zu positiven internen und externen Ersparnissen sowie zu einer besseren Auslastung der Produktionsfaktoren führen können. Sie können auch einzelwirtschaftliche und gesamtwirtschaftliche Kosten verursachen, indem sie Agglomerationsnachteile und eine Unterbeschäftigung lokaler Ressourcen bewirken. Ein Beispiel hierfür ist die Verdrängung des arbeitsintensiven traditionellen Produktionshandwerks durch die kapitalintensive verarbeitende Industrie in vielen Entwicklungsländern.

Herbert Schmidt (1966) leistet einen Beitrag zur Erstellung einer raumbezogenen Wachstumstheorie, indem er die *räumlichen Wirkungen der Investitionen analysiert*. Der Kapazitätseffekt ist an den Standort der Investition gebunden. Die Bestimmungsgründe für die Verteilung der Investitionen im Raum wurden in Kapitel 2.1 (Standorttheorien) eingehend behandelt. Hier zeigt sich ein Ansatzpunkt zur Verknüpfung der Standorttheorie mit der regionalen Wachstumstheorie. Der Einkommenseffekt hat eine räumlich diffundierende Wirkung. Er wirkt am stärksten am Investitionsstandort und schwächt sich mit wachsender Entfernung von diesem ab. Die

Reichweite hängt unter anderem vom Pendlereinzugsbereich eines Standorts ab, d. h. von der Bereitschaft der Bevölkerung, Entfernungen zwischen Produktions- und Wohnort zu überwinden, und von der Qualität des bestehenden Verkehrssystems. In Entwicklungsländern läßt die unzureichende Verkehrserschließung eine Konzentration des Einkommenseffektes auf die Kerngebiete der Investitionen erwarten. *Sigurd Klatt* (1959, S. 172) weist auf die entgegengesetzte räumliche und zeitliche Wirkung beider Effekte hin. Der Kapazitätseffekt hat eine längere Lebensdauer, ist aber räumlich lokalisiert, der Einkommenseffekt ist von kürzerer Dauer, hat jedoch die Tendenz, sich räumlich auszubreiten.

Die durch Nettoinvestitionen hervorgerufenen Komplementäreffekte haben eine räumlich, zeitlich und sektoral diffundierende Wirkung. Sie können am Investitionsstandort oder in anderen Gebieten, zum Investitionszeitpunkt oder zeitlich verzögert, im Investitionssektor oder in anderen Wirtschaftssektoren auftreten. Die räumliche Wirkung der Komplementäreffekte ist eine Funktion des Entwicklungsstandes einer Volkswirtschaft. Je niedriger das Entwicklungsniveau eines Landes, desto ausgeprägter ist der räumliche Polarisationseffekt, d. h. desto stärker sind die Komplementäreffekte im Kerngebiet der Investitionen lokalisiert. Für die regionale Wirtschaftsentwicklung sind die Komplementäreffekte von zentraler Bedeutung, zumal sie eine Möglichkeit aufzeigen, das Entwicklungsgefälle zwischen urbanen und ländlichen Gebieten abzubauen. Wichtig in diesem Zusammenhang ist der Rückwärtskopplungseffekt, da er in der Regel stärkere Wachstumsimpulse auslöst als der Vorwärtskopplungseffekt.

Unterschiede in der Verteilung von Investitionen im Raum und in der räumlichen Wirkung von Einkommens- und Komplementäreffekten führen zur Herausbildung von *Wachstums-, Entleerungs- und Stagnationsgebieten.*[1] Das charakteristische Merkmal eines Wachstumsgebietes ist, daß die Wachstumsrate des Volkseinkommens dieser Region deutlich über dem Landesdurchschnitt liegt.

---

1 *Fritz Voigt* (1960, S. 42 ff.) unterscheidet Entwicklungs-, Entleerungs- und Indifferenzgebiete. In Anlehnung daran gliedert *H. Schmidt* (1966, S. 176 ff.) in Wachstums-, Entleerungs-, Stationär- und Indifferenzgebiete.

Der Wachstumsprozeß wird hervorgerufen und begleitet von stetig ansteigenden Investitionen, Exportüberschuß der ansässigen Industrie, Zunahme des räumlichen Leistungspotentials und Zufluß mobiler Produktionsfaktoren. Den Wachstumsgebieten stehen Entleerungsgebiete gegenüber, in denen sich ein wirtschaftlicher Schrumpfungsprozeß vollzieht. Ein Entleerungsgebiet ist gekennzeichnet durch eine Verminderung der regionalen Wertschöpfung, Abnahme der industriellen Investitionen und des Leistungspotentials sowie durch einen Abfluß von mobilen Produktionsfaktoren. Die Abwanderung von Arbeitskräften vollzieht sich selektiv; jüngere, qualifizierte und aktive Arbeitskräfte wandern zuerst ab. Stagnationsgebiete verharren auf ihrem erreichten Entwicklungsstand. Abhängig vom Industrialisierungsgrad unterscheidet *H. Schmidt* Stationär- und Indifferenzgebiete. Erstere sind industrialisierte Räume, in denen sich positive und negative Wachstumsimpulse aufheben. Indifferenzgebiete dagegen sind von der Gestaltungskraft der Industrie noch unberührt.

Dieser räumliche Differenzierungsprozeß ist vom Entwicklungsstand einer Volkswirtschaft abhängig. Zu Beginn der Industrialisierung fallen Einkommens-, Kapazitäts- und Komplementäreffekte von Investitionen weitgehend an einem Standort zusammen. Die wachsende Anhäufung von produzierten Produktionsmitteln in Verbindung mit Agglomerationsvorteilen führt zu einem eigendynamischen Wirtschaftswachstum, das den räumlichen Konzentrationsprozeß beschleunigt. Langfristig erwartet *H. Schmidt* jedoch, daß bei zunehmender Konzentration ökonomische und politische Gegenkräfte wirksam werden.[1] Agglomerationsnachteile und regionalpolitische Maßnahmen fördern eine Umleitung der Investitionsströme in Stationär-, Indifferenz- und Entleerungsgebiete, und im Zuge des langfristigen Entwicklungsprozesses zeigen die Einkommens- und Komplementäreffekte eine Tendenz, sich räumlich auszubreiten. Einige der Thesen von *H. Schmidt* sind in der Literatur umstritten; sie werden im Band Wirtschaftsgeographie 2 anhand empirischer Beispiele überprüft.

[1] Hier bestehen deutliche Parallelen zur Argumentation von *Edwin von Böventer* (Kapitel 2.1.2.4), *Albert O. Hirschman* (Kapitel 2.3.5) sowie *John Friedmann* und *Harry W. Richardson* (Kapitel 2.3.6).

2.3.3 Exportbasis-Theorien

Die Grundhypothese der *Exportbasis-Modelle* besagt, daß das Wirtschaftswachstum einer Region entscheidend von der Entwicklung ihres Exportsektors, d. h. von der außerregionalen Nachfrageexpansion, abhängt.

Aufbauend auf Gedanken von *Werner Sombart* (1907) entwickelten als erste *Richard B. Andrews* (1953, S. 161-167) für eine Stadtregion sowie *James S. Duesenberry* (1950, S. 63-102) und *Douglas C. North* (1955, S. 243-258) für Regionen als Subsysteme einer Volkswirtschaft Exportbasis-Modelle.

J. S. Duesenberry untersucht am Beispiel der Vereinigten Staaten im 19. Jahrhundert die Auswirkungen des Güterexportes auf den wirtschaftlichen Wachstumsprozeß mittels eines *Zwei-Regionen-Modells*. Region 1 – erst kürzlich besiedelt, agrarisch strukturiert, wirtschaftlich noch wenig entwickelt – produziert über den Eigenbedarf hinaus Agrarprodukte, die nach Region 2 – schon länger besiedelt, industrialisiert, mit höherem Entwicklungsniveau – exportiert werden. Dies führt zu einem Einkommensanstieg in Region 1, gleichzeitig vermindert sich infolge des verschärften Wettbewerbs das Einkommen der Landwirte in Region 2. Durch den Anstieg des Einkommens in Region 1 erhöht sich die Nachfrage nach Industrieprodukten, die in dem agrarisch strukturierten Gebiet nicht befriedigt werden kann; die Industriegüter müssen aus Region 2 importiert werden. Diese erhöhte Nachfrage nach Industriegütern löst in Region 2 einen Multiplikatoreffekt aus, welcher einen Anstieg des Regionaleinkommens hervorruft, der den ursprünglichen Einkommensrückgang im Agrarsektor übersteigt (*J. S. Duesenberry* 1950, S. 99). In beiden Regionen erhöht der Außenhandel das Einkommen, dadurch werden zusätzlich in Wirtschaftsbereichen, die den lokalen Markt versorgen, positive Wachstumsimpulse induziert (vgl. *D. E. Keeble* 1967, S. 267). *J. S. Duesenberry* nimmt an, daß vergleichbare Entwicklungsprozesse zu Beginn der Industrialisierung auch in England und Deutschland abgelaufen sind.

Auch *D. C. North* sieht im Export von Gütern und Dienstleistungen die entscheidende Determinante des regionalen Wirtschaftswachstums. Er beschreibt für eine *einzelne Region* – mit kapitalistischer Wirtschafts- und Gesellschaftsordnung, relativ mobilen Produktionsfaktoren und fehlendem Bevölkerungsdruck – den vom Exportsektor ausgelösten Wachstumsmechanismus in Anlehnung an stufentheoretische Vorstellungen (vgl. Kapitel 2.3.6). Ausgangspunkt ist die Subsistenzwirtschaft. Durch die schnelle Expansion des Exports einer zunächst begrenzten Anzahl von Rohstoffen in weiterentwickelte Gebiete entsteht die Basis für einen regionalen Wachstumsprozeß. Die Einkommen aus Exporten werden zum Teil verwendet zum Ausbau einer exportorientierten Infrastruktur und zur Erweiterung und Verbesserung der Exportbasis. Die hierzu benötigten Güter und Dienste werden vom außerregionalen Markt (z. B. Investitionsgüter), aber auch vom lokalen Markt (z. B. von Zulieferbetrieben) bezogen. Im Exportsektor entstehen externe und interne Ersparnisse, die den Wachstumsprozeß beschleunigen. Der hieraus resultierende Einkommensanstieg führt zu einer Kapitalakkumulation, welche die Absorptionskapazität der Exportwirtschaft übersteigt. Daher werden Industriebetriebe gegründet, die zunächst nur den lokalen Markt versorgen. Durch Kapazitätserweiterung der Betriebe entstehen interne Ersparnisse, sie erhöhen die Wettbewerbsfähigkeit der Industrie am außerregionalen Markt und ermöglichen den Export von Industriegütern. Dadurch wird die Exportbasis der Region diversifiziert und das Regionaleinkommen weiter erhöht. *D. C. North* (1955, S. 256) erwartet, daß dieser Wachstumsmechanismus zu einem langfristigen Ausgleich regionaler Einkommensunterschiede beiträgt. Außerdem beansprucht das am Beispiel der Vereinigten Staaten dargestellte Exportbasis-Modell für alle Regionen Gültigkeit, in denen die eingangs aufgeführten Prämissen erfüllt sind.

Den *Einkommenskreislauf* in einem Ein-Regionen-Modell zeigt Abb. 2.33 (vgl. *R. W. Pfouts* und *E. T. Curtis* 1958, S. 304-310; *K. Rittenbruch* 1968, S. 16 ff.). Exportaktivitäten verursachen einen Einkommensstrom in die Untersuchungsregion. Dieses Exporteinkommen – soweit es nicht gespart wird – fließt teilweise wieder aus der Region ab in Form von Gewinntransfer bzw. von Ausgaben für Güter- und Dienstleistungsimporte des Exportsektors; das in der Region verbleibende Exporteinkommen wird für lokale Güter und Dienste ausgegeben und erhöht die lokalen Aktivitäten und das Re-

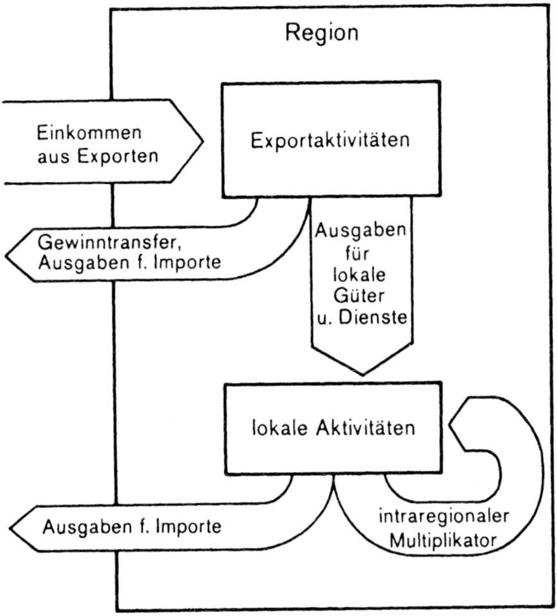

Abb. 2.33 Einkommenskreislauf nach dem Exportbasis-Modell
Entwurf: nach *R. W. Pfouts* (1960, S. 319); *K. Rittenbruch* (1968, S. 19)

gionaleinkommen. Das konsumwirksame Einkommen des lokalen Sektors wird für importierte Güter und Leistungen sowie für die erneute Beanspruchung von lokalen Gütern und Leistungen ausgegeben. Dadurch erhöhen sich Produktion und Einkommen des lokalen Sektors; es setzt sich ein intraregionaler Multiplikatorprozeß in Gang, der zusätzliches Einkommen schafft.

Das Gesamteinkommen einer Region (Y_R) setzt sich also zusammen aus dem durch Exportaktivitäten erwirtschafteten exogenen Einkommen (Y_X) und dem Einkommen des ausschließlich den intraregionalen Markt versorgenden lokalen Sektors (Y_L).

$$Y_R = Y_X + Y_L \qquad (1)$$

Das Einkommen des lokalen Sektors (Y_L) ist eine Funktion des Exporteinkommens (Y_X) und hängt von der marginalen Konsumquote (c) und der marginalen Importquote (q) ab.

$$Y_L = Y_X \left(\frac{1}{1-c+q} - 1\right) \tag{2}$$

Wird Gleichung (2) in Gleichung (1) eingesetzt, folgt:

$$Y_R = Y_X \frac{1}{1-c+q} \tag{3}$$

Der Ausdruck $\frac{1}{1-c+q}$ wird als Multiplikator bezeichnet.[1]

Je größer die marginale Konsumquote und je kleiner die marginale Importquote, desto größer ist der Multiplikatoreffekt.

Die Exportbasis-Modelle wurden zu einem *Instrument der Regionalforschung* ausgestaltet. Hinsichtlich der Einkommensentstehung in einer Region wird unterschieden in Einkommen aus Exportaktivitäten (basic activities) und Einkommen aus dem regionalen Markt dienenden Aktivitäten (nonbasic activities). Der „basic" Sektor erfüllt Funktionen, die über die regionalen Grenzen hinausreichen; er bildet die ökonomische Grundlage und bestimmt die Einkommensentwicklung einer Region. Der „nonbasic" Sektor stellt Güter und Dienste für den regionalen Markt her und ist in seiner Entwicklung von den „basic" Aktivitäten abhängig. Da regionale Einkommensstatistiken vielfach fehlen, werden in empirischen Untersuchungen und in der Planungspraxis Einkommensdaten durch Beschäftigungsdaten ersetzt. Entsprechend der Gleichung (1) sind die Gesamtbeschäftigten einer Region die Summe der „basic" Beschäftigten und der davon abhängigen „nonbasic" Beschäftigten.

Die Exportbasis-Theorie wird nicht nur zur Erfassung der Wirtschaftsstruktur einer Region eingesetzt, sondern auch zur Prognose der regionalen Wirtschaftskraft (gemessen an Einkommens- oder Beschäftigtenindikatoren) und der Bevölkerungsentwicklung.

Dabei wird eine gewisse Gesetzmäßigkeit hinsichtlich des Verhältnisses der „basic" Beschäftigten zu den „nonbasic" Beschäftigten sowie der Rate der Gesamtbeschäftigten zu der Gesamtbevölke-

---

[1] In der Exportbasis-Literatur wurde vielfach als Multiplikator $\frac{1}{1-c}$ angegeben. In Gleichung (3) wird der Exportmultiplikator im Sinne *J. M. Keynes* verwendet. Vgl. *Ch. M. Tiebout* (1960, S. 75-84); *H. W. Richardson* (1969 b, S. 19 f); *K. Rittenbruch* (1968, S. 20, S. 54-58).

rung erwartet. Außerdem wird unterstellt, daß diese Relationen während des Prognosezeitraums konstant bleiben. Letztlich vertreten die Anhänger der Exportbasis-Theorie die Ansicht, daß sich allein aus der Entwicklung der Exportaktivitäten die Entwicklung der Gesamtbeschäftigten und der Gesamtbevölkerung ermitteln läßt (vgl. *K. Rittenbruch* 1968, S. 21 ff.). *R. B. Andrews* (1955, S. 48) nennt als durchschnittliche Relationen von „basic" Beschäftigten: „nonbasic" Beschäftigte: Gesamtbeschäftigte: Gesamtbevölkerung wie 1 : 2 : 3 : 6.

In zunehmendem Maße wird in der regionalwissenschaftlichen Literatur der Wert der Exportbasis-Theorie zur Erklärung des regionalen Wirtschaftswachstums in Zweifel gezogen (vgl. *K. Rittenbruch* 1968, S. 48 ff.; *H. W. Richardson* 1969 a, S. 336 ff.; *H. Heuer* 1975, S. 66 ff.; *G. Fischer* 1973, S. 144 ff.; *K. D. Klages* 1975, S. 54 ff.; *Ch. M. Tiebout* 1956, S. 160-164). Die *Kritik* konzentriert sich auf drei Aspekte der Theorie: 1. den wachstumstheoretischen Ansatz, 2. den kreislauftheoretischen Ansatz, 3. die Anwendbarkeit in der Praxis.

1. Die Exportbasis-Theorie erklärt das regionale Wirtschaftswachstum entsprechend der klassischen Außenhandelstheorie; durch interregionale Arbeitsteilung, d. h. Außenhandel, wird die Produktivität der in einer Region verfügbaren Produktionsfaktoren und damit der regionale Wohlstand erhöht. Im Gegensatz zu neoklassischen Modellen (vgl. Kapitel 2.3.1) wird in den Exportbasis-Modellen die Behandlung des Produktionspotentials einer Region, d. h. die Angebotsstruktur, völlig vernachlässigt. Die Exportbasis-Theorie ist wie die postkeynesianische Wachstumstheorie (vgl. Kapitel 2.3.2) einseitig nachfrageorientiert. Allerdings wird die Nachfrageseite auch nur partiell betrachtet. Als die entscheidende Determinante des regionalen Wirtschaftswachstums gilt die Exportnachfrage. Wachstumsimpulse, die durch die intraregionale Nachfrage entstehen (lokale Investitionen, Veränderungen der Konsumfunktion, staatliche Ausgabentätigkeit, Mobilisierung zusätzlicher lokaler Nachfrage durch technischen Fortschritt), bleiben unbeachtet. Die Aussagekraft der Exportbasis-Modelle reduziert sich daher auf Regionen mit nicht ausgelasteten Produktionskapazitäten bzw. rasch mobilisierbaren Pro-

duktionsreserven und geringen Wachstumsimpulsen durch intraregionale Nachfrage.

2. Auch der kreislauftheoretische Ansatz der Exportbasis-Theorie weist infolge unzureichender Beachtung intersektoraler und interregionaler Verflechtungen Schwächen auf. Wird das regionale Wirtschaftswachstum von der externen und internen Nachfrage beeinflußt, ist nicht von einer einseitigen funktionalen Abhängigkeit des „nonbasic" Sektors vom „basic" Sektor auszugehen, sondern von einem wechselseitigen Abhängigkeitsverhältnis. Die Entwicklung des Exportsektors hängt nicht zuletzt von einem leistungsfähigen lokalen Sektor ab (z. B. Zuliefer- und Dienstleistungsbetriebe). Selbst die Exportnachfrage wird nicht modellintern erklärt, sondern als exogen bestimmt angesehen. Es sind aber gerade die internen Wachstumsfaktoren in den anderen Teilgebieten, die die regionale Exportbasis entscheidend beeinflussen. Schließlich weist *H. Siebert* (1970 b, S. 136 ff.) darauf hin, daß der Wachstumseffekt von Güterexporten von der Entwicklung der *terms of trade* abhängt (vgl. Kapitel 2.2.3). Die Annahme konstanter interregionaler *terms of trade* in den Exportbasis-Modellen ist wenig realitätsbezogen. Die Aussagekraft der Exportbasis-Theorie engt sich auf Wachstumsvorgänge einer einzigen Region ein; die regionalwissenschaftlich interessante Frage der Entwicklung eines Systems von Regionen liegt außerhalb des Erklärungsansatzes.

3. Der praktischen Anwendbarkeit der Exportbasis-Modelle in der empirischen Regionalforschung und Regionalplanung sind enge Grenzen gesetzt. Eine exakte Trennung in „basic" und „nonbasic" Einkommen ist in aller Regel nicht möglich, zumal in der amtlichen Wirtschaftsstatistik eine Klassifikation nach Branchen üblich ist. Aufgrund fehlender Einkommensstatistiken, vor allem für kleinere Gebietseinheiten, werden in empirischen Untersuchungen Beschäftigtendaten als Maßstab für die Wirtschaft verwandt; sektorale und regionale Produktivitätsunterschiede bleiben dabei unberücksichtigt. Der Einsatz der Exportbasis-Theorie zur Prognose der Wirtschafts- und Bevölkerungsentwicklung ist limitiert. Die Relationen zwischen „basic" Aktivitäten, „nonbasic" Aktivitäten und Gesamtbevölkerung sind nicht konstant,

sondern verändern sich im Laufe des Entwicklungsprozesses einer Volkswirtschaft. *K. Rittenbruch* (1969, S. 48 ff.) weist nach, daß auch eine Variation der Regionsgröße die Relationen verändert; durch sukzessive Erweiterung der Regionsgrenzen werden „basic" Aktivitäten zu „nonbasic" Aktivitäten.

Trotz dieser fundamentalen Mängel besitzt die Exportbasis-Theorie einen partiellen Erklärungswert für das Wirtschaftswachstum einzelner, relativ kleiner Regionen und kann als Entscheidungshilfe für die staatliche Regionalpolitik dienen (*H. Kistenmacher* 1970, Sp. 156).

2.3.4 Theorien der endogenen Entwicklung

Während die Exportbasis-Theorie die außerregionale Nachfrageexpansion als entscheidende Determinante für das regionale Wirtschaftswachstum betont, sehen neuere Theorieansätze in der Aktivierung intraregionaler Potentiale die Grundlage für die sozioökonomische Entwicklung einer Region. Bislang ist es nicht gelungen, eine umfassende *Theorie der endogenen Entwicklung* zu erstellen. Es liegt allerdings eine Reihe von Partialansätzen vor, die sich mit theoretischen und strategischen Fragen endogener Entwicklung in Ländern unterschiedlichen Entwicklungsstandes befassen. Einen Überblick über den Stand der Diskussion im deutschsprachigen Raum vermitteln die Arbeiten von *U. Hahne* (1984, 1985).

Die Grundhypothese endogener Entwicklungstheorien und daraus abgeleiteter Handlungskonzepte besagt, daß die sozioökonomische Entwicklung einer Region von Ausmaß und Nutzung der intraregional vorhandenen Potentiale abhängt. Die Überwindung der Unterentwicklung einer Region und der interregionale Disparitätenabbau sind primär nicht über exogene Wachtsumsimpulse, sondern durch Aktivierung des endogenen Entwicklungspotentials anzustreben. *U. Hahne* (1985, S. 52) definiert das *endogene* (*regionale*) *Entwicklungspotential* als die Gesamtheit der Entwicklungsmöglichkeiten einer Region im zeitlich und räumlich abgegrenzten Wirkungsbereich. Es gibt demnach die Obergrenze der möglichen wirtschaftlichen, sozialen und ökologischen Aktivitäten in einer Region an.

Noch nicht geklärt ist, wie sich das regionale Entwicklungspotential operational bestimmen läßt. Die vorliegenden Beiträge setzen einmal beim potentiellen erreichbaren Outputniveau einer Region an, zum anderen bei dem in einer Region vorhandenen Potential an Inputfaktoren. Die Bestimmung des regionalen Entwicklungspotentials als *Outputgröße* geht auf *H. Giersch* (1963, S. 393 ff.) zurück. Er bezeichnet das regionale Entwicklungspotential in Analogie zur einzelwirtschaftlichen Investitionstheorie als jene maximale zusätzliche Nettoausbringung, die in einer Region mit Hilfe von öffentlichen und privaten kapazitätserweiternden Investitionen erzeugt werden könnte, ohne daß die Grenzproduktivität des eingesetzten Kapitals dadurch unter das herrschende Zinsniveau sinkt. Ebenfalls als Outputgröße definieren *D. Biehl* und Mitarbeiter (1975, S. 22) das regionale Entwicklungspotential als dasjenige potentielle Pro-Kopf-Regionalprodukt, das bei optimaler Auslastung aller einer Region zur Verfügung stehenden Ressourcen erzielt werden kann. Autoren, die das regionale Entwicklungspotential von der *Inputseite* her bestimmen, versuchen die einzelnen in einer Region vorhandenen Potentialfaktoren zu identifizieren sowie qualitativ und quantitativ zu erfassen. Das regionale Potential wird in Teilpotentiale zerlegt und in Potentialfaktorenkatalogen aufgelistet. Der von *U. Hahne* (1985, S. 60) vorgeschlagene Katalog enthält nachfolgende Teilpotentiale: Kapital-, Arbeitskräfte-, Infrastruktur-, Flächen-, Umwelt-, Markt-, Entscheidungs- sowie soziokulturelles Potential.

Die Diskussion um Theorien und Strategien endogener Entwicklung konzentriert sich auf drei Themenkomplexe. Die Aktivierung intraregionaler Potentiale soll angestrebt werden durch:

1. *Überwindung von bestehenden Engpässen* der endogenen Entwicklung. Die Potentialfaktoren einer Region sind in aller Regel unterschiedlich knapp. Der ausgelastete Faktor limitiert das regionale Produktionsvolumen. Die Identifizierung dieses Engpaßfaktors ist Voraussetzung, um Investitionen zur Verringerung der endogenen Faktorbegrenzung durchführen zu können. Diese Investitionen bewirken eine effizientere Allokation der Produktivkräfte und lassen eine Ausweitung der regionalen Produktion

und damit auch eine verstärkte Nutzung bislang nicht ausgelasteter Potentialfaktoren erwarten.

2. *Nutzung regionsspezifischer Fähigkeiten und Begabungen.* Die Grundüberlegung hierbei ist, daß sich die Teilpotentiale einer Region hinsichtlich ihrer Quantität und Qualität unterscheiden. Es gilt zunächst jene Fähigkeiten und Begabungen zu ermitteln, bei denen absolute oder relative Standortvorteile gegenüber anderen Regionen bestehen. In Anlehnung an das Theorem der komparativen Kostenvorteile (vgl. Kapitel 2.2.3) wird eine Spezialisierung entsprechend dieser Ausstattungsvorteile empfohlen. Aufgabe einer endogenen Raumentwicklungspolitik wäre es, diese regionsspezifischen Stärken zu fördern.
3. *Initiierung von intraregionalen Kreisläufen*. Als wichtigstes Element endogener Entwicklung ist die intraregionale Verflechtung der Teilpotentiale anzusehen. Um eine breitgefächerte Nutzung der regional vorhandenen Fähigkeiten und Begabungen zu erreichen, ist eine kleinräumige Vernetzung der ökonomischen, soziokulturellen und ökologischen Aktivitäten notwendig. Ziel ist eine von den Bewohnern der Region gesteuerte intraregionale Integration von Produktion und Konsumtion.

Die bisher erstellten Beiträge zur endogenen Entwicklung verstehen sich entweder als Alternative oder als Ergänzung zu den vorherrschenden theoretischen und regionalpolitischen Lehrmeinungen. Als *alternativer Ansatz* wird den auf neoklassischen, postkeynesianischen oder polarisationstheoretischen Argumenten fußenden Handlungskonzepten einer zentrengesteuerten Entwicklung „von oben“ und durch Integration eine dependenztheoretisch begründete basisgesteuerte Entwicklung „von unten“ und durch Abkopplung gegenübergestellt. Diese in der Entwicklungsländerforschung kontrovers diskutierten Strategiealternativen behandelt Band Wirtschaftsgeographie 3 (Kapitel 4.1.4) eingehender.

Angewandt auf hochindustrialisierte Volkswirtschaften, die durch eine bereits intensive interregionale Verflechtung der Wirtschaft gekennzeichnet sind (vgl. *K. Pesche*l 1984), leisten endogene Entwicklungskonzepte in aller Regel einen k*omplementären Beitrag* zu den traditionellen theoretischen und regionalpolitischen Ansätzen. Die einseitige Betonung interregionaler Interaktionen in den regionalen

Wachtums- und Entwicklungstheorien, die Ernüchterung über die Erfolge einer auf außerregionale Wachstumsimpulse und Steuerung abgestellten Regionalpolitik sowie die sich verringernden Spielräume für interregionale Ressourcentransfers führten zur Erkenntnis, daß zur Bewältigung der Entwicklungsprobleme vor allem agrarisch strukturierter Peripheriegebiete oder Altindustriegebiete neben der Übertragung exogener Wachstumsimpulse entsprechend der Exportbasis-Theorie die Aktivierung intraregionaler Potentiale notwendig ist.

Die Theorie der endogenen Entwicklung ist nicht zu verwechseln mit der „neuen" Wachstumstheorie, die in der Literatur auch als endogene Wachstumstheorie bezeichnet wird (vgl. Kapitel 2.4.1 sowie *M. Frenkel, H.-R. Hemmer* 1999; *R. Martin, P. Sunley* 1998).

2.3.5 Polarisationstheorien

Eine geschlossene Theorie der sektoral und regional polarisierten Entwicklung ist bislang nicht erstellt worden. Es besteht jedoch eine Vielzahl von induktiv gewonnenen Polarisationshypothesen, die zunächst als Reaktion und Kritik zu den deduktiv abgeleiteten Gleichgewichtstheorien (Standortstrukturtheorien, regionale Wachstumstheorien der Neoklassik oder vom Harrod-Domar-Typ) aufgestellt wurden.[1] Im Gegensatz zu den restriktiven Annahmen der Gleichgewichtstheorien betonen einzelne polarisationstheoretische Ansätze:

- interregionale Unterschiede der internen Wachstumsdeterminanten, z. B. Unterschiede in der qualitativen und quantitativen Ausstattung mit Produktionsfaktoren, in der Sektoral- und Regionalstruktur, der Investitions- und Konsumfunktionen
- partielle Immobilität der Wachstumsdeterminanten
- interregionale Abhängigkeit regionaler Wachstumsprozesse, z. B. Abhängigkeit der Peripherie von den Zentren aufgrund bestehen-

---

[1] Eine umfassende Zusammenstellung und kritische Würdigung polarisationstheoretischer Ansätze findet sich bei: I. *Schilling-Kaletsch* (1976); *F. Buttler* (1973, S. 1-99).

der interregionaler Interaktionen (Faktormobilität, Güter- und Dienstleistungsaustausch)
- oligopolistische und monopolistische Marktstrukturen.

Nicht zuletzt aufgrund der unterschiedlichen Modellannahmen kommen die deduktiven Gleichgewichtsmodelle zu dem Ergebnis, daß jede Störung eines in der Ausgangssituation bestehenden Gleichgewichts als Reaktion Gegenkräfte hervorruft, die in Richtung auf ein erneutes Gleichgewicht des Systems tendieren. Die Anhänger der Polarisationsmodelle erwarten hingegen, daß aufgetretene Ungleichgewichte einen zirkulär verursachten kumulativen Entwicklungsprozeß in Gang setzen, der zu einer Verstärkung der Ungleichgewichte, d. h. zu einer sektoralen und/oder regionalen Polarisation führt.

2.3.5.1 Grundzüge der sektoralen Polarisation

Das sektorale Polarisationsargument hat seinen Ursprung bei *Joseph Schumpeter* (*J. Schumpeter* 1911), wurde von *François Perroux*[1] Anfang der fünfziger Jahre wieder aufgegriffen und mit Hilfe des Konzepts des Wachstumspols weiterentwickelt. Die Kernaussage der sektoralen Polarisationstheorie lautet, daß wirtschaftliches Wachstum sektoral ungleichgewichtig verläuft. Nach *J. Schumpeter* setzen Innovationen – z. B. die Produktion neuer Güter, der Einsatz neuer Produktionsmethoden, organisatorische Neuerungen – eine Entwicklung der Wirtschaft in „Wellenform" in Gang. Die Innovationen sind begleitet von Nettoinvestitionen und der Bildung neuer führender Branchen. Diese werden von *F. Perroux* (1964, S. 238) als motorische Einheiten (unité motrice) bezeichnet und entsprechen *sektoralen Wachstumspolen*. Bei den motorischen Einheiten kann es sich um ein Unternehmen, eine nichtinstitutionalisierte Gruppe von Unternehmen oder eine institutionalisierte Gruppe von Unternehmen handeln. Vor allem Unternehmen des sekundären Sektors werden als Träger des wirtschaftlichen Wachstums und der Entwicklung angesehen. Die motorischen Einheiten im Sinne von *F. Perroux* sind

[1] Die wichtigsten in den fünfziger und Anfang der sechziger Jahre von *F. Perroux* erstellten Arbeiten sind zusammengefaßt in: *F. Perroux* (1964).

Mittelpunkt eines Kräftefeldes, d. h. Pol eines funktionalen Bezugssystems, und lassen sich durch folgende typische Eigenschaften kennzeichnen. Wesentliche Kriterien sind eine – gemessen am Bruttoproduktionswert oder am Marktanteil – quantitativ bedeutende Größe sowie eine überdurchschnittliche Wachstumsrate. Von strategischer Bedeutung ist ein hoher Grad an Verflechtung mit anderen Wirtschaftsbereichen; dieser läßt sich aus der Summe der Vorwärts- und Rückwärtskopplungseffekte bestimmen. Aufgrund der Struktur der Verflechtungsbeziehungen, der durch die Größe bedingten Verhandlungsmacht und der oligopolistischen bzw. monopolistischen Marktstellung besteht ein hoher Grad an Domination über andere Unternehmen (vgl. *N. M. Hansen* 1967, S. 717; *D. F. Darwent* 1969, S. 6; *F. Buttler* 1973, S. 63 f.; *I. Schilling-Kaletsch* 1976, S. 12 ff.; *U. Jeck* 1968). Für motorische Einheiten, die obige Kriterien erfüllen, wird eine – von internen und externen Ersparnissen begleitete – Erweiterung des Produktionsvolumens erwartet und damit eine Verstärkung des sektoralen Polarisationsprozesses. Gleichzeitig üben die dominierenden motorischen Einheiten auf die abhängigen Wirtschaftsbereiche Anstoßeffekte (effets d'entraînement) bzw. Bremseffekte (effets de stoppage) aus, die deren wirtschaftliches Wachstum positiv oder negativ beeinflussen (*F. Perroux* 1964, S. 219).

Als *Kritik* am Wachstumspolkonzept von *F. Perroux* wird folgendes angeführt: die vereinfachende Erklärung des sektoral differenzierten Wirtschaftswachstums, die zum Teil widersprüchlichen und irreführenden Begriffsdefinitionen und der Mangel an konkreten Aussagen über die Stärke der Anstoß- und Bremseffekte. Andererseits besitzen die Arbeiten von *F. Perroux* einen hohen innovatorischen Wert. Ihnen kommt die Funktion einer Initialzündung zu für weiterführende empirische, theoretische und planungsbezogene Forschungen. Die sektoralen Polarisationshypothesen haben vor allem französische und belgische Wirtschaftswissenschaftler empirisch überprüft. Dabei wurde die Betrachtung auf mittels Input-Output-Tabellen des Leontief-Typs erfaßte Verflechtungsbeziehungen eingeengt (vgl. *H. Aujac* 1960, S. 169-238). Von größerer Relevanz für die Geographie sind die in Kapitel 2.3.7 behandelten Versuche, die sektoralen Pole um die räumliche Dimension zu erweitern.

F. Perroux' Konzept der Wachstumspole stellt keine Lokalisationstheorie dar. Es werden weder konkrete Aussagen gemacht über den Standort einer motorischen Einheit, über die Lage der Wachstumspole im regionalen System noch über die räumliche Ausbreitung der Anstoß- und Bremseffekte. Nur bei Berücksichtigung auch der räumlichen Polarisationswirkungen kann das Wachstumspolkonzept zu einer möglichen Strategie der Raumwirtschaftspolitik weiterentwickelt werden (vgl. *P. Klemmer* 1972, S. 102-107; *M. E. Streit* 1971, S. 221-234; *H. Körner* 1967, S. 684-708 sowie Band Wirtschaftsgeographie 3, Kapitel 4.1.4).

2.3.5.2 Grundzüge der regionalen Polarisation

Gunnar Myrdal (1957) ist ein leidenschaftlicher Kritiker der deduktiv abgeleiteten Gleichgewichtstheorien, die er im Widerspruch zur Realität sieht.[1] Der Hypothese vom stabilen (statischen bzw. dynamischen) Gleichgewicht setzt er die Hypothese der *zirkulären Verursachung eines kumulativen sozioökonomischen Prozesses* zur Erklärung wirtschaftlicher Unterentwicklung und Entwicklung entgegen. Unter marktwirtschaftlichen Bedingungen, d. h. im freien Spiel der Kräfte, sind die Variablen eines Systems in zirkulärer Verursachung so miteinander verbunden, daß die Veränderung einer Variablen die Veränderung einer anderen Variablen in gleicher Richtung bewirkt, diese wiederum aufgrund einer Rückkoppelung die Intensität der ersten Veränderung verstärkt und im Zeitablauf einen kumulativen Prozeß in Gang setzt. Ausgelöst wird dieser kumulative Prozeß durch jede Veränderung interdependenter ökonomischer Faktoren, wie Nachfrage, Einkommen, Investitionen, Produktion, sofern diese von ausreichender Intensität und zeitlicher Kontinuität sind. Eine positive Veränderung bewirkt einen kumulativen Wachstumsprozeß, eine negative Veränderung einen kumulativen Schrumpfungsprozeß. Dieser Zusammenhang wird von *G. Myrdal* (1974, S. 35 f.) mittels eines einfachen Modells zirkulärer Verursachung mit kumulativen Effekten verdeutlicht.

[1] Zur Darstellung und Kritik der Thesen *Myrdals* siehe auch: *F. Buttler* (1973, S. 11-57); *K. D. Klages* (1975, S. 61-71).

In einer Gemeinde brennt eine Fabrik ab, die einen größeren Teil der Erwerbstätigen beschäftigte. Aus hier nicht zu diskutierenden Gründen wird die Fabrik nicht mehr am ursprünglichen Standort, sondern in einer anderen Gemeinde neu errichtet. Dieses Zufallsereignis ist der auslösende Faktor für nachfolgende Prozesse. Der unmittelbare Effekt der primären Veränderung ist, daß die Beschäftigten der Fabrik arbeitslos werden und ihre Einkommensverminderung zu einer reduzierten Nachfrage nach Gütern und Diensten führt. Gleichzeitig entfällt die Nachfrage der Fabrik nach lokalen Inputgütern und Dienstleistungen. Die bislang die Fabrik und ihre Beschäftigten versorgenden Wirtschaftsbereiche der Gemeinde erleiden Einkommenseinbußen und müssen ebenfalls Arbeitskräfte entlassen und ihre Inputeinheiten verringern. Die Folge ist die Abwanderung eines Teils der Erwerbslosen; einige nicht mehr voll ausgelastete Zuliefer- und Dienstleistungsbetriebe müssen die Produktion einstellen oder ebenfalls abwandern. Ein Mechanismus der zirkulären Verursachung mit kumulativen Folgen ist in Gang gesetzt. Beispielsweise führt das sinkende Einkommen zu einem Rückgang der Steuereinnahmen der Gemeinde. Um die öffentlichen Aufgaben erfüllen zu können, erhöht die Gemeindeverwaltung die Steuersätze. Die Steuererhöhung veranlaßt einige Betriebe, ihren Standort in eine Gemeinde mit geringerer Steuerbelastung zu verlegen. Weitere Arbeitskräfte werden arbeitslos oder wandern ab. Das Einkommen, die Nachfrage und das Steueraufkommen sinken weiter. Auch neue Betriebe siedeln sich kaum in der Gemeinde an. Da die Abwanderung in aller Regel selektiv erfolgt, d. h. die jungen, leistungsfähigen und aktiven Kräfte zuerst abwandern, fehlt es an qualifizierten Arbeitskräften. Da auch ein Teil der Betriebe seinen Standort verlagert bzw. die Produktion eingestellt hat, fehlt es an Zuliefer- und Dienstleistungsbetrieben, und da das Steueraufkommen gesunken ist, fehlt es an öffentlichen Investitionsmitteln zur Wirtschaftsförderung. Zusammengefaßt verschlechtert sich die Attraktivität der Gemeinde in zunehmendem Maße. In einer Gemeinde mit einer positiven primären Veränderung, etwa durch die Ansiedlung eines neuen Industriebetriebes ausreichender Größe, läuft ein umgekehrter kumulativer Prozeß ab.

Die Polarisationshypothese von *G. Myrdal* hat einen eindeutigen räumlichen Bezug. Der zirkulär verursachte kumulative Prozeß bewirkt sowohl innerhalb eines Landes als auch im internationalen Maßstab als sichtbares Ergebnis eine räumliche Differenzierung in Wachstumszentren und in Regionen, die in ihrer Entwicklung zurückbleiben. Das Ausmaß der interregionalen und internationalen Ungleichgewichte wie Disparitäten im Pro-Kopf-Einkommen, hängt ab von der Art und Intensität der durch das wirtschaftliche Wachstum der Zentren ausgelösten zentripetalen *Entzugseffekte* (backwash effects) und der zentrifugalen *Ausbreitungseffekte* (spread effects) (*G. Myrdal* 1974, S. 38 ff.). Die Medien, durch die diese Effekte wirksam werden, sind mobile Produktionsfaktoren (Arbeitskräfte, Kapital, technischer Fortschritt) und der Handel als alternative Form der interregionalen Interaktionen. Entzugseffekte sind alle negativen Veränderungen, welche die wirtschaftliche Expansion eines Zentrums in anderen Regionen hervorruft. Die Zentren absorbieren mobile Produktionsfaktoren aus peripheren Gebieten. Bessere Arbeits- und Lebensbedingungen initiieren eine selektive Wanderung von Arbeitskräften. Günstigere Investitionsmöglichkeiten und die höhere Kapitalrendite bewirken einen Transfer privater Ersparnisse. Die Folge ist eine Erhöhung des Produktionspotentials in den Zentren bei dessen gleichzeitiger Reduzierung in den rückständigen Regionen. Im Bereich des interregionalen Handels geben interne und externe Ersparnisse den Industriebetrieben der Zentren einen Wettbewerbsvorsprung. Die Peripherie wird mit Industrieerzeugnissen überflutet, die das ortsansässige produzierende Handwerk und die verarbeitende Industrie zurückdrängen und die Gründung neuer Industriebetriebe erschweren.

Ausbreitungseffekte sind alle positiven Veränderungen, welche durch die wirtschaftliche Expansion im Zentrum in anderen Regionen hervorgerufen werden. Beispiele hierfür sind die Ausbreitung technischen Wissens und städtischer Verhaltensweisen oder die außerhalb der Zentren befriedigte Nachfrage nach Gütern (vorrangig Agrarprodukte und bergbauliche Rohstoffe) sowie Dienstleistungen (z. B. auf dem Gebiet des Naherholungs- und Fremdenverkehrs). Diese Effekte lösen in den zurückgebliebenen Regionen Entwicklungsimpulse aus, ohne jedoch zwangsläufig das Wachstum der Zentren zu beeinträchtigen.

G. Myrdal erwartet, daß in aller Regel die Entzugseffekte die Ausbreitungseffekte in ihrer Wirkung übertreffen. Außerdem nimmt er an, daß mit steigendem Entwicklungsstand – aufgrund des verbesserten Kommunikationswesens und des höheren Bildungsniveaus – die zentrifugalen Effekte des wirtschaftlichen Wachstums verstärkt bzw. die Widerstände gegen ihre Ausbreitung verringert werden. Je stärker die Ausbreitungseffekte wirken, desto schneller wächst die Wirtschaft eines Landes insgesamt, da ein größerer Teil des nationalen Wachstumspotentials ausgelastet wird. Diese Ergebnisse faßt *G. Myrdal* in zwei Gesetzen der wirtschaftlichen Unterentwicklung und Entwicklung zusammen. Sie besagen, daß erstens „dem freien Spiel der Kräfte eine Tendenz in Richtung auf regionale Ungleichheiten inhärent ist" und zweitens „diese Tendenz stärker wird, je ärmer ein Land ist" (*G. Myrdal* 1974, S. 44). Die Gesetze beanspruchen nur unter der Annahme der Nichtintervention des Staates in die sozioökonomische Entwicklung Gültigkeit. Möglichkeiten der Reduzierung regionaler Einkommensdisparitäten vornehmlich in Entwicklungsländern und zwischen Industrieländern und Entwicklungsländern sieht *G. Myrdal* in Eingriffen des Staates in den Marktmechanismus, wobei er auf den Einsatz des Instrumentariums der Wirtschaftsplanung verweist.

Albert O. Hirschman vertritt sektorale und regionale Polarisationshypothesen, die in vielen Punkten Parallelen zur Argumentation von *F. Perroux* und *G. Myrdal* aufweisen. Wirtschaftliches Wachstum wird bei *A. O. Hirschman* als Kette von sektoralen Ungleichgewichten definiert, wobei von den führenden Branchen (leading sectors) Wachstumsimpulse auf andere Wirtschaftsbereiche übertragen werden (*A. O. Hirschman* 1958, S. 62 ff.). Die Übertragung der Wachstumsimpulse erfolgt, wie in Kapitel 2.3.2 behandelt, durch Vorwärts- und Rückwärtskopplungseffekte. Eine unvermeidbare Begleiterscheinung und Bedingung des Wachstums der Wirtschaft ist, daß es international und interregional ungleichgewichtig verläuft (*A. O. Hirschman* 1958, S. 183 ff.) Zur Erklärung des räumlichen Differenzierungsprozesses bedient sich *A. O. Hirschman* eines Zwei-Regionen-Modells. Von einer wachsenden Nordregion werden auf eine in der Entwicklung zurückgebliebene Südregion positive Sickereffekte (trickling down effects) und negative *Polarisations-*

effekte (polarization effects) übertragen. Dieses Begriffspaar entspricht im Inhalt den Ausbreitungs- und Entzugseffekten von *G. Myrdal.* In einer ersten Entwicklungsphase sind die Polarisationseffekte stärker als die Sickereffekte. Die Unternehmer in der wachsenden Nordregion realisieren interne und externe Ersparnisse – deren positive Wirkungen von den Entscheidungsträgern zudem überbewertet werden – und konzentrieren ihre Nettoinvestitionen auf den Norden. Die Folge ist eine Verschärfung der räumlichen Ungleichgewichte. Aufgrund der Konzentration ökonomischer Aktivitäten erwartet *A. O. Hirschman*, daß ökonomische – in Form von Agglomerationsnachteilen – und politische Gegenkräfte auftreten, die in Richtung auf einen Abbau interregionaler und internationaler Einkommensunterschiede zielen. Im Laufe des langfristigen Entwicklungsprozesses verstärken sich die positiven Sickereffekte kontinuierlich, übertreffen die Polarisationseffekte und führen wieder zu einem räumlichen Gleichgewicht.

Es ist das Verdienst von *G. Myrdal* und *A. O. Hirschman*, die wachstumstheoretische Diskussion auf das Problem räumlicher Ungleichgewichte gelenkt zu haben. Beide Autoren können als Begründer der regionalen Polarisationstheorie angesehen werden. Allerdings weist ihr Erklärungsansatz der interregionalen und internationalen Disparitäten Schwächen auf. Als *Kritik* ist insbesondere anzuführen, daß die Entstehung kumulativer Prozesse nicht modellintern, sondern über externe Faktoren erklärt wird; daß die räumliche Verteilung der Wachstums- und Rückstandsregionen als weitgehend historisch zufällig angesehen wird und daß die Ausführungen über die Stärke der zentrifugalen und zentripetalen Kräfte keine abschließenden Aussagen über deren Auswirkungen auf den räumlichen Differenzierungsprozeß zulassen. Obwohl die theoretische Ausgangsbasis und die räumlichen Interaktionsmechanismen in beiden Ansätzen vergleichbar sind, erwartet *G. Myrdal* eine andauernde Divergenz des regionalen Pro-Kopf-Einkommens, zumal er die Möglichkeit der staatlichen Beeinflussung kumulativer Prozesse eher skeptisch beurteilt. *A. O. Hirschman* hingegen kommt zu dem Ergebnis, daß nach einer Phase ungleichgewichtiger Entwicklung „counter-balancing-forces“ einen Abbau der interregionalen Einkommensunterschiede bewirken (vgl. *D. E. Keeble*

1967, S. 263). Abschließend ist darauf hinzuweisen, daß die fehlende Formalisierung der Polarisationshypothesen von *G. Myrdal* und *A. O. Hirschman* ihre empirische Überprüfung zunächst erschwerte.

Nicholas Kaldor (1970, S. 337-348) entwickelt explizit ein Modell, das den Mechanismus erklärt, wie regionsinterne Prozesse zu einem kumulativen Wirtschaftswachstum führen können. Die wichtigsten Ergebnisse faßt *H. W. Richardson* (1973, S. 29-34) in nachfolgenden Gleichungen zusammen:

$$p_i = f_i^1 (y_i), \text{ wobei } f_i^1 \text{ zunimmt und } > 0 \text{ ist} \qquad (1)$$

$$\frac{W_i}{P_i} = f_i^2 (p_i), \text{ wobei } f_i^2 \text{ abnimmt und } < 0 \text{ ist} \qquad (2)$$

$$y_i = f_i^3 \left(\frac{W_i}{P_i}\right), \text{ wobei } f_i^3 \text{ abnimmt und } < 0 \text{ ist} \qquad (3)$$

$$W_i = \overline{W} \qquad (4)$$

dabei sind:

p = Wachstumsrate der Produktivität
y = Wachstumsrate der Produktion (Output)
P = Produktivitätsindex
W_i = Lohnsatzindex (money wage index) der Region i
$\overline{W}$ = nationaler Lohnsatzindex

Die dem Modell zugrunde liegenden, empirisch überprüfbaren Hypothesen lauten:

1. Die Wachstumsrate der Produktivität einer Region i (p_i) ist eine Funktion der Wachstumsrate der Produktion dieser Region (y_i). Nach *N. Kaldor* gilt als auslösender Faktor des regionalen Wirtschaftswachstums ein Anstieg der Exportaktivitäten.[1] Positive Wachstumsraten der Produktion bewirken aufgrund von internen und externen Ersparnissen, die vor allem die verarbeitende Industrie realisiert, einen Produktivitätsanstieg.
2. Die Relation von Lohnsatzindex (W_i) zu Produktivitätsindex (P_i) ist eine Funktion der Wachstumsrate der Produktivität (p_i). $\frac{W_i}{P_i}$ bezeichnet *N. Kaldor* als „efficiency wages". Da P_i von p_i ab-

[1] Was die Initiierung des regionalen Wachstumsprozesse anbetrifft, bestehen Parallelen zur Exportbasis-Theorie (vgl. Kapitel 2.3.3).

hängt, und unter Berücksichtigung der Gleichung (4) $W_i = \overline{W}$, führt der Produktivitätsanstieg der Region i zu einer Verminderung der Relation. $\frac{W_i}{P_i}$ Dadurch erhöht sich die Wettbewerbsfähigkeit der Region i.

3. Die Wachstumsrate der Produktion (y_i) ist eine Funktion der Relation von Lohnsatzindex (W_i) zu Produktivitätsindex (P_i). Je niedriger die „efficiency wages“ sind, desto höher ist die Wachstumsrate der Produktion.
4. Die Lohnsätze und ihre Wachstumsraten sind in allen Regionen in etwa gleich hoch. Dies wird unter anderem durch die Wirkung interregionaler Arbeitsmobilität erklärt.

In Abb. 2.34 wird das Prinzip der zirkulären und kumulativen Verursachung graphisch dargestellt.

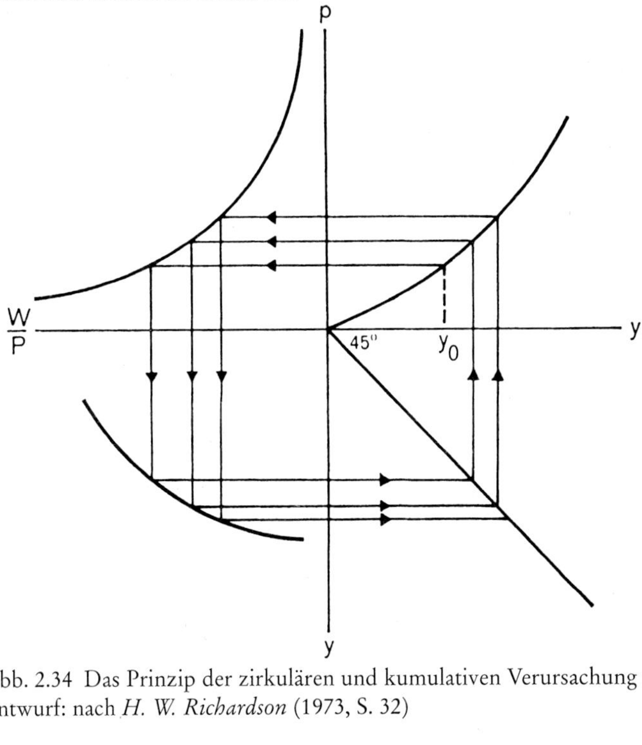

Abb. 2.34 Das Prinzip der zirkulären und kumulativen Verursachung
Entwurf: nach *H. W. Richardson* (1973, S. 32)

Ein Anstieg der Wachstumsrate der Produktion in Region i zum Ausgangszeitpunkt (y_0) verursacht einen Produktivitätsanstieg wodurch sich die Relation $\frac{W_i}{P_i}$ vermindert, und letzteres beschleunigt wiederum die Wachstumsrate der Produktion. Ein Prozeß zirkulärer und kumulativer Verursachung ist in Gang gesetzt.

N. Kaldor (1970, S. 343) kommt zu dem abschließenden Ergebnis, daß relativ rasch wachsende Regionen aufgrund überdurchschnittlichen Produktionsanstiegs und fallender „efficiency wages" einen kumulativen Wettbewerbsvorsprung gegenüber relativ langsam wachsenden Regionen erringen. Das formalisierte Modell zeigt trotz der Einseitigkeit der Erklärung eine charakteristische Argumentationsstruktur der Polarisationstheorie (vgl. *F. Buttler, K. Gerlach* et al. 1977, S. 81). Die Fragen nach den auslösenden Faktoren und der räumlichen Verteilung interregionaler Wachstumsunterschiede bleiben jedoch unbeantwortet. Weiterführende Beiträge zur Erklärung von Polarisationsprozessen mittels formalisierter Modelle leisten die neue Wachstumstheorie und die neue Außenhandelstheorie (vgl. Kapitel 2.4.1). Mit Fragen sektoral-regionaler Polarisation beschäftigen sich auch einige in Kapitel 2.4.3 vorgestellte dynamisch-evolutionäre Ansätze (z. B. das Konzept der Industriedistrikte oder das Konzept der regionalen Kompetenzzentren).

2.3.6 Wirtschaftsstufentheorien

Die Theorie der Wirtschaftsstufen beschreibt die langfristige Entwicklung der Wirtschaft unter Berücksichtigung der Interdependenz ökonomischer, demographischer, sozialer und politischer Einflußgrößen.

Entsprechend dem komplexen Ansatz wurden von verschiedenen Wissenschaftszweigen, vornehmlich von der Nationalökonomie und der Wirtschaftsgeschichte, aber auch von der Wirtschaftsgeographie und der Regionalforschung, Wirtschaftsstufentheorien entwickelt. Die historisch-deskriptiven Betrachtungen verbindet eine einheitliche Grundaussage, nach der sich die Aufeinanderfolge der Wirtschaftsstufen in Richtung auf eine evolutionäre Höherentwicklung vollzieht. Die Gliederung dieses Entwicklungsprozesses in einzelnen Stufen erfolgt durch eine Kombination zeitlicher, sachlicher und räumlicher Kriterien. Aus den im folgenden behandelten Wirtschaftsstufentheorien lassen sich zwei Entwicklungstendenzen erkennen, die einen sich wandelnden Erkenntnisstand der Wissenschaft reflektieren. Erstens die Erkenntnis, daß der Übergang von einer Wirtschaftsstufe zu einer anderen nicht einem „Naturgesetz" folgt, sondern vom Menschen beeinflußt bzw. entscheidend bestimmt wird, und zweitens die Einsicht, daß nicht alle Regionen zwangsläufig den gleichen Entwicklungspfad durchlaufen, sondern hinsichtlich der Abfolge einzelner Entwicklungsstufen die Möglichkeit einer zeitlichen und räumlichen Differenzierung besteht.

Versuche, den Ablauf der wirtschaftlichen Entwicklung in Perioden einzuteilen, reichen bis in die griechische Antike zurück[1]. Als eigentliche Begründer einer Theorie der Wirtschaftsstufen sind die Vertreter der deutschen *historischen Schule der Nationalökonomie* anzusehen[2]. Im Gegensatz zur klassischen Schule der Nationalökonomie, die Entwicklungsgesetze der Volkswirtschaft mittels der deduktiven Methode ermittelt, betont die als Reaktion zur Klassik im neunzehnten Jahrhundert entstandene historische Schule die induktive Arbeitsmethode. Aus der Beobachtung der konkreten Wirklichkeit und dem Vergleich ökonomischer Vorgänge in verschiedenen Ländern und in unterschiedlichen Zeitepochen werden allgemeine Regelmäßigkeiten der Wirtschaftsentwicklung abgeleitet.

Die Vertreter der älteren historischen Schule suchten nach Entwicklungsgesetzen, die eine chronologische Aufeinanderfolge von Wirtschaftsstufen bewirken. *Wilhelm Roscher* (1849) und *Karl Knies* (1853) nahmen ein über den Dingen stehendes Entwicklungsgesetz an, das sich unabhängig vom Einfluß der Menschen vollzieht.

[1] *Thukydides* (etwa 460-396 v. Chr.) unterscheidet Seeräubervölker, Nomadenvölker, Ackerbauvölker, städtische Handelsvölker. *Platon* (427 bis 347 v. Chr.) gliedert nach Männerberufen und betont den Übergang vom Hirten zum Ackerbauern und zum Handwerker. *Aristoteles* (384 bis 322 v. Chr.) verwendet die natürlichen Lebensweisen als Einteilungskriterium; die Stufenfolge lautet: Nomaden, Jäger, Viehzüchter, Ackerbauern.

[2] Eine ausgezeichnete Einführung in die Wirtschaftsstufentheorie der historischen Schule der Nationalökonomie geben: *H. Kellenbenz* (1965, S. 260-269); *B. Knall* (1962, S. 184-258).

W. Roscher erstellte, ausgehend von der Bedeutung einzelner Produktionsfaktoren des Produktionsprozesses, eine Stufenfolge, nach der in der Frühzeit der Faktor Natur (Boden), im Mittelalter der Faktor Arbeit und in der Neuzeit der Faktor Kapital vorherrschen. *K. Knies* unterscheidet bei Verwendung tauschwirtschaftlicher Merkmale eine isolierte oder geschlossene Wirtschaft, die im Dienst der Deckung des Eigenbedarfs steht, und eine Verkehrs- oder Gemeinwirtschaft, die durch Güteraustausch gekennzeichnet ist.

Friedrich List (1841) und *Bruno Hildebrand* (1848 und 1864, S. 1-24) gingen ebenfalls von einem allgemeinen Entwicklungsgesetz aus, sie bezogen jedoch den Einfluß der Entscheidungen des Menschen auf den Entwicklungsprozeß in ihre Betrachtung ein. Nach *F. List* hat die Wirtschaftspolitik die Aufgabe, den Übergang von einer Stufe zur nächsthöheren zu fördern. Bei Verwendung der Güterproduktion als Hauptvergleichsmerkmal durchlaufen die einzelnen Nationen die Stufen wilder Zustand, Hirtenstand, Agrikulturstand, Agrikultur-Manufakturstand, Agrikultur-Manufaktur-Handelsstand. Wegen der bestehenden Unterschiede in der physisch-geographischen Ausstattung der Nationen wählt *B. Hildebrand* nicht die Güterproduktion, sondern die Verteilung und die Formen des Tauschverkehrs als Einteilungskriterien und differenziert in Naturalwirtschaft, Geldwirtschaft und Kreditwirtschaft.

Die Vertreter der jüngeren historischen Schule, deren wichtigste Repräsentanten *Gustav Schmoller* (1884) und *Karl Bücher* (1893) sind, vollzogen eine Wandlung vom chronologischen zum typologischen Stufenbegriff. *G. Schmoller* stimmte zwar der These vom allgemeinen Gesetz des Fortschritts zu, die Wirtschaftsstufen sollten jedoch kein für alle Zeiten und Kulturen gültiges Entwicklungsgesetz ausdrücken. Entsprechend der Bedeutung, die er dem Staat für die Wirtschaftsentwicklung zuerkannte, betonte er die politischen Organisationsformen als Einteilungskriterien und unterschied Dorfwirtschaft, Stadtwirtschaft, Territorialwirtschaft, Volkswirtschaft. *K. Bücher* sah in den Wirtschaftsstufen organische Entwicklungsreihen und historische Typen. Die Entwicklung vollzieht sich von der geschlossenen Hauswirtschaft über die Stadtwirtschaft zur Volkswirtschaft. In einer kritischen Würdigung der Wirtschaftsstufentheorien von *G. Schmoller* und *K. Bücher* stellte *Eugen von Philip-*

povich (1893) die Thesen von zwangsläufigem Fortschritt und Höherentwicklung in Frage und wertet die Wirtschaftsstufen als geeignete Hilfsmittel zur Schematisierung und Typisierung historischer Tatsachen und Zusammenhänge.

Dem organischen Entwicklungsgedanken der historischen Schule der Nationalökonomie stellte *Karl Marx* (1859) die *dialektische Entwicklung* gegenüber. Aus den logischen Gegensätzen bei *Hegel* leitet *K. Marx* den Begriff der Klassengegensätze ab. Aufgrund dieser Klassengegensätze, z. B. zwischen Besitzlosen und Besitzenden, entsteht eine „eherne Notwendigkeit" des Übergangs von einer Wirtschaftsstufe zu einer anderen. Die notwendigen Veränderungen primär der bestehenden Produktionsverhältnisse treten nicht evolutionär, sondern durch bewußte, kollektive Aktionen einer Klasse, d. h. durch Klassenkampf, ein. Im historischen Entwicklungsprozeß erwartet *K. Marx* eine Stufenfolge von dem klassenlosen Gemeineigentum über eine asiatische Produktionsweise (Gegensatz Freier-Sklave), eine antike Produktionsweise (Gegensatz Patrizier-Plebejer), eine feudale Produktionsweise (Gegensatz Baron-Leibeigener), eine moderne-bürgerliche Produktionsweise (Gegensatz Bourgeois-Proletarier) bis zur klassenlosen sozialistischen Produktionsweise.

Mitte des zwanzigsten Jahrhunderts erhielt die wirtschaftliche Diskussion über den Stufenbegriff durch die von *Walt W. Rostow* (1960)[1] entwickelte Wirtschaftsstufentheorie neue Aktualität. *W. W. Rostow* unterteilt den historischen Ablauf des wirtschaftlichen Wachstums einer Nation in fünf *Wachstumsstadien* und geht davon aus, daß alle vergangenen und gegenwärtigen Gesellschaften einem dieser Stadien zugeordnet werden können. Seine Arbeit soll einen Beitrag zur Bildung einer Theorie des wirtschaftlichen Wachstums und einer Theorie der neueren Geschichte leisten. Im folgenden werden die charakteristischen Merkmale der fünf Wachstumsstadien kurz beschrieben.

1. Die traditionelle Gesellschaft. Wegen der in dieser Gesellschaft bestehenden Wirtschaftsstruktur findet wirtschaftliches Wachs-

[1] Eine sorgfältige Beschreibung, Analyse und Kritik der Wirtschaftsstufentheorie *W. W. Rostows* erstellte *Bruno Knall* (1962). Vgl. auch *D. E. Keeble* (1967, S. 249-254).

tum nur in begrenztem Umfang statt. Nicht verfügbare oder nicht genutzte Wissenschaft und Technologie lassen die Produktion pro Kopf über ein bestimmtes Niveau nicht ansteigen. Die traditionelle Gesellschaft ist durch folgende Merkmale gekennzeichnet: Ein hoher Prozentsatz der Erwerbstätigen ist in der Landwirtschaft beschäftigt. Die hierarchische Gesellschaftsstruktur im landwirtschaftlichen System läßt nur wenig Raum für vertikale Mobilität. Die politische Macht liegt in den Händen der Grundbesitzer. Historisch gesehen, reicht das Stadium der traditionellen Gesellschaft weltweit bis zur Zeit *Newtons.*
2. Die Gesellschaft im Übergang. Im zweiten Wachstumsstadium werden die Voraussetzungen für den wirtschaftlichen Aufstieg geschaffen. Langsame, aber doch tiefgreifende Veränderungen im ökonomischen, technischen, sozialen, psychologischen und politischen Bereich charakterisieren diese Entwicklungsphase, wobei die Wandlungen durch endogene Kräfte (Beispiel England) oder durch exogene Kräfte (Beispiel Libyen) ausgelöst werden können. Auf dem ökonomischen Gebiet gilt der Anstieg der Investitionsrate als zentrale Voraussetzung zur Erreichung dieser Stufe. Die tragenden Sektoren des wirtschaftlichen Wachstums sind die Landwirtschaft und der Bergbau sowie Investitionen im Infrastrukturbereich. Der gesellschaftliche Wandel in dieser Anlaufperiode kann sich in langfristigen Zeiträumen bis zu über einem Jahrhundert vollziehen.
3. Der wirtschaftliche Aufstieg. Das Wachstumsstadium des „take-off" stellt den entscheidenden Wendepunkt im Leben einer modernen Gesellschaft dar. Die Volkswirtschaft geht zu einem eigendynamischen Wachstum über. Zur Erreichung dieses selbsttragenden Wachstumsprozesses müssen folgende Bedingungen erfüllt sein: Die Investitionsrate steigt auf mindestens 10 % des Volkseinkommens; diese Erhöhung wird durch Kapitalimporte oder durch Einkommensumverteilung erreicht. Es entwickeln sich ein oder mehrere führende Industriezweige mit hohen Wachstumsraten. Von diesen Leitsektoren gehen Wachstumsimpulse auf andere Wirtschaftsbereiche über; dies ist nur möglich, wenn geeignete politische, soziale und institutionelle Rahmenbedingungen bestehen oder geschaffen werden. Der wirtschaftliche

Aufschwung wird von *W. W. Rostow* als Durchbruchsperiode gesehen, die zwei bis drei Jahrzehnte dauert. Dieses Stadium durchliefen England Ende des 18. Jahrhunderts; Frankreich, Belgien, die Vereinigten Staaten, Deutschland um die Mitte des 19. Jahrhunderts und Japan, Rußland, Kanada um die Wende zum 20. Jahrhundert.

4. Die Entwicklung zur Reife. In diesem vierten Wachstumsstadium nutzt die Gesellschaft mit Hilfe der modernen Wissenschaft und Technologie einen zunehmend größeren Teil ihrer Ressourcen effizient aus. Der technische Fortschritt dehnt sich auf weite Bereiche der Wirtschaft und Gesellschaft aus. 10 % bis 20 % des Volkseinkommens werden ständig investiert. Die Zuwachsrate der Produktion liegt kontinuierlich über der Zuwachsrate der Bevölkerung; d. h. das Pro-Kopf-Einkommen steigt. Als Hauptantriebskräfte des Wachstums werden die Leitindustrien der Periode des wirtschaftlichen Aufstiegs (Kohlebergbau, Eisen- und Stahlindustrie) durch neue Wachstumsbranchen (Maschinenindustrie, Elektroindustrie, Chemische Industrie) abgelöst. Im Stadium der Reife zeichnen sich Wandlungstendenzen ab, die den Übergang zur nächsten Stufe bewirken. Hierzu zählen Änderungen in der Beschäftigungsstruktur (z. B. in der Qualifikation und Entlohnung der Arbeitskräfte), Änderungen in der Art der Unternehmensführung (z. B. der Übergang vom Eigentümer-Unternehmer zum Manager und Technokraten) sowie eine zunehmend kritische Einstellung der Menschen zum wirtschaftlichen Wachstum. Nach *W. W. Rostow* wird das Reifestadium etwa sechzig Jahre nach dem Beginn der wirtschaftlichen Aufstiegsperiode erreicht.
5. Zeitalter des Massenkonsums. Im fünften Wachstumsstadium hört die Gesellschaft auf, eine weitere Ausdehnung moderner Technologie und ein weiteres Ansteigen des Pro-Kopf-Einkommens als überragendes Ziel anzuerkennen. Im Zeitalter des Massenkonsums – und nach *W. W. Rostow* nur hier – ist ein Entwicklungsniveau erreicht, das der Gesellschaft die Möglichkeit läßt, unterschiedliche Wahlentscheidungen zu treffen. Eine reife Nation kann nach äußerer Macht und nach Einfluß streben, sich in einen Wohlfahrtsstaat verwandeln oder als dritte Alternative den Konsum von existenznotwendigen Gütern (Grundnahrungsmittel, Wohnung, Kleidung)

in Richtung auf den Massenkonsum hochwertiger Verbrauchsgüter und Dienstleistungen (Personenwagen, Fernsehgeräte, Ferienreisen) ausdehnen. Die Ära des Massenkonsums haben die Vereinigten Staaten, Westeuropa und Japan erreicht.

Präzise Aussagen über die Periode nach dem Massenkonsumzeitalter hat *W. W. Rostow* nicht gemacht.

Nach den Vorstellungen *W. W. Rostows* durchlaufen die Nationen einen Einkommenspfad in Form einer S-Kurve (vgl. Abb. 2.35). Das wirtschaftliche Wachstum beginnt langsam, beschleunigt sich allmählich, wächst überproportional und verlangsamt sich wieder, bis es bei einer bestimmten Einkommenshöhe asymptotisch verläuft. *Ch. P. Kindleberger* (1965, S. 56) weist auf die Möglichkeit hin, daß ein neuer Stimulus das Abflachen der Kurve zeitlich verzögern kann und die Einkommensgrenze auf ein höheres Niveau verschiebt.

Eine interessante Variante zur Theorie der Wirtschaftsstufen, die in der Raumwirtschaftslehre eine gewisse Bedeutung erlangte, stellt die *Sektor-Theorie* dar. Die Haupthypothese der Sektor-Theorie, deren bekannteste Repräsentanten *Colin Clark* (1940), *Edgar M. Hoover* (1948) und *Jean Fourastié* (1954) sind, besagt, daß wirtschaftliches Wachstum zwangsläufig begleitet wird von einer Verlagerung des Schwergewichts der Wirtschaftstätigkeit vom primären über den sekundären zum tertiären Sektor. Die Geschwindigkeit der Strukturverschiebungen in der Produktion und Beschäftigung wird als wesentliche Determinante des Anstiegs des Volkseinkommens angesehen. Der Strukturwandel wird durch Veränderungen der Einkommenselastizität der Nachfrage und auf der Angebotsseite durch Unterschiede in den sektoralen Zuwachsraten der Produktivität erklärt. Die Argumentation lautet, daß die Einkommenselastizität der Nachfrage nach Industriegütern und Dienstleistungen höher ist als nach Agrarprodukten. Eine Zunahme des Einkommens führt folglich zu einer Verschiebung der Nachfrage von Gütern des primären Bereichs zu Industriegütern und schließlich zu Dienstleistungen. Des weiteren wird die Ansicht vertreten, daß der sekundäre und tertiäre Sektor höhere Produktivitätszuwächse als die Landwirtschaft aufweisen, was einen Transfer der Ressourcen (Arbeit, Kapital) in die Bereiche höherer Produktivität und damit eine Verschiebung in der Wirtschaftstätigkeit bewirkt.

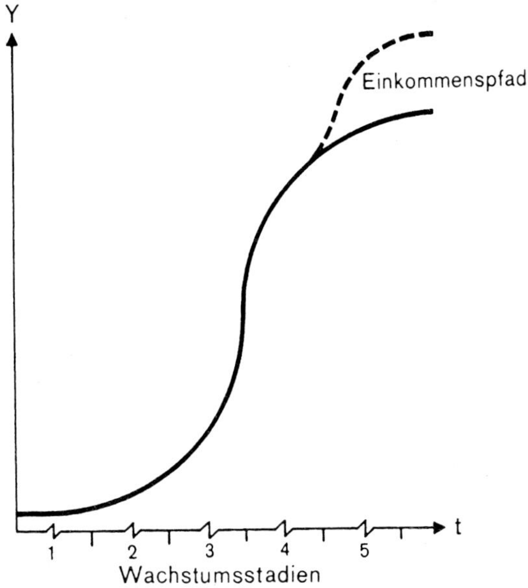

Abb. 2.35 Stadien des wirtschaftlichen Wachstums

Für eine Reihe von Volkswirtschaften wurde der langfristige Wandel des Schwergewichts der Produktions- und Beschäftigungsstruktur vom primären über den sekundären zum tertiären Sektor empirisch nachgewiesen. Die Sektor-Theorie weist die Bedeutung der intraregionalen Zuordnung der Ressourcen auf Sektoren mit hoher Produktivität als wichtige Determinante des volkswirtschaftlichen Wachstums nach. Andererseits werden weitere intraregionale Einflußfaktoren des Wirtschaftswachstums, wie etwa Veränderungen der Produktionsfaktoren Arbeit, Kapital, technischer Fortschritt, vor allem aber der Komplex der externen Wachstumsdeterminanten, weitgehend vernachlässigt. Dies schränkt die Anwendbarkeit der Sektor-Theorie zur Erklärung des Wirtschaftswachstums von Gebietseinheiten auf subnationaler Ebene erheblich ein[1].

[1] Eine kritische Analyse der Sektor-Theorie findet sich u. a. bei: *H. W. Richardson* (1969 a, S. 340 f.); *K. D. Klages* (1975, S. 47-54).

Weitgehend unabhängig von den Nachbarwissenschaften hat auch die *Wirtschaftsgeographie* Stufentheorien erstellt sowie die Verbreitung der Wirtschaftsstufen auf der Erde kartiert. Vergleichbar mit der Entwicklung in der Nationalökonomie – wenn auch zeitlich verzögert – läßt sich in der Wirtschaftsgeographie ein grundlegender Wandel in der Erklärung der Stufenfolge erkennen. Während *Ernst Friedrich* (1907) Anfang des zwanzigsten Jahrhunderts den Übergang von einer Wirtschaftsstufe zur nächsten aus der Abhängigkeit vom „Naturzwang" erklärt, entwickelt *Hans Bobek* (1959, S. 259-298) in den fünfziger Jahren ein weitreichendes System der stufenmäßigen Erfassung des gesellschaftlichen und wirtschaftlichen Entfaltungsprozesses[1].

Einen wichtigen Beitrag zur Erweiterung des stufentheoretischen Ansatzes leistet die *Regionalforschung. John Friedmann* (1966) nimmt an, daß sich während des Entwicklungsprozesses einer Volkswirtschaft die räumliche Organisation in Richtung auf eine evolutionäre Höherentwicklung vollzieht. Für jede der vier Entwicklungsstufen, die entsprechend dem Grad der Industrialisierung in präindustrielle, transitionale, industrielle und postindustrielle Volkswirtschaften unterteilt werden, bildet sich eine charakteristische Raumstruktur, d. h. ein stufenspezifisches Standortmuster, heraus (vgl. Abb. 2.36).

- Die vorindustrielle Raumstruktur ist charakterisiert durch über das Land verteilte unabhängige Siedlungen mit einem limitierten Hinterland. Aufgrund geringer Austauschbeziehungen sind die Wachstumsmöglichkeiten begrenzt, die Wirtschaft tendiert zur Stagnation, die räumliche Ordnung ist stabil, d. h. im Gleichgewicht. In Erweiterung zu *J. Friedmann* können die unabhängigen Einzelsiedlungen auch als Siedlungssysteme niedriger hierarchischer Ordnung interpretiert werden.
- Im Stadium der beginnenden Industrialisierung, d. h. in der transitionalen Entwicklungsphase, ist die Raumstruktur durch Primatstädte gekennzeichnet. Das wirtschaftliche Wachstum konzentriert sich auf eine Metropole. Dieses Zentrum (Z) absorbiert mobile Produktionsfaktoren der übrigen Volkswirtschaft. Durch

[1] Eine zusammenfassende Darstellung der Stufentheorien der Wirtschaftsgeographie findet sich bei: *E. Otremba* (1969, S. 204-212).

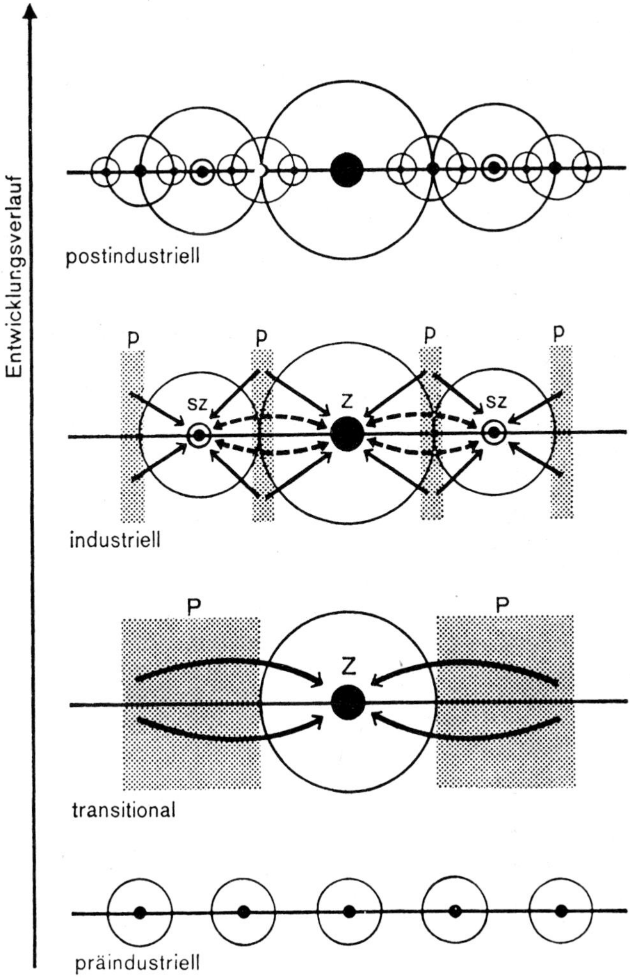

Abb. 2.36 Modell der Veränderung der Raumstruktur im Entwicklungsverlauf Entwurf: nach *J. Friedmann* (1966, S. 36)

die Verringerung des Wachstumspotentials entstehen Stagnations- bzw. Entleerungsgebiete, die als Peripherie (P) bezeichnet werden. Die räumliche Ordnung ist instabil.

- Mit fortschreitender Industrialisierung erzwingen vor allem politische Gegenkräfte die Bildung von Subzentren (SZ). Die einfache Zentrum-Peripherie-Struktur verändert sich allmählich zu einer Multikern-Struktur. Große Teile der Peripherie werden in den produktiven Wirtschaftskreislauf integriert. Die Abwanderung mobiler Produktionsfaktoren aus den verbleibenden peripheren Gebieten verteilt sich auf die ursprüngliche Metropole und die neuentstandenen Entwicklungszentren. Zwischen den Zentren kommt es zu intensiven Austauschbeziehungen. Das Wachstumspotential der Volkswirtschaft hat sich erhöht, da aber periphere Gebiete noch nicht integriert sind, bleibt die räumliche Ordnung instabil.
- Bei anhaltendem Wirtschaftswachstum wird in einer postindustriellen Entwickungsstufe eine funktionale Interdependenz des räumlichen Systems, basierend auf dem Hierarchieprinzip, erwartet. Bei vollständiger Integration der Raumwirtschaft werden das Wachstumspotential voll ausgeschöpft, regionale Disparitäten minimiert und eine stabile räumliche Ordnung erreicht. Das System befindet sich erneut im Gleichgewicht.

Parallelen mit der stufentheoretischen Argumentation von *J. Friedmann* weist die Polarization-Reversal-Hypothese von *Harry W. Richardson* (1980) auf. Sie besagt, daß sich *auch in Entwicklungsländern* im Zuge des langfristigen Entwicklungsprozesses eine Trendwende in der räumlichen Konzentration vollzieht (vgl. auch *L. Schätzl* 1983). Abb. 2.37 zeigt in einem Phasenmodell die erwartete Veränderung von Raumstruktur und regionalem Pro-Kopf-Einkommen.

- Der urban-industrielle Prozeß nationaler Entwicklung beginnt aufgrund der Knappheit von Investitionsmitteln in einer oder wenigen Regionen mit hoher Standortgunst (z. B. Ressourcenausstattung, Hafen, Marktgröße). Hier setzen interne und externe Ersparnisse und die Zuwanderung mobiler Produktionsfaktoren (z. B. qualifizierte Arbeitskräfte, Kapital) aus anderen Landesteilen, aber auch ausländische Direktinvestitionen einen kumulativen Wachstumsprozeß in Gang. Agglomerationsvorteile im Zentrum in Verbindung mit dem Entzug von Produktionspotential aus dem Rest der Raumwirtschaft führen zur räumlichen Kon-

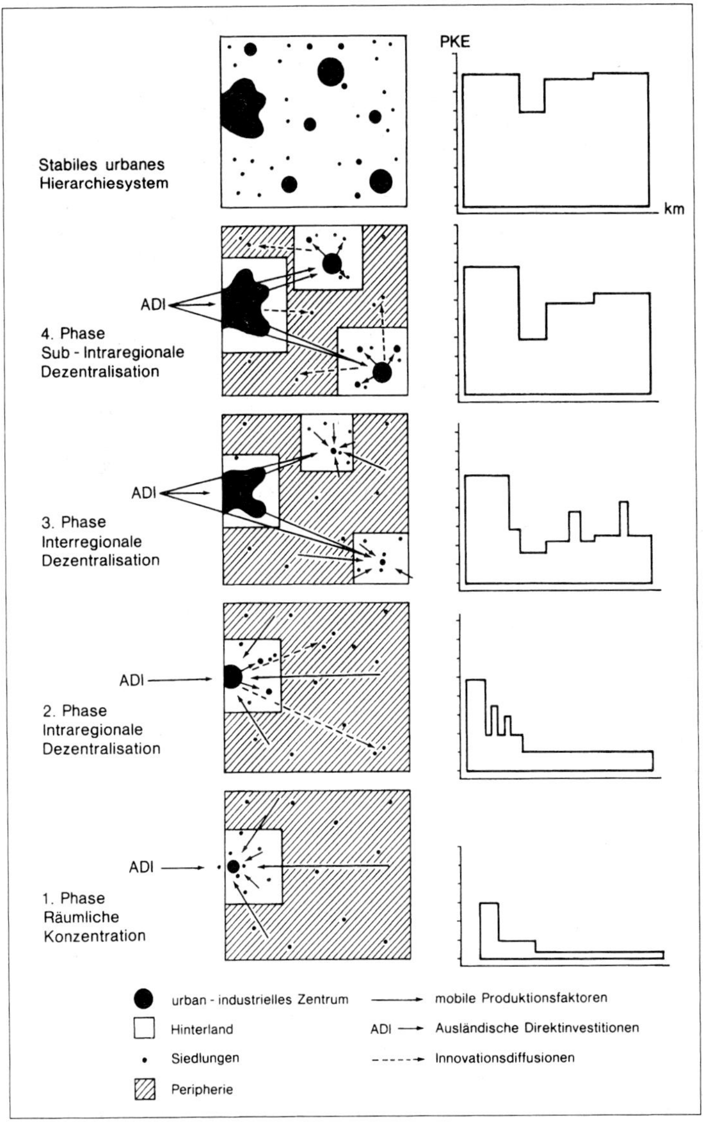

Abb. 2.37 Modell der Veränderung von Raumstruktur und Pro-Kopf-Einkommen nach der Polarization-Reversal-Hypothese
Entwurf: nach *H. W. Richardson* 1980; *K. Koschatzky* 1987, S. 15

zentration ökonomischer Aktivitäten und zur Bildung einer Zentrum-Peripherie-Raumstruktur mit erheblichen Disparitäten im regionalen Pro-Kopf-Einkommen.

- Im weiteren Entwicklungsverlauf setzt zunächst innerhalb der Zentralregion (Zentrum und Hinterland) ein räumlicher Transformationsprozeß ein. Hohe Wachstumsraten ökonomischer Aktivitäten und eine über das Arbeitsplatzangebot hinausgehende Zuwanderung von Erwerbsfähigen verursachen im Zentrum Agglomerationsnachteile (Slumbildung, temporärer Zusammenbruch der öffentlichen Infrastruktur, steigende Bodenpreise usw.). Sie bewirken im ökonomischen Bereich eine Erhöhung der Produktionskosten und machen eine Auslagerung bestehender bzw. eine Ansiedlung neuer Betriebe in Satellitenstädten im Hinterland des Zentrums rentabel. Die Folge ist eine intraregionale Dezentralisation innerhalb der Zentralregion.
- In einer fortgeschritteneren Entwicklungsphase erwartet *Richardson* neben der intraregionalen auch eine interregionale Dezentralisation, d. h. die Entstehung von nationalen Subzentren. In einigen ausgewählten Standorten in der Peripherie, zumeist in größeren Städten, entstehen Bedingungen, die einen eigendynamischen Wachstumsprozeß ermöglichen. Es bilden sich Agglomerationsvorteile, die im Zusammenhang stehen können mit der Verbesserung der materiellen, personellen und institutionellen Infrastruktur, der Erschließung und dem Abbau lokaler natürlicher Ressourcen mit niedrigen Input-Kosten, einem durch die Investitionstätigkeit induzierten Anstieg von Einkommen, Bevölkerung und Marktgröße, der Diffusion technischen Wissens und urbaner Verhaltensweisen aus der Zentralregion usw. Die Agglomerationsvorteile in den Subzentren in Verbindung mit sich verschärfenden Agglomerationsnachteilen in der Zentralregion bewirken eine Umlenkung des Investitionsstroms (durch Betriebsverlagerungen bzw. Gründung von Zweigbetrieben) von der Zentralregion in die Subzentren; zunehmend investieren dort auch ausländische Unternehmen. Die Folge ist die Migration von Arbeitskräften aus der Zentralregion und der verbleibenden Peripherie in die neuen Subzentren. Diese interregionale Dezentralisation ökonomischer Aktivitäten mit nachfolgenden Wande-

rungsbewegungen stellt die Kernaussage der Polarization-Reversal-Hypothese dar.
- In einer späteren Entwicklungsphase wiederholt sich auch im Einzugsbereich der neuen Subzentren ein Prozeß intraregionaler Dezentralisation, d. h. eine Verlagerung ökonomischer Aktivitäten in ihr Umland. Das Ergebnis des gesamten Prozesses intraregionaler und interregionaler Dezentralisation sind über die Raumwirtschaft verteilte, stabile urbane Hierarchiesysteme sowie eine weitgehende Angleichung der regionalen Unterschiede im Pro-Kopf-Einkommen.

Die Polarization-Reversal-Hypothese von *H. W. Richardson* hat in der Regionalwissenschaft nicht zuletzt aus zwei Gründen Beachtung gefunden. Erstens stellt sie den verdienstvollen Versuch dar, wesentliche Elemente polarisationstheoretischer und neoklassischer Ansätze einzubeziehen sowie regionale Wachstumstheorien mit Standortstrukturtheorien zu verknüpfen. Zweitens scheint eine theoretische Begründung geliefert zu sein, daß der Marktmechanismus auch in Entwicklungsländern, zumindest langfristig, zum räumlichen Gleichgewicht führen kann. Dabei gilt es allerdings zu bedenken, daß das beschriebene Modell des langfristigen räumlichen Entwicklungsprozesses ursprünglich aus empirischen Beobachtungen in einigen marktwirtschaftlichen Industrieländern entwickelt und von *Richardson* auf die heutige Situation der Entwicklungsländer übertragen wurde. Dies ist nicht unproblematisch, da zwischen den Industrieländern und den Entwicklungsländern tiefgreifende Unterschiede in der Ausstattung mit internen Wachstumsdeterminanten (z. B. Bevölkerungswachstum, Sozial- und Wirtschaftsstruktur, Siedlungssystem, Niveau des technischen Wissens) bestehen. Auch bleiben die Auswirkungen von Intensität und Struktur internationaler Wirtschaftsbeziehungen auf den räumlichen Differenzierungsprozeß in den Entwicklungsländern weitgehend unberücksichtigt.

Als zusammenfassende *Kritik* läßt sich festhalten, daß die Wirtschaftsstufentheorien zu einem besseren Verständnis der langfristigen Wachstums- und Entwicklungsprozesse beitragen. Für deren Erklärung ist dieser historisch-deskriptive Ansatz jedoch nur bedingt geeignet. In den einzelnen Theorien wird die Stufenfolge sehr unterschiedlich und zum Teil einseitig definiert. Als Unterscheidungsmerkmale wurden unter anderem gewählt: der Zustand der Güterproduktion (*F. List*), des Verteilungsprozesses (*B. Hildebrand*), der politischen Organisationsformen (*G. Schmoller*), der gesellschaftlichen Produktionsverhältnisse (*K. Marx*), aber auch die Abhängigkeit vom Naturzwang (*E. Friedrich*) oder der Grad der Industrialisierung (*J. Friedmann*). Die bislang erstellten Stufentheorien lassen keine wissenschaftlich exakten Aussagen zu über die zeitliche Abgrenzung der einzelnen Stadien, über die Art des Kurvenverlaufs und über die Zwangsläufigkeit des Übergangs von einem Entwicklungsstadium zum nächsten. Schließlich ist darauf hinzuweisen, daß die Stufentheorien aus der begrenzten Sicht der heutigen Industrienationen erstellt wurden und die angestrebte Allgemeingültigkeit – etwa ihre Anwendbarkeit für Entwicklungsländer – zumindest umstritten ist.

Die Wirtschaftsstufentheorien geben keine notwendigen ökonomischen Entwicklungsgesetze wieder, sondern sind geeignete Hilfsmittel, um komplexe wirtschaftliche Zusammenhänge typisierend darzustellen.

2.3.7 Weiterentwicklung des polarisationstheoretischen Ansatzes

Aufbauend auf den Ergebnissen von *F. Perroux*, *G. Myrdal* und *A. O. Hirschman* entstand eine Vielzahl polarisationstheoretischer Arbeiten. Der sich wandelnde Erkenntnisstand der polarisationstheoretischen Forschung soll exemplarisch dargestellt werden an der Entwicklung erstens der Wachstumspolkonzepte und zweitens der Zentrum-Peripherie-Modelle.

2.3.7.1 Wachstumspolkonzepte

Das Konzept der sektoralen Wachstumspole im Sinne von *F. Perroux* wurde von *J.-R. Boudeville* und *J. R. Lasuén* zu *sektoral/regionalen Wachstumspolen* weiterentwickelt. Von den sektoralen Wachstumspolen, d. h. von den motorischen Einheiten, gehen nach *Jean Paelinck* (1965, S. 5-47) vier interdependente Polarisationseffekte aus, die technischer, einkommensmäßiger, psychologischer und geographischer Art sind. Als technische Polarisation werden die produktionsbedingten Verflechtungswirkungen der motorischen Einheiten bezeichnet, die den in Kapitel 2.3.2 behandelten Vorwärts- und Rückwärtskopplungseffekten entsprechen. Unter Polarisierung des Einkommens sind die Wirkungen des regionalen Einkommensmultiplikators zu verstehen. Durch die Verausgabung der von den motorischen Einheiten geschaffenen Einkommen werden positive Wachstumsimpulse vor allem auf konsumnahe Wirtschaftsbereiche übertragen. Hier zeigen sich Parallelen zur Argumentation der Exportbasis-Theorie (vgl. Kapitel 2.3.3) und zu den Komplementäreffekten der Endnachfrage (vgl. Kapitel 2.3.2). Als psychologische Polarisationseffekte werden die Wirkungen der motorischen Einheiten auf das Verhalten anderer Unternehmer bezeichnet. Die Investitionsdynamik eines sektoralen Wachstumspols kann auf Klein- und Mittelbetriebe einen Nachahmungseffekt ausüben und neue ökonomische Aktivitäten induzieren. Schließlich werden die im konkreten Raum sichtbaren Ergebnisse obiger sektoraler Polarisationseffekte unter dem Begriff geographische Polarisation zusammengefaßt (*F. Buttler* 1973, S. 71 ff.; *G. Fischer* 1973, S. 148 ff.).

Jacques-Raoul Boudeville versucht, die sektoralen Polarisationseffekte mit Hilfe der Standortstrukturtheorien von *W. Christaller* und *A. Lösch* auf den geographischen Raum zu projizieren (vgl. *T. Hermansen* 1972, S. 180). Ausgangspunkt ist die Annahme, daß die sektorale Polarisation gleichzeitig zu einer regionalen Polarisation führt; sektorale Wachstumspole werden mit *sektoral/regionalen Wachstumspolen* gleichgesetzt. *J.-R. Boudeville* unterscheidet in „pôles de développement" und „pôles de croissance". Erstere sind Städte, die einen Komplex motorischer Einheiten besitzen. Diese industriell geprägten Agglomerationen liegen im Zentrum einer polarisierten Region (Nodalregion) und übertragen auf Siedlungen niedrigerer hierarchischer Ordnung („pôles de croissance") Wachstumsimpulse (*J.-R. Boudeville* 1966, S. 112 und 1972, S. 143)[1]. Als

[1] *D. F. Darwent* (1969, S. 11 ff.) weist auf die verwirrende terminologische Vielfalt in der Wachstumspolliteratur hin. Im Unterschied zu *F. Perroux* und *J.-R. Boudeville* schlägt er vor, im Fall von sektoraler Polarisation den Begriff Wachstumspol („growth pole") zu verwenden und bei regionaler Polarisation Wachstumszentren („growth centers").

Ursache der räumlichen Konzentration der Industrie werden Lokalisationsvorteile angesehen. Die Abgrenzung der polarisierten Region erfolgt nach zentralörtlichen Kriterien. Die Reichweite der Zentren bestimmt *J.-R. Boudeville* mit Hilfe von Gravitations- und Potentialmodellen, wobei die Verflechtungsbeziehungen mittels Güter- und Kommunikationsströmen erfaßt werden. Es ist darauf hinzuweisen, daß die Verknüpfung der induktiven, dynamischen Wachstumspoltheorie mit der deduktiv abgeleiteten, statischen Standortstrukturtheorie auf grundlegende methodische Schwierigkeiten stößt und auch von *J.-R. Boudeville* nicht zufriedenstellend erreicht wurde. Empirische Untersuchungen belegen, daß sektorale Polarisation nicht notwendigerweise zu einer regionalen Polarisation führen muß und daß vor allem die von einem Wachstumszentrum induzierten Impulse nicht allein innerhalb des Ergänzungsgebietes des Zentrums, sondern auch außerhalb der polarisierten Region wirksam werden.

Eine methodische Erweiterung erfährt das Wachstumspolkonzept durch *P. Pottier* (1963, S. 58-132), der im Zuge des langfristigen Industrialisierungsprozesses einer Volkswirtschaft einen Übergang vom fokalen Raummodell zum *axialen Modell* erwartet (vgl. *I. Schilling-Kaletsch* 1976, S. 102-112). Ausgehend von der historischen Raumentwicklung in Westeuropa, beschreibt *P. Pottier* für eine erste Industrialisierungsphase eine zunehmende Konzentration ökonomischer Aktivitäten auf einige Entwicklungsbrennpunkte („foyers de développement") mit hoher Standortgunst (wie etwa vorhandene natürliche Ressourcen). Diese Brennpunkte sind durch Verkehrsstrecken verbunden, die zunächst das Wachstum der Zentren beschleunigen. Mit fortschreitender Industrialisierung, begleitet von technologischen Innovationen im Transportsektor, kommt es entlang dominierender Verkehrsstrecken zu einer Bündelung der Bandinfrastruktur (z. B. Auto- und Wasserstraßen, Eisenbahnen, Elektrizitäts-, Erdöl-, Erdgas-, Trinkwasser-, Brauchwasserleitungen) und schließlich zur Herausbildung von Entwicklungsachsen („axes de développement"), die vergleichbar den Entwickungsbrennpunkten Dominationseffekte gegenüber anderen Gebieten ausüben. Trotz des relativ geringen theoretischen Erklärungsgehaltes haben axiale Konzeptionen eine große strategische Bedeutung in der Regionalplanung erlangt.

Die bislang umfassendste Erweiterung und Vertiefung des Wachstumspolkonzepts gelang *José Ramón Lasuén* (1969, S. 137-161; 1970, S. 84-88; 1973, S. 163-188). Seine Polarisationstheorie betont den Zusammenhang zwischen wirtschaftlichem Wachstum und Urbanisierung und zielt auf die Entwickung eines *dynamischen räumlichen Systems von Wachstumspolen* ab. Um dieses Ziel zu realisieren, werden in die Wachstumspoltheorie Erkenntnisse der Standortstrukturtheorien – insbesondere die Theorie der zentralen Orte – sowie anderer regionaler Wachstumstheorien – etwa die Exportbasis-Theorie, die Sektor-Theorie, die Zentrum-Peripherie-Modelle – integriert. Die grundlegenden Hypothesen von *J. R. Lasuén* lauten:

- Der Wachstumspol ist ein regional/sektoraler „cluster" von Betrieben, verbunden mit einer regionalen Exportaktivität. Diese ist in einem oder mehreren geographischen „clusters" lokalisiert.
- Die Entwicklung einzelner Wachstumspole und des Systems der Wachstumspole hängt von den Impulsen ab, die von der nationalen Nachfrage verursacht werden. Diese von der nationalen Nachfrage induzierten Impulse werden durch die regionalen Exportaktivitäten weitergegeben und verteilen sich auf die Pole entsprechend deren Wettbewerbsfähigkeit.
- Von den Polen wird das Wachstum auf die sektorale Peripherie mittels zwischenbetrieblicher Vorwärts- und Rückwärtskopplungseffekte des Marktes und auf die geographische Peripherie mittels der gleichen Mechanismen übertragen, wobei Standortfaktoren die räumliche Ausbreitung beeinflussen (*J. R. Lasuén* 1973, S. 164).

Ganz in der Tradition von *J. Schumpeter* und *F. Perroux* nehmen die Innovationen eine entscheidende Rolle ein bei der Entstehung *sektoraler und regionaler „clusters"* sowie bei der Bildung des durch Interaktionen zwischen sektoralen und regionalen „clusters" resultierenden Systems von Wachstumspolen. *J. R. Lasuén* (1973, S. 166 f.) geht von folgenden Annahmen aus: Erstens, die Entwicklung der Wirtschaft und die Muster städtischer Siedlungen eines Landes sind die zeitlichen und räumlichen Spuren eines Prozesses der Adaption von Innovationen[1]; zweitens, die zeitlichen und

[1] Wirtschaftswachstum wird als kurzfristiger Prozeß ohne begleitende Strukturveränderungen verstanden, wirtschaftliche Entwicklung als langfristiger Prozeß, der zu strukturellen Veränderungen führt.

räumlichen Spuren der Innovationen treten diskontinuierlich auf, d. h. in sektoralen und geographischen „clusters“ (*J. R. Lasuén* 1973, S. 168).

Die Entwicklung der Wirtschaft und die historische Evolution technologischer Veränderungen wird als eine Sequenz von Phasen eines Inventions-, Diffusions- und Adaptionsprozesses erklärt. Die Zeitdauer zwischen Invention und Adaption und die Zeitabstände zwischen den einzelnen Innovationsphasen werden immer kürzer und bewirken ein kumulatives Wachstum der sektoralen Wachstumspole. Begleitet ist der Prozeß von Veränderungen im Unternehmerverhalten und in der Organisationsstruktur der Unternehmen. Die sektoralen „clusters“ sind in hohem Maße auch räumlich konzentriert. Die Gründe sind bei statischer Betrachtung interne und externe Ersparnisse, Produktionskomplementarität und Marktkomplementarität. Bei dynamischer Betrachtung erklärt *J. R. Lasuén* die räumliche Konzentration mit Hilfe der Komplementarität des Marktentwicklungsprozesses. Eine aus welchen Gründen auch immer entstandene Bevölkerungsanhäufung führt zur Bildung von Märkten sowie zur Akkumulation eines komplementären Marktnetzes und damit verbundener produktiver Aktivitäten; eine Eigendynamik ist in Gang gesetzt, die das Wachstum regionaler Wachstumspole beschleunigt. Regionale Polarisation wird nicht mehr primär mit der räumlichen Agglomeration von Industriebetrieben begründet.

Der Entwicklungsprozeß – als Innovationsprozeß verstanden – verursacht eine zeitliche Sequenz von sektoralen „clusters“ und der Urbanisierungsprozeß eine Sequenz geographischer „clusters“. Da zwischen beiden Sequenzen *Interaktionen* bestehen, untersucht *J. R. Lasuén* (1973, S. 177 ff.) erstens die Wirkung der gegenwärtigen Nutzung des geographischen Raums auf den künftigen Innovationsprozeß und zweitens die Wirkung des Innovationsprozesses auf die künftige Raumnutzung.

Zur Analyse der Wirkung der Raumnutzung auf die Innovation wird der Innovationsprozeß in drei Subprozesse gegliedert, die Invention, die Diffusion und die Adaption, und innerhalb jedes dieser drei Subprozesse wird zwischen Konsum- und unternehmerischer Innovation unterschieden. Unter Invention versteht *J. R.*

Lasuén Erfindungen, die bislang an keiner anderen Raumstelle bekannt waren. Bezüglich ihrer räumlichen Verteilung lautet seine Hypothese, daß sich die Inventionen auf große, offene Städte in hochentwickelten Ländern konzentrieren. Für alle übrigen Länder der Welt stellen sie eine exogen verursachte Wachstumsdeterminante dar. Ihr wirtschaftliches Wachstum wird entscheidend von Diffusions- und Adaptionsprozessen geprägt. Innovationen im Bereich der Konsumgüter und Dienstleistungen breiten sich über alle vorhandenen Kommunikationsmedien vom Innovationszentrum in konzentrischen Ringen auf die peripheren Gebiete aus. Reichweite, Intensität und Geschwindigkeit der Diffusion hängen ab von der Aufnahmebereitschaft der Bevölkerung und dem bestehenden Kommunikationssystem. Hingegen breiten sich unternehmerische Innovationen (z. B. neue Investitionsgüter oder Produktionsmethoden) über spezialisierte Kommunikationskanäle aus. Das räumliche Muster der Diffusion hat die Form von Speichen eines Rades. Die Länge der vom Innovationszentrum zentrifugal ausgehenden Kommunikationslinien ist unregelmäßig, entsprechend der Verteilung der Standorte der spezialisierten Empfänger. Das räumliche Muster der Adaption entspricht dem der Diffusion. *J. R. Lasuén* erwartet, daß die Geschwindigkeit und Intensität der räumlichen Diffusions- und Adaptionsprozesse in positiver Korrelation zum Entwicklungsstand einer Volkswirtschaft stehen und daß die räumlichen Verbreitungsmuster zeitlich aufeinanderfolgender Innovationsprozesse einander gleichen und von der räumlichen Struktur der geographischen „clusters“ determiniert werden. Als abschließendes Ergebnis wird das bestehende urbane Netz als ein bestimmender Faktor für die Entwicklung eines Landes angesehen.

Umgekehrt prägt der Innovationsprozeß die künftige Raumnutzung. Dies wird am Beispiel der Verflechtungsbeziehungen zwischen Industrieländern und Entwicklungsländern demonstriert. Wie bereits ausgeführt, konzentrieren sich die Inventionen auf wenige Kerngebiete in hochentwickelten Ländern. Sie beschleunigen den internationalen Innovationsprozeß. In den Entwicklungsländern nehmen zuerst die Zentren eine Invention auf. Die Zeitdauer ihrer Ausbreitung auf die peripheren Gebiete ist größer als der

Zeitabstand zwischen zwei internationalen Innovationsphasen. Die Entwicklungsländer besitzen folgende Entscheidungsalternativen: Einmal können ihre Zentren eine neue Innovation aufnehmen, bevor die vorhergehende sich auf das ganze Land ausgebreitet hat. Die Folge wäre eine Herausbildung einer dualen Wirtschaft, d. h. eine zunehmende räumliche Polarisierung in wenige technologisch fortgeschrittene Zentren und eine zurückbleibende Peripherie. Zum anderen können die Zentren eines Entwicklungslandes die Aufnahme neuer Innovationen so lange verzögern, bis alle Landesteile die vorausgegangene Innovation absorbiert haben. Die Konsequenz wäre eine zunehmende Polarisierung zwischen entwickelten und unterentwickelten Ländern, da letztere mit einer älteren und weniger effizienten Technologie produzieren müßten. *J. R. Lasuén* erwartet, daß sich die meisten Entwicklungsländer für eine zunehmende Konzentration ökonomischer Aktivitäten auf wenige Groß- und Mittelstädte entscheiden anstelle einer räumlich ausgeglichenen Entwicklung auf rückständigem Niveau. Das Ergebnis des wirtschaftlichen Wachstums – basierend auf Innovationsprozessen – ist eine zunehmende Polarisierung, d. h. Hierarchisierung des urbanen Systems, und zwar im internationalen und nationalen Maßstab. Die entstandene hierarchische Ordnung – sowohl die Rangfolge der Länder als auch die Rangordnung der Städte in einem Land – wird als relativ stabil angesehen. Ein Grund hierfür ist, daß sukzessive Innovationsprozesse gleiche räumliche Verteilungsmuster aufweisen und damit in zunehmendem Maße die bestehende Raumstruktur festigen.

J. R. Lasuén unternimmt den interessanten Versuch, die sektorale Polarisationstheorie mit Erkenntnissen der Standorttheorien und verschiedener regionaler Wachstums- und Entwicklungstheorien zu verknüpfen. Sein Hypothesengebäude stellt einen möglichen Ansatz dar, eine allgemeine Theorie für langfristiges Wirtschaftswachstum und Urbanisierung zu erstellen. Um das Modell von *J. R. Lasuén* theoretisch weiterentwickeln und für die Wirtschafts- und Regionalpolitik nutzbar machen zu können, erscheint eine Formalisierung und empirische Überprüfung der grundlegenden Hypothesen notwendig. Problematisch ist beispielsweise die Einengung der Entwicklungshypothese für periphere Länder auf die Frage der Fähigkeit und Bereitschaft zur Adaption im Zentrum entstandener Inventionen. Die Möglichkeit einer eigenständigen Entwicklung, etwa mit Hilfe angepaßter Technologien, wird vernachlässigt.

2.3.7.2 Zentrum-Peripherie-Modelle

Während sich die Wachstumspolkonzepte primär an den Erfahrungen der Industrieländer orientieren, wenden sich die im folgenden vorgestellten Zentrum-Peripherie-Modelle vornehmlich der Entwicklungsländerproblematik zu[1]. Als einer der ersten hat in den fünfziger Jahren *Raúl Prebisch* (1959, S. 251-273) ein Zentrum-Peripherie-Modell erstellt (vgl. *D. Beier* 1965; *H. Sieber* 1968). Die vereinfachenden Annahmen seines Zweiregionen- und Zweisektoren-Modells lauten:

- Region 1 (= Zentrum = Industrieländer) produziert vorwiegend Industrieerzeugnisse, Region 2 (= Peripherie = Entwicklungsländer) Rohstoffe.
- Der Industriesektor der Region 1 weist eine Arbeitsproduktivität auf, die – angenommen – dreimal so hoch ist wie diejenige des Industriesektors der Region 2. Umgekehrt produziert der primäre Sektor der Region 2 mit einer Arbeitsproduktivität, die dreimal so hoch ist wie diejenige des primären Sektors der Region 1.
- Die Gesamtnachfrage verteilt sich zu gleichen Teilen auf Industrieerzeugnisse und Rohstoffe.
- Das Gesamtproduktivitätsverhältnis beider Regionen ist ausgeglichen und beträgt 1. Beide Regionen weisen gleiches Lohnniveau auf und gleiche Zuwachsraten der Bevölkerung und des Pro-Kopf-Einkommens.
- Es bestehen keine interregionalen Disparitäten in der Nachfrageelastizität und im technischen Fortschritt (*R. Prebisch* 1959, S. 261).

Unter diesen Restriktionen befindet sich der Außenhandel zwischen beiden Regionen (z. B. zwischen Industrie- und Entwicklungslän-

[1] Eine knappe Zusammenfassung der wichtigsten sich mit den Problemen der Entwicklungsländer befassenden Theorien erstellte: *M. Bohnet* (1971 b, S. 49-64; 1982, S. 292-311).

dern) im Gleichgewicht. *R. Prebisch* nähert das Modell der Wirklichkeit an, indem er interregionale Disparitäten der Nachfrageelastizität und des technischen Fortschritts einführt.

R. Prebisch geht davon aus, daß in Entwicklungsländern die *Einkommenselastizität der Nachfrage* nach Industriegütern relativ hoch ist (der Elastizitätskoeffizient ist größer 1), während in den Industrieländern die Nachfrage nach Nahrungsmitteln und Rohstoffen einkommensunelastisch ist. Die niedrige Einkommenselastizität der Nachfrage nach Nahrungsmitteln erklärt das *Engelsche* Gesetz, das besagt, daß mit zunehmendem Individualeinkommen der Anteil der Ausgaben für Nahrungsmittel sinkt, d. h. ein Einkommensanstieg um 1 % führt zu einem Anstieg der Nachfrage nach Nahrungsmitteln um weniger als 1 %. Die unelastische Nachfrage nach Rohstoffen hängt ab vom technischen Fortschritt in den Industrienationen, der eine Verminderung des Rohstoffgehalts im Fertigprodukt (z. B. bei Legierungen) und eine Substitution natürlicher Rohstoffe (etwa Naturgummi, Wolle) durch synthetische Rohstoffe ermöglicht. Unterschiede in der Einkommenselastizität der Nachfrage bewirken langfristig eine Verlagerung von Produktion und Beschäftigung vom primären zum sekundären Sektor, d. h. von ökonomischen Aktivitäten niedriger zu solchen höherer Elastizität der Nachfrage. Dadurch verbessert sich – bei den Prämissen des eingangs vorgestellten Modells – das Gesamtproduktivitätsverhältnis und entsprechend das Lohnniveau der Industrieländer (Zentrum) gegenüber dem der Entwicklungsländer (Peripherie).

Auch hinsichtlich der Höhe des *technischen Fortschritts* und seiner Ausbreitung sieht *R. Prebisch* Disparitäten zwischen Industrie- und Entwicklungsländern. Der technische Fortschritt ist in den Industrieländern insgesamt höher und setzt sich relativ homogen in allen Gebieten und Wirtschaftssektoren durch. In den Entwicklungsländern ist der technische Fortschritt weitgehend auf den Exportsektor beschränkt und führt zur Herausbildung eines regionalen und sektoralen Dualismus. Durch technischen Fortschritt wird in den Industrieländern die Produktivität erhöht. Die Preise für Industrieerzeugnisse werden jedoch nicht im Umfang des Produktivitätsanstiegs sinken, sondern ansteigen, da sich die Einkommen der Produktionsfaktoren Arbeit und Kapital über den Produktivitätszuwachs hinaus erhöhen. Als Gründe hierfür werden Knappheitstendenzen auf dem industriellen Arbeitsmarkt sowie die Macht der Gewerkschaften und der Unternehmerorganisationen genannt. In den Entwicklungsländern steigert technischer Fortschritt ebenfalls die Produktivität, vornehmlich im Exportsektor. Der resultierende Anstieg der Produktion homogener Güter in Verbindung mit der niedrigen Elastizität der Nachfrage nach Rohstoffen führt jedoch zu einer Preissenkung und zu einer Einkommensentwicklung, die geringer als der Produktivitätsanstieg ist. Die Entwicklungsländer müssen somit einen Teil des Produktivitätsgewinns aus technischem Fortschritt als Realeinkommen in die Industrieländer transferieren. (Vgl. *R. Prebisch* 1959, S. 252; *D. Beier* 1965, S. 63; *H. Sieber* 1968, S. 7 ff.).

An Hand obiger Ergebnisse läßt sich die grundlegende *These* von *R. Prebisch* wie folgt zusammenfassen: Strukturelle Unterschiede zwischen Zentrum (Industrieländer) und Peripherie (Entwicklungsländer) – dargestellt am Beispiel interregionaler Disparitäten in der Einkommenselastizität der Nachfrage und im technischen Fortschritt – verursachen eine säkulare Verschlechterung der Terms of Trade der Peripherie gegenüber dem Zentrum und bewirken einen Realeinkommenstransfer von der Peripherie in das Zentrum. Dieses Ergebnis steht in eklatantem Gegensatz zu den Aussagen der klassischen und neoklassischen Außenhandelstheorie.

R. Prebisch argumentiert rein ökonomisch. Der Interaktionsmechanismus zwischen Zentrum und Peripherie wird mittels der Gütermobilität erklärt. Dagegen berücksichtigt das Zentrum-Peripherie-Modell von *John Friedmann* (1973, S. 41-64) neben ökonomischen auch soziologische, psychologische und politische Kriterien[1]. Seine Definitionen und Hypothesen integrieren Erkenntnisse von *J. Schumpeter, F. Perroux, H. Siebert, A. O. Hirschman, G. Myrdal, E. Hagen* und *R. Dahrendorf*. Vergleichbar zu *J. R. Lasuén* setzt sich *J. Friedmann* das Ziel, eine *Theorie des Entwicklungsprozesses in seiner räumlichen Dimension* zu erarbeiten. Menschliche Aktivitäten und soziale Interaktionen werden als

[1] Ein 1966 publizierter stufentheoretischer Ansatz von *J. Friedmann* wurde in Kapitel 2.3.6 behandelt.

raumformend und raumabhängig angesehen. Einerseits verändert die Entwicklung die räumliche Struktur, andererseits beeinflussen die bestehenden Muster räumlicher Beziehungen den Entwicklungsprozeß (*J. Friedmann* 1973, S. 42). Entwicklung ist definiert als ein diskontinuierlicher, kumulativer Prozeß, der in Serien von Innovationen auftritt und sich in „clusters" und letztlich in umfassenden Systemen von Innovationen organisiert. Entwicklung – verstanden als Innovationsprozeß, der zu einer strukturellen Transformation des sozialen Systems führt – wird unterschieden vom Begriff Wachstum, der die Expansion des Systems ohne Strukturveränderungen umschreibt. Eine Innovation ist die erfolgreiche Einführung von neuen Ideen oder bislang nicht bekannten Gütern in ein gegebenes soziales System; die neuen Ideen können durch Invention im gegebenen System entstehen oder durch Imitation von anderen Systemen übernommen werden. Ausgehend von historischen Erfahrungen stellt *J. Friedmann* (1973, S. 47 f.) die grundlegende Hypothese auf, daß in großen und dynamisch wachsenden urbanen Systemen die Bedingungen für Innovationen (Invention, Imitation) besonders günstig sind. Es wird eine positive Korrelation einerseits zwischen Stadtgröße und Dynamik der Verstädterung und andererseits der Intensität der Innovationsausbreitung erwartet. Regionen mit hoher Innovationsdichte definiert *J. Friedmann* als Zentren (core regions), alle übrigen Gebiete als Peripherie. Zentrum und Peripherie sind durch Autoritäts-Abhängigkeitsbeziehungen verbunden und bilden ein geschlossenes, räumliches System. Autorität ist als sozial legitime Macht definiert; sie gibt dem Zentrum die Möglichkeit, über autonome Entscheidungen Einfluß auf die Entwicklung der Peripherie auszuüben. Die Peripherie ist durch Abhängigkeitsbeziehungen vom Zentrum gekennzeichnet. Die polarisierte Entwicklung vollzieht sich auf unterschiedlichen hierarchischen Systemebenen. Mögliche räumliche Systeme sind die Welt, multinationale Regionen, die Nation, subnationale Regionen.

Hinsichtlich der *Beziehungen zwischen Zentrum und Peripherie* stellt *J. Friedmann* vier Hauptthesen auf:

1. Das Zentrum erzwingt Bedingungen für eine organisierte Abhängigkeit der Peripherie. Dies geschieht mittels der Durchdringung der Peripherie mit Institutionen des Zentrums. Diese Institutio-

nen treffen die für die periphere Bevölkerung lebenswichtigen Entscheidungen.

2. Das Zentrum konsolidiert seine Herrschaft über die Peripherie durch selbstverstärkende Polarisationsmechanismen.
   J. Friedmann nennt sechs „feedback"-Effekte, die das Wachstum des Zentrums fördern:

- Dominationseffekte, d. h. die Schwächung der peripheren Wirtschaft durch einen Nettotransfer des Wachstumspotentials in das Zentrum.
- Informationseffekte, d. h. die Zunahme des Interaktionspotentials des Zentrums aufgrund seines Bevölkerungs-, Produktions- und Einkommenswachstums.
- Psychologische Effekte, d. h. die Schaffung günstiger Bedingungen für einen andauernden Innovationsprozeß im Zentrum.
- Modernisierungseffekte, d. h. die Transformation des bestehenden sozialen Systems des Zentrums in Richtung auf eine größere Aufnahmebereitschaft des durch Innovationen verursachten kumulativen Wandels.
- Kopplungseffekte („linkage effects"), d. h. durch Innovationen induzierte Innovationen in anderen Wirtschaftsbereichen.
- Produktionseffekte, d. h. eine Reduzierung der Innovationskosten aufgrund interner und externer Ersparnisse.

3. Als nicht vorhergesehener Nebeneffekt der Herrschaft werden Innovationen des Zentrums in der Peripherie eingeführt und der Informationsfluß in die abhängigen Gebiete verstärkt. Ein Teil der peripheren Bevölkerung wird sich der Abhängigkeit bewußt. Um gewaltsame Konflikte zu vermeiden, können die Eliten der Zentren eine Politik der begrenzten Dezentralisation betreiben und in der Peripherie neue subsidiäre Zentren schaffen.
4. Liegt die Konfliktlösung im Interesse der Eliten der Zentren, werden die Ausbreitungseffekte in die peripheren Regionen beschleunigt und führen zu einer echten Teilung der Entscheidungsmacht zwischen alten und neubegründeten Zentren. Die Autoritäts-Abhängigkeitsbeziehungen zwischen Zentren und ihren Peripherien verschwinden allmählich. Diesen Interessenausgleich sieht *J. Friedmann* (1973, S. 51 ff.) allerdings nur in hochentwickelten und integrierten räumlichen Systemen, wie bei-

spielsweise in den Vereinigten Staaten, der Bundesrepublik Deutschland oder in Schweden.

Die Arbeiten von *R. Prebisch* und *J. Friedmann* betonen die Notwendigkeit, regionale Polarisation mittels eines interdisziplinären Forschungsansatzes zu erklären. Die wesentlichen Kernthesen der Zentrum-Peripherie-Modelle, die in allen Arbeiten – allerdings mit unterschiedlicher Gewichtung – wiederkehren, lauten:

- Fundamentale interregionale Strukturunterschiede können zur Bildung von Zentren und davon abhängigen peripheren Gebieten führen.
- Zentrum und Peripherie bilden ein geschlossenes, räumliches System.
- Zentrum und Peripherie sind durch Autoritäts-Abhängigkeitsbeziehungen verbunden.
- Zur Überwindung der Autoritäts-Abhängigkeitsbeziehungen müssen die peripheren Gebiete Zentralitätseigenschaften erringen. Als Strategien zur Erreichung dieses Ziels werden Evolution und Revolution genannt (vgl. *D. Senghaas* 1972 und 1974; *T.T. Evers* und *P. v. Wogau* 1973, S. 404-454).

2.3.8 Integrationsversuch von Standorttheorie und regionaler Wachstumstheorie

Die Notwendigkeit der Integration von Standorttheorie und regionaler Wachstumstheorie wird in der regionalwissenschaftlichen Literatur immer wieder betont. In den siebziger Jahren konnten auf diesem Forschungsgebiet erste bedeutsame Fortschritte erzielt werden. Die Bemühungen von *J. Friedmann* und *J. R. Lasuén*, bei der Erstellung regionaler Wachstums- und Entwicklungstheorien Erkenntnisse der Standortstrukturtheorien zu berücksichtigen, wurden in vorhergehenden Abschnitten zur Diskussion gestellt. Diese Erklärungsansätze und Hypothesen sind allgemein gehalten, was eine empirische Überprüfung erschwert. Im folgenden wird ein Beitrag von *Edwin von Böventer* (1975, S. 1-29) vorgestellt, der sich das Ziel setzt, *eine operationalisierte* und damit empirisch testbare regionale Wachstumstheorie zu entwickeln, deren Ausgangspunkt die bestehende Raumstruktur ist (vgl. *R. Koll* 1976, S. 85-107).

Wirtschaftliches Wachstum wird als Anstieg des absoluten bzw. Pro-Kopf-Bruttoinlandsprodukts definiert. Fragen der Wohlfahrtssteigerung sowie der Wachstumspolitik bleiben unberücksichtigt. Eine grundlegende Zielsetzung des wachstumstheoretischen Ansatzes *E. von Böventers* ist die Erklärung der Agglomerations- und Dezentralisierungsprozesse auf unterschiedlicher räumlicher Aggregationsebene – d. h. für funktionale Regionen verschiedener Hierarchiestufen – sowie in Abhängigkeit vom Entwicklungsstand einer Volkswirtschaft. Im Zuge des langfristigen Industrialisierungsprozesses eines Landes wird ein räumlich differenziertes Wirtschaftswachstum erwartet, das sich gliedern läßt: in eine Entwicklungsphase des kumulativen Wachstums in einem oder wenigen Zentren; in eine Phase der konzentrierten Dezentralisierung, wobei sich die Industrialisierung auf eine zunehmend größere Zahl von Regionen ausdehnt bei gleichzeitiger intraregionaler Konzentration der ökonomischen Aktivitäten und der Herausbildung eines zum Teil spezialisierten hierarchischen Systems; schließlich in eine Phase der dezentralisierten Konzentration, worunter eine Auflockerung der Ballung, d. h. ein Abbau intraregionaler Disparitäten infolge einer flächenmäßigen Ausdehnung des Agglomerationsraumes, zu verstehen ist (*E. v. Böventer* 1975, S. 14)[1]. Aufgrund dieses für einige Länder historisch nachweisbaren Entwicklungsprozesses muß nach *E. v. Böventer* ein regionales Wachstumsmodell offen sein für die Behandlung nicht nur der Extremfälle kumulativen und ausgleichenden Wachstums, sondern auch für verschiedene Zwischenformen dezentralisierten Wachstums.

Als wesentliche Bestimmungsfaktoren des Wirtschaftswachstums einer Region werden angesehen einmal der Bestand und die Veränderung mobiler Ressourcen (z. B. der Produktionsfaktoren Arbeit, Kapital, technisches Wissen) und immobiler Ressourcen (z. B. der Faktor Boden, die Infrastrukturausstattung), zum anderen der Bestand und die Veränderung der Raumstruktur und der Sektoral-

[1] Vergleiche hierzu auch die Ausführungen in Kapitel 2.1.2.4 (Integration der Standortstrukturtheorien).

struktur (*R. Koll* 1976, S. 86). *Harry W. Richardson* (1973, S. 212 bis 216) erstellt ein – allerdings nicht operationables – regionales Wachstumsmodell, das von nachfolgender allgemeiner Wachstumsgleichung ausgeht:

$$y = [ak + (1-a)\, l]^{\alpha} + t \qquad (1)$$

wobei

y = Wachstumsrate des regionalen Einkommens
k, l, t = Wachstumsraten von Kapital, Arbeit, technischem Wissen
a = Anteil des Kapitals am Einkommen
(1-a) = Anteil der Arbeit am Einkommen

Mittels des Exponenten α wird – im Gegensatz zu den neoklassischen Modellen (vgl. Kapitel 2.3.1) – die Möglichkeit zunehmender, konstanter oder abnehmender Skalenerträge in der Wachstumsgleichung berücksichtigt. Die Bestimmungsgleichungen für die mobilen Produktionsfaktoren k, l und t enthalten bei *H. W. Richardson* eine Maßgröße für Agglomerationseffekte, denen eine zentrale Stellung bei der Erklärung räumlich differenzierten Wirtschaftswachstums zuerkannt wird.

Bestimmt durch die Zielsetzung, ein empirisch testbares Modell zu entwickeln, geht *E. von Böventer* einen anderen Weg. Das regionale Wirtschaftswachstum wird nicht über makroökonomische Produktions- und Einkommensverwendungsfunktionen oder über Verhaltensfunktionen individueller Haushalte und Unternehmen, sondern im wesentlichen durch die Variablen Raumstruktur (R) und Sektoralstruktur (SE) erklärt. Ausgangspunkt ist die Überlegung, daß sich das Wachstum einer Volkswirtschaft aus dem Wachstum seiner Regionen bzw. seiner Wirtschaftssektoren zusammensetzt und daß wirtschaftliches Wachstum in aller Regel begleitet ist von räumlichen und sektoralen Strukturveränderungen. Die *Raumstruktur* ist die entscheidende erklärende Variable im regionalen Wachstumsmodell. Veränderungen der Raumstruktur werden als Voraussetzung und als Resultat des wirtschaftlichen Wachstums angesehen. Der räumliche Konzentrationsgrad der Wirtschaft gilt als wichtige Bestimmungsgröße für die Höhe von Angebot und Nachfrage sowie für die Intensität der Faktorwanderung. Die Raumstruktur läßt sich bestimmen durch drei Agglomerationsvariable – den intraurbanen, intraregionalen und interregionalen Agglomerationsfaktor -, eine Hinterlandvariable, eine Entwicklungsachsenvariable und eine Entwicklungspolvariable[1].

Der *intraurbane Agglomerationsfaktor einer Stadt k* (A_k^I) erfaßt die innerhalb der Stadt hervorgerufenen positiven und negativen Wachstumseffekte. Die Urbanität und Zentralität einer Stadt, etwa Größe, Qualität und Struktur der Güter- und Faktormärkte, beeinflussen das Effizienzniveau von Angebot und Nachfrage. Als grobes Maß für den intraurbanen Agglomerationseffekt wird die Stadtgröße, d. h. ihre Einwohnerzahl N_k angesehen.

$$A_K^I = N_k^{\alpha_1 - 1} \qquad (2\,a)$$

Der Exponent α_1 gibt die Auswirkung einer Bevölkerungsveränderung auf die Attraktivität der Stadt k an. Im Laufe des langfristigen Entwicklungsprozesses einer Stadt ändert sich der Exponent α_1. Hat eine Stadt selbsttragendes Wachstum erreicht, können mit ansteigender Einwohnerzahl Agglomerationsvorteile überproportional ($\alpha > 1$), proportional ($\alpha = 1$) oder unterproportional ($\alpha < 1$) wachsen und bei Überschreiten eines Schwellenwertes können Agglomerationsnachteile ($\alpha < 0$) auftreten.

Der intraurbane Agglomerationsfaktor einer Region r (A_r^I) errechnet sich aus der gewogenen Summe der intraurbanen Agglomerationsfaktoren aller in der Region r liegenden Städte k.

$$A_r^I = \sum_{k_r} c_{k_r} N_{k_r}^{\alpha_1 - 1} \qquad (2b)$$

Die Gewichte c_{k_r} geben den Anteil der Stadtbevölkerung N_k an der Regionsbevölkerung M_r an.

Der *intraregionale Agglomerationsfaktor* einer Region r (A_r^{II}) erfaßt jene Wachstumseffekte, die sich aus den Beziehungen der Zentren k mit anderen in der gleichen Region liegenden Städten j ergeben. Der intraregionale Agglomerationseffekt hängt ab von der Größe der Städte und ihrer Lage innerhalb der Region.

$$A_r^{II} = \sum_{k_r} c_{k_r} N_{k_r}^{\alpha_2 - 1} \sum_{j_r} N_{j_r}^{\alpha_3} w_{k_r j_r}^{-\gamma_1} \qquad (3)$$

[1] Die Bestimmungsgleichungen für die Raumstruktur sind der Arbeit von *R. Koll* (1976) entnommen.

Die Entfernung zwischen den Städten k und j in der Region r ist durch $w_{k_r j_r}$ angegeben; durch den Exponenten γ läßt sich die Qualität der Verkehrsverbindungen und der Kommunikationsmöglichkeiten zum Ausdruck bringen.

Der *interregionale Agglomerationsfaktor* einer Region r (A_r^{III}) erfaßt jene Wachstumseffekte, die sich aus den Beziehungen der Zentren k in der Region r mit Städten, die außerhalb dieser Region liegen, z. B. der Städte j in der Region l, ergeben. Der interregionale Agglomerationseffekt wird von der Größe der Städte sowie ihrer Lage zueinander bestimmt.

$$A_r^{III} = \sum_{k_r} c_{k_r} N_{k_r}^{\alpha_4 - 1} \sum_{j_1} N_{j_1}^{\alpha_5} w_{k_r j_r}^{-\gamma_2} \qquad (4)$$

Zwischen den drei Arten von Agglomerationsfaktoren bestehen Substitutionsmöglichkeiten. So kann beispielsweise die wachstumshemmende Wirkung intraurbaner Agglomerationsnachteile durch positive interregionale Agglomerationseffekte ausgeglichen werden.

Die *Hinterlandvariable* (H_r) mißt die wachstumsfördernden Wirkungen, die von der Größe des Marktes des Hinterlandes ausgehen. Als Hinterland einer Stadt wird jenes Gebiet bezeichnet, das mit der Stadt enge zentrifugale und zentripetale Verflechtungsbeziehungen aufweist. Die Stadt versorgt das Hinterland nicht nur mit Gütern und Dienstleistungen, sondern absorbiert auch mobile Produktionsfaktoren (Arbeitskräfte, Kapital) aus den ländlichen Gebieten. Je größer die Hinterlandbevölkerung einer Stadt HN_k in Relation zur Stadtgröße N_k, d. h. je weiter konkurrierende Städte entfernt liegen, desto größer sind die Wachstumschancen der Stadt. Der Hinterlandeffekt einer Region ergibt sich aus der Summe der Hinterlandeffekte der Städte k in der Region r.

$$H_r = \sum_{k_r} \frac{(NH_{k_r} - N_{k_r})^{\alpha_6}}{N_{k_r}} \qquad (5)$$

Mittels des Exponenten α_6 kann die Erreichbarkeit des Zentrums N_k zum Ausdruck gebracht werden. Durch die Einbeziehung der Hinterlandvariablen wird die Möglichkeit berücksichtigt, daß eine relativ kleine Stadt mit geringen Agglomerationsvorteilen, aber einem großen Einzugsbereich, gleiche oder höhere Wachstumsraten aufweist wie eine größere Stadt mit höheren Agglomerationsvorteilen, aber nur begrenztem Hinterland.

Die *Entwicklungsachsenvariable* (E_r) mißt die Wachstumseffekte, die sich aus der Lage der Region r an einer Entwicklungsachse ergeben. Unter Entwicklungsachse ist eine Verdichtung der Bevölkerung, der Siedlungen und des Wirtschaftspotentials entlang eines Infrastrukturbandes zu verstehen. Die wachstumsfördernde Wirkung wird in Abhängigkeit zur Größe und Entfernung der ebenfalls an der Entwicklungsachse liegenden Regionen i und l gesehen. Je größer die Bevölkerungszahl der Regionen i und l (M_i, M_l) und je geringer die Entfernung von der Region r zu den Regionen i und l (w_{ir}, w_{lr}) ist, desto günstiger sind die Bedingungen für einen Güter- und Faktoraustausch.

$$E_r = \frac{1}{M_r^{\delta}} \sum_j v_j \sum_i M_i \sum_l M_l \, w_{ir}^{-\gamma_3} \, w_{lr}^{-\gamma_4} \qquad (6)$$

Die Gewichte v_j berücksichtigen verschiedene Verkehrsträger, die eine direkte Verbindung zwischen den Regionen herstellen.

Die *Entwicklungspolvariable* (P_r) schließlich erfaßt die wachstumsfördernden Wirkungen, die sich von der größten Stadt der Region N_k (=Entwicklungspol) auf den Gesamtraum ausbreiten.

$$P_r = N_{k_r}^{\alpha_7} \qquad (7)$$

Neben der Raumstruktur beeinflußt die *Sektoralstruktur* das regionale Wirtschaftswachstum. Effizienzsteigerungen durch sektorale Umschichtungen werden mittels verschiedener Strukturindikatoren für den primären, sekundären und tertiären Sektor erfaßt[1].

Es ist das Verdienst des Beitrags *E. von Böventers*, auf eine Reihe für die regionalwissenschaftliche Theoriebildung grundlegender Anforderungen hingewiesen und erste Lösungsmöglichkeiten erarbeitet zu haben. Hierzu gehören:

- die Notwendigkeit der Integration von Standorttheorie und regionaler Wachstumstheorie,
- die Erkenntnis der wechselseitigen Abhängigkeit von wirtschaftlichem Wachstum und Raumstruktur,

---

[1] Eine Beschreibung der Strukturindikatoren findet sich bei: *E. v. Böventer* (1975, S. 24 ff.); *R. Koll* (1976, S. 93 ff.).

- die Betonung intraurbaner und interurbaner Agglomerationseffekte sowie die Einbeziehung des Entwicklungsstandes einer Volkswirtschaft bei der Erklärung räumlicher Differenzierungsprozesse,
- die Forderung, empirisch testbare Regionaltheorien zu erstellen.

H. W. Richardson (1975, S. 31-35) weist in einer kritischen Würdigung der regionalen Wachstumstheorie *E. von Böventers* auf die Notwendigkeit der Verfeinerung und Erweiterung des hier nur in den Grundzügen dargestellten theoretischen Ansatzes hin. So bezweifelt *H. W. Richardson*, ob der Komplexität des Agglomerationsfaktors mit den Variablen Bevölkerungszahl und Distanz ausreichend Rechnung getragen wird. Außerdem schlägt er vor, die Entwicklungspolvariable so zu erweitern, daß sie eine direkte Aussage über die räumlichen Wirkungen der Ausbreitungs- und Entzugseffekte im Sinne *G. Myrdals* zuläßt. Eine abschließende Bewertung der Theorie macht *H. W. Richardson* von den Ergebnissen empirischer Tests abhängig.[1]

Literaturübersicht: Kapitel 2.3

Eine Zusammenfassung der wichtigsten regionalen Wachstums- und Entwicklungstheorien enthalten:

Armstrong, H.; Taylor, J., 1985: Regional Economics and Policy. Oxford.
Keeble, D. E., 1967: Models of Economic Development. In: *Chorley, R.. J.; Haggett, P.* (Hrsg.): Models in Geography. London. S. 243 bis 302.
Richardson, H. W., 1973: Regional Growth Theory. London. Kapitel 2.

Zur Vertiefung der behandelten Theorieansätze wird empfohlen:

Neoklassische Theorie

Buttler, F.; Gerlach, K.; Liepmann, P., 1977: Grundlagen der Regionalökonomie. Reinbek bei Hamburg. S. 62-80.
Richardson, H. W., 1969a: Regional Economics: Location Theory, Urban Structure and Regional Change. New York. S. 331-336.

[1] Erste Resultate der empirischen Überprüfung der Theorie *E. von Böventers* legte *R. Koll* (1976) vor.

Postkeynesianische Theorie

Richardson, H. W., 1969a: Regional Economics: Location Theory, Urban Structure and Regional Change. New York. S. 323-331.

Schmidt, H., 1966: Räumliche Wirkung der Investitionen im Industrialisierungsprozeß. Analyse des regionalen Wirtschaftswachstums. Köln, Opladen.

Exportbasis-Theorie

Rittenbruch, K., 1968: Zur Anwendbarkeit der Exportbasiskonzepte im Rahmen von Regionalstudien. Berlin.

Theorie der endogenen Entwicklung

Hahne, U., 1985: Regionalentwicklung durch Aktivierung intraregionaler Potentiale. Zu den Chancen „endogener“ Entwicklungsstrategien. Schriften des Instituts für Regionalforschung der Universität Kiel. Bd. 8.

Polarisationstheorie

Buttler, F., 1973: Entwicklungspole und räumliches Wirtschaftswachstum. Tübingen. Teil 1.

Buttler, F.; Gerlach, K.; Liepmann, P., 1977: Grundlagen der Regionalökonomie. Reinbek bei Hamburg. S. 80-92.

Schilling-Kaletsch, I., 1976: Wachstumspole und Wachstumszentren. Untersuchung zu einer Theorie sektoral und regional polarisierter Entwicklung. Hamburg. Arbeitsberichte und Ergebnisse zur wirtschafts- und sozialgeographischen Regionalforschung. [1].

Wirtschaftsstufentheorie

Kellenbenz, H., 1965: Wirtschaftsstufen. In: Handwörterbuch der Sozialwissenschaften. Bd. 12. Stuttgart, Tübingen, Göttingen. S. 260-269.

Knall, B., 1962: Wirtschaftserschließung und Entwicklungsstufen. In: Weltwirtschaftliches Archiv. Bd. 88. Hamburg. S. 184-258.

2.4 „New Economic Geography“

Den Begriff „New Economic Geography“ hat vor allem *Paul Krugman* (1991a, 1998) in die wissenschaftliche Literatur eingeführt und populär gemacht. Seine Beiträge lassen sich als Wiederentdeckung des Raumes in der Wirtschaftswissenschaft interpretieren. In der in Kapitel 2.4.1 behandelten neuen Wachstumstheorie und neuen Außenhandelstheorie werden in formalisierten Modellen u. a. der technische Fortschritt endogenisiert oder steigende Skalenerträge berücksichtigt. Damit gelingt es, im Unterschied zu den Gleichgewichtsmodellen neoklassischer Prägung sowohl interregionale Wachstumskonvergenzen als auch Wachtumsdivergenzen zu erklären. Die Wirtschaftsgeographie diskutiert unter dem Dach der „New Economic Geography" neue, an die Erfordernisse einer Wissensgesellschaft angepaßte Erklärungsansätze. Sie analysiert den Zusammenhang zwischen dem durch technischen Fortschritt verursachten Strukturwandel der Wirtschaft und der Raumentwicklung. Dynamisch-zyklische Ansätze (Kapitel 2.4.2) leisten Beiträge zum Verständnis von interregionalen und internationalen Verlagerungen ökonomischer Aktivitäten. Die in Kapitel 2.4.3 vorgestellten dynamisch-evolutionären Konzepte heben die Bedeutung der intraregionalen Dynamik und Kreativität für die Wettbewerbsfähigkeit einer Region hervor.

2.4.1 Neue Wachstumstheorie und neue Außenhandelstheorie

Modelle des neoklassischen Typs arbeiten mit vereinfachenden Annahmen; sie unterstellen z. B. vollkommene Konkurrenz, Produktionsfunktionen mit abnehmenden Grenzerträgen des Kapitals, konstante Skalenerträge, exogen vorgegebenen technischen Fortschritt. Ausgehend von solchen Restriktionen, erwartet die neoklassische regionale Wachstumstheorie, daß interregionale Unterschiede der Faktorentgelte durch Faktorwanderungen ausgeglichen werden (vgl. Kapitel 2.3.1). Auch in der Außenhandelstheorie kommt das Faktorproportionentheorem zum Ergebnis, daß Außenhandel als Folge von Produktionsspezialisierung und Produktionserweiterung zu einer interregionalen Angleichung der Faktorpreise führt, auch wenn keine interregionalen Faktorwanderungen stattfinden (vgl. Kapitel 2.2.3). Nach den neoklassischen Theorien tendiert der Marktmechanismus zu einem Ausgleich regionaler Unterschiede des Pro-Kopf-Einkommens. Diese Kernaussage steht im Gegensatz zur Argumentation der Polarisationstheorien und läßt sich zumindest teilweise durch empirische Befunde widerlegen (vgl. Kapitel 2.3.5 und Band Wirtschaftsgeographie 2, Empirie, insbesondere Kapitel 3.2.2).

Aufgrund der Erklärungsdefizite der Neoklassik entwickelt die Wirtschaftswissenschaft seit Mitte der 1980er Jahre eine Reihe neuer Wachstums- und Außenhandelstheorien. Obwohl diese Beiträge von erheblicher Heterogenität sind, weisen sie gemeinsame Charakteristika auf. Die wachstumstheoretische Modellbildung geht von realitätsnahen Annahmen aus (z. B. unvollständiger Wettbewerb, keine abnehmenden Grenzerträge des Kapitals, steigende Skalenerträge, endogene Erklärung des technischen Fortschritts). Die Ansätze versuchen das Wirtschaftswachstum aus dem Modell heraus, d. h. endogen, zu begründen; folglich wird die „neue" auch als „endogene" Wachstums- und Außenhandelstheorie bezeichnet. Schließlich bedient sich die Modellierung eines mathematischen Instrumentariums von beachtlicher Komplexität. Aus dem breiten Spektrum der vorliegenden neuen Ansätze werden ein Innovationsmodell von *Paul M. Romer* (1990) und ein Zentrum-Peripherie-Modell von *Paul Krugman* (1991a) ausgewählt. Nachfolgende Ausführungen verfolgen das Ziel, die wesentliche Argumentationslinie beider Modelle zu skizzieren.

Das *Innovationsmodell von P. M. Romer* aus dem Jahr 1990 erklärt endogen die Bedeutung des technischen Fortschritts für das Wirtschaftswachstum einer geschlossenen Volkswirtschaft (vgl. *M. Frenkel; H.-R. Hemmer* 1999, S. 239 ff.). Humankapital und Wissen sind die entscheidenden Wachstumsdeterminanten, und sie bilden die Grundlage für Innovationen. Humankapital stellt die in Personen gebundenen Kenntnisse und Fähigkeiten dar[1]. Diese werden durch formale Bildung oder On-the-job-Training erworben und lassen sich nur durch den Einsatz der Personen im Arbeitsprozeß nutzen (Rivalität in der Nutzung). Wissen bezeichnet personenungebundene Kenntnisse, die z. B. aus Publikationen, Blaupausen, Datenbanken bekannt sind. Das Wissen können verschiedene Personen gleichzeitig verwenden (Nichtrivalität in der Nutzung). Da die personenungebundenen Kenntnisse auch Wirtschaftssubjekten zur Verfügung stehen, die keinen Beitrag zur Erstellung leisteten,

[1] Diese Definition des Humankapitals weist große Ähnlichkeit auf mit dem in der Innovationsforschung verwendeten Begriff „tacit knowledge" (vgl. Kapitel 2.4.3).

haben sie den Charakter eines öffentlichen Gutes. Investitionen in den Produktionsfaktor Wissen führen somit zu technologischen externen Effekten (Wissensspillover). Der gesellschaftliche Nutzen der Investition ist größer als der einzelwirtschaftliche Nutzen.

Das *Romer*-Modell unterteilt die Volkswirtschaft in drei Sektoren: einen Forschungssektor, einen Zwischenproduktsektor und einen Endproduktsektor.

- Der Forschungssektor produziert „Designs" (Blaupausen). Für die Herstellung eines Designs werden Humankapital und Wissen verwendet. Die Produktionsfunktion für zusätzliche Designs lautet:

  $$\dot{T} = \Theta H_T \cdot T$$

  wobei

  H_T = eingesetztes Humankapital im Forschungssektor
  Θ = kennzeichnet die Produktivität des Unternehmens
  T = Bestand an technischem Wissen
  $\dot{T}$ = Bestandsveränderung des technischen Wissens

  Der technische Fortschritt hängt demnach ab vom Humankapitalbestand, der Humankapitalproduktivität und dem Bestand an technischem Wissen. Bei der Entwicklung zusätzlicher Designs entsteht zusätzliches Wissen, das allen Wirtschaftssubjekten im Forschungssektor zur Verfügung steht. Über intrasektorale Wissensspillover-Effekte können sich folglich die Produktivität des Humankapitals und der Humankapitalbestand erhöhen. Der Outputmarkt des Forschungssektors ist durch vollständige Konkurrenz gekennzeichnet. Die Vermarktung erfolgt über Patentierung der Designs durch die Erfinder und Verkauf der Patente auf dem Wettbewerbsmarkt an den Zwischenproduktsektor.
- Im Zwischenproduktsektor werden Zwischenprodukte bzw. Kapitalgüter hergestellt. Da die Produzenten aus dem Forschungssektor Patente für eine ganz bestimmte Zwischenproduktvariante bzw. Kapitalgütervariante erwerben, erlangen sie genau für diese Variante eine Monopolstellung. Die Produzenten erzielen Monopolgewinne, die sich zum Kauf neuer Designs verwenden lassen. Der Outputmarkt ist durch monopolistische Konkurrenz gekennzeichnet.

- Der Endproduktsektor stellt Konsumgüter her. Für die Produktion werden die Produktionsfaktoren einfache Arbeit und Humankapital benötigt sowie Zwischenprodukte bzw. Kapitalgüter eingesetzt. Durch eine zunehmende Vielfalt an Zwischenprodukten bzw. Kapitalgütern können die Konsumgüterhersteller Produktivitätsvorteile erzielen. Der Outputmarkt ist durch vollständige Konkurrenz gekennzeichnet.

Der Wachstumsmotor im *Romer*-Modell sind die Forschungs- und Entwicklungsaktivitäten im Forschungssektor. Je mehr Humankapital im Forschungssektor zum Einsatz kommt, desto stärker wächst die Volkswirtschaft. „Je mehr geforscht wird, desto zahlreicher sind die Neuerfindungen, desto stärker wächst die Zahl der Varianten an Kapitalgütern (bzw. Zwischenprodukten) und desto umfangreicher ist der prozentuale Produktionsanstieg im Konsumgütersektor in jeder Periode“ (*M. Frenkel; H.-R. Hemmer* 1999, S. 255).

Das bislang behandelte *Romer*-Modell erklärt endogenes Wachstum für eine geschlossene Volkswirtschaft. Darüber hinaus versucht die Wirtschaftswissenschaft, endogene Wachstumsmodelle auch für offene Volkswirtschaften zu entwickeln. Im folgenden wird ein Beitrag von *L. H. Rivera-Batiz* und *P. Romer* (1991a, b) vorgestellt, der das *Romer*-Modell um außenwirtschaftliche Effekte des technischen Fortschritts erweitert (vgl. *M. Frenkel, H.-R. Hemmer* 1999, S. 272-295). Dieser um die Außenwirtschaft erweiterte *Romer*-Ansatz unterscheidet 1. Außenhandel zwischen zwei Ländern mit gleicher ökonomischer Struktur und 2. Außenhandel zwischen zwei Ländern und ungleicher ökonomischer Struktur.

Zu 1. Außenhandel zwischen zwei Ländern mit gleicher ökonomischer Struktur. Hier gilt im Autarkiefall für beide Länder das eingangs beschriebene endogene Wachstumsmodell für geschlossene Volkswirtschaften. Grenzöffnung führt bei den gegebenen Modellannahmen in beiden Ländern zu einer Wachstumsbeschleunigung. Diese positive Integrationswirkung begründen *Rivera-Batiz* und *Romer* mit drei Effekten: dem Skaleneffekt, dem Allokationseffekt und dem Redundanzeffekt.

- Der Skaleneffekt tritt ein, da durch die Grenzöffnung nun beide Länder Zugang haben nicht nur zu den im Inland, sondern auch zu den im Ausland produzierten Kapitalgütern. Dies erhöht die Produktivität des Kapitalstocks, da dieser mit zunehmender Vielfalt der Kapitalgüter die Produktion im Endproduktsektor (d. h. von Konsumgütern) steigert.

- Der Agglomerationseffekt resultiert daraus, daß sich durch die Grenzöffnung der Humankapitaleinsatz vom Endproduktsektor zum Forschungssektor verlagert. Dies läßt sich an Hand von zwei Wirkungsketten begründen. 1. Grenzöffnung vergrößert die Anzahl der Kapitalgütervarianten und erhöht den Markt für jede Kapitalgütervariante. Dies führt zu Monopolrenten der Kapitalgüterproduzenten, zu vermehrter Nachfrage nach Patenten, zu höheren Patentpreisen und letztendlich zu einem Anstieg des Lohnsatzes für Humankapital im Forschungssektor.
  2. Grenzöffnung erhöht auch die Diffusion des Wissens. Dadurch stehen dem Forschungssektor nicht nur das im Inland entwickelte Wissen, sondern auch das Wissen aus dem Ausland zur Verfügung. Da sich das Inland an den Kosten der Wissensproduktion im Ausland nicht beteiligt hat, entstehen internationale Wissensspillover-Effekte. Diese Wissensvermehrung steigert die Produktivität der Forschungs- und Entwicklungsaktivitäten mit der Folge eines Lohnanstiegs des Humankapitals im Forschungssektor.
  Nach beiden Argumentationen kommt es zu einem Lohnanstieg des Humankapitals im Forschungssektor, der eine Verlagerung von Humankapital bewirkt, und zwar vom Endproduktsektor zum Forschungssektor, dem Wachstumsmotor im *Romer*-Modell.

- Der Redundanzeffekt besagt, daß durch die internationale Diffusion des Wissens Erfindungen im Inland auch im Ausland bekannt werden und sich daher der Einsatz von Ressourcen zur Entwicklung bereits bekannter Neuerungen vermeiden läßt.

Zu 2. Außenhandel zwischen zwei Ländern mit ungleicher ökonomischer Struktur. Diese zweite Version des erweiterten *Romer*-Ansatzes berücksichtigt internationale Unterschiede bezüglich des Wissensstandes, des Humankapitaleinsatzes, der Produktivität des Humankapitals und der Präferenzen der Konsumenten. Die modelltheoretische Analyse ergibt auch für den Fall ungleicher Länder positive Außenhandelseffekte. Durch Wissenszuwachs und Technologietransfer profitieren insbesondere die weniger entwickelten Volkswirtschaften von der Integration. Die Grenzöffnung führt zur Konvergenz der Produktions- und Einkommenswachstumsraten. Bei der Interpretation dieses Ergebnisses ist zu beachten, daß sich in der Realität die Einkommenskluft zwischen den Industrieländern und den Entwicklungsländern vertieft (vgl. Band Wirtschaftsgeographie 2, Empirie, Kapitel 3.2.2). Offensichtlich überlagern andere, die Wachstumsdivergenz verursachende Faktoren mögliche positive außenwirtschaftliche Effekte des technischen Fortschritts.

Paul Krugman präsentiert in seinem Buch „Geography and Trade“ (1991a, S. 101-113) ein formalisiertes *Zentrum-Peripherie-Modell* endogener Entwicklung, das die Wechselwirkung von Skalenerträgen, Transportkosten und Wanderung betont. Das Gleichgewichtsmodell unterstellt nachfolgende Ausgangsbedingungen:

- Ein Land besteht aus zwei Regionen, Ost und West, und es produziert zwei Güterarten, Agrargüter und Industriegüter.
- Die Agrarproduktion kennzeichnen Produkthomogenität, konstante Skalenerträge und vollständige Konkurrenz, die Industrieproduktion Produktvielfalt, steigende Skalenerträge und monopolistische Konkurrenz.
- Alle Wirtschaftssubjekte haben identische Konsumpräferenzen.
- Landwirte produzieren Agrargüter, Arbeiter Industriegüter. Ein Beschäftigungswechsel vom Agrar- zum Industriesektor wird ausgeschlossen.
- Landwirte sind räumlich immobil, Arbeiter wandern zur Region höherer Realeinkommen.
- Der Agrarsektor produziert mit konstanten Skalenerträgen. Der Industriesektor produziert eine Vielzahl von Gütern mit jeweils steigenden Skalenerträgen. Da jedes dieser Güter von einem anderen Unternehmen hergestellt wird, herrscht monopolitische Konkurrenz.
- Beim Transport von Industriegütern zwischen den beiden Regionen entstehen Kosten, nicht jedoch beim interregionalen Transport von Agrargütern.

Ausgehend von diesen Annahmen, versucht *P. Krugman* die Dauerhaftigkeit (sustainability) einer Zentrum-Peripherie-Struktur zu modellieren. Er geht der Frage nach, unter welchen Bedingungen sich bei einer Raumstruktur, in der sich die gesamte industrielle Produktion auf die Region Ost konzentriert und die Region West ausschließlich Agrargüter herstellt, eine stabile Gleichgewichtssituation einstellt. Das Zwei-Regionen-Modell ist charakterisiert durch ein industrielles Zentrum (Osten) und eine landwirtschaftlich geprägte Peripherie (Westen).

Unter Bezugnahme auf die nicht-formalisierte regionale Polarisationstheorie von *A. O. Hirschman* aus dem Jahre 1958 (vgl. Kapitel 2.3.5.2) prägen auch im *Krugman*-Modell zentripetale und zentrifugale Kräfte die Raumstruktur. Zentripetale Kräfte stärken die ökonomische Position des industriellen Zentrums (Osten), indem Unternehmen und Arbeitskräfte Agglomerationsvorteile realisieren. Zentrifugale Kräfte schwächen die Position des industriellen Zentrums, da Unternehmen und Arbeitskräfte in die agrarische Peripherie (Westen) abwandern, um dort den Markt mit Industriegütern zu versorgen. Ob die zentripetalen oder zentrifugalen Kräfte überwiegen, hängt im *Krugman*-Modell von drei Kriterien ab, den Skalenerträgen, den Transportkosten und dem Anteil des Industriesektors an den Einkommen. Bei hohen Skalenerträgen, geringen Transportkosten und einem hohen Anteil der Industrie am Einkommen entwickelt sich der Osten zum industriellen Zentrum. Die zentripetalen Kräfte dominieren, und der Westen bleibt agrarische Peripherie. Das formalisierte Zentrum-Peripherie-Modell von *P. Krugman* bestätigt somit wesentliche Aussagen der älteren (nicht-formalisierten) regionalen Polarisationstheorien.

Der neuen Wachstumstheorie und der neuen Außenhandelstheorie gelingen im Vergleich zu den neoklassischen Ansätzen wesentliche methodische Erweiterungen. Obwohl die Theoriebildung erst am Anfang steht und die vorliegenden Beiträge eine große Heterogenität aufweisen, sind zwei Schwerpunkte hervorzuheben:

1. Die modellinterne (endogene) Erklärung des technischen Fortschritts.
2. Die Berücksichtigung von sog. Marktunvollkommenheiten, d. h. von oligopolistischer und monopolistischer Konkurrenz, externen

Effekten (z. B. Wissensspillovers) steigenden Skalenerträgen usw. Steigende Skalenerträge in Verbindung mit unvollständiger Konkurrenz können beispielsweise den wachsenden intraindustriellen Handel erklären (vgl. *K. Rose; K. Sauernheimer* 1995, S. 539-548). Aus wirtschaftsgeographischer Sicht ist hervorzuheben, daß die endogenen Theorien in der Lage sind, sowohl interregionale Ausgleichsprozesse als auch interregionale Polarisationsprozesse zu modellieren. Dies verbessert ihre Einsatzmöglichkeiten in der empirischen Raumwirtschaftsforschung entscheidend. Die Erkenntnisse der endogenen Theorie haben auch die Diskussion um die Notwendigkeit staatlicher Eingriffe in den Marktmechanismus belebt und könnten zu einer Neubewertung von Strategien und Instrumenten der Wirtschafts-, Technologie- und Regionalpolitik führen.

Deduktive Theorien arbeiten mit vereinfachenden Annahmen. Viele Einflußgrößen der regionalen Wirtschaftsentwicklung (z. B. die Rolle von informellen Netzwerken, von innovativen Milieus) lassen sich nicht befriedigend in mathematische Modelle integrieren. Die „harte" modelltheoretische Argumentation muß daher ergänzt werden um „weichere", nicht-formalisierte Erklärungsbeiträge.

2.4.2 Dynamisch-zyklische Ansätze

Die dynamisch-zyklischen Ansätze betonen, daß sich die Wirtschaft in einem ständigen Strukturwandel befindet. Im Zuge dieses wirtschaftlichen Transformationsprozesses kommt es zu intraregionalen, interregionalen und internationalen Verlagerungen ökonomischer Aktivitäten. Als entscheidende Antriebskraft der Transformation der Wirtschaft ist der technische Fortschritt anzusehen. Technischer Fortschritt führt zur Herstellung neuer Produkte bzw. zur Bereitstellung neuer Dienstleistungen, aber auch zur Entwicklung neuer Produktionsverfahren und neuer Organisationsformen. Der Zusammenhang zwischen dem durch technischen Fortschritt verursachten Strukturwandel der Wirtschaft und der Raumentwicklung wird im folgenden aus mikroökonomischer Sicht am Beispiel der Produktzyklus-Hypothese und aus makroökonomischer Sicht am Beispiel der Theorie der langen Wellen herausgearbeitet.

2.4.2.1 Produktzyklus-Hypothese und Raumentwicklung

Die Produktzyklus-Hypothese besagt, daß Produkte nur eine begrenzte Lebensdauer besitzen. Im Laufe der Zeit unterliegt ein Produkt Veränderungen hinsichtlich der Produktgestaltung, der Produktionsbedingungen und der Absatzbedingungen. Generalisierend läßt sich der Lebenszyklus eines neuen Gutes (oder einer neuen Branche) in vier Phasen gliedern (vgl. Abb. 2.38):

1. In der *Entwicklungs- und Einführungsphase* ist eine große Zahl von Innovationen im Bereich der Produktgestaltung notwendig, da verschiedene technologische Optionen bei der Herstellung und Unsicherheit über Käuferpräferenzen bestehen. Die Produktion setzt erhebliche Forschungs- und Entwicklungsinvestitionen und den Einsatz hochqualifizierter Arbeitskräfte voraus. Obwohl eine Quasi-Monopolstellung des Unternehmens die Durchsetzung hoher Preise ermöglicht, ergeben sich in dieser ersten Phase aufgrund der geringen Absatzmenge Verluste.
2. In der *Wachstumsphase* setzt sich das Produkt zunehmend am Markt durch. Das Schwergewicht der Innovationen verlagert sich auf den Produktionsprozeß. Gleichzeitig verringert sich die Humankapitalintensität, und es steigt die Sachkapitalintensität der Produktion. Exponentiell wachsende Erlöse und hohe Gewinne kennzeichnen diese Phase.
3. In der *Reifephase* ermöglichen ausgereifte Produkte und standardisierte Produktionsverfahren Massenproduktion. Marktsättigung und steigender Konkurrenzdruck führen jedoch trotz arbeitssparenden Rationalisierungsinvestitionen zu abnehmenden Gewinnen.
4. Die *Schrumpfungsphase* ist durch rasch fallende Erlöse gekennzeichnet. Nach *J. J. van Duijn* (1984) besitzen Unternehmen allerdings verschiedene Möglichkeiten, Absatzeinbußen und Verluste zu vermeiden, d. h. den Übergang von der Reifephase in die Schrumpfungsphase zu vermeiden oder zumindest zu verzögern. Vier Variationen sind in Abb. 2.39 dargestellt:

a) die Substitution des alten durch ein neues Produkt der gleichen Güterart (z. B. der Ersatz des Schwarz-Weiß-Fernsehens durch das Farbfernsehen),

b) die Ausdehnung des Lebenszyklus durch ständige Produktmodifikationen; dadurch lassen sich zusätzliche Märkte erschließen,
c) die Verbesserung der Produktionstechnologie, um die Wettbewerbsfähigkeit zu erhöhen,
d) die Ausdehnung der Reifephase durch Rationalisierung und Senkung der Arbeitskosten.

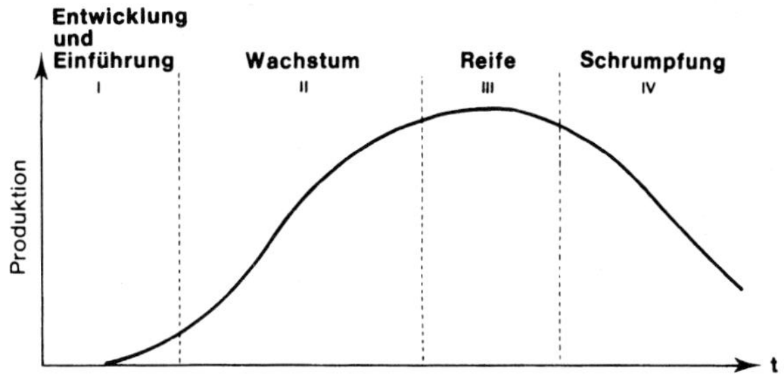

Veränderungen:			
PRODUKTION	humankapitalintensiv →	sachkapital- oder arbeitsintensiv	
INNOVATIONEN	Produktinnovationen →	Prozeßinnovationen	
INVESTITIONEN	F&E - Investitionen →	Rationalisierungsinvestitionen	
PRODUKTIONSMENGE	kleine Losgrößen →	Massenproduktion	
MARKTSTELLUNG	Verkäufermarkt →	Käufermarkt	
GEWINNE	Verlust, ansteigende Gewinne, abnehmende Gewinne, Verlust		
OPTIMALER PRODUKTIONSSTANDORT	Agglomerationsraum	Umland der Agglomeration	periphere Regionen, Niedriglohnländer

Intraregionale, interregionale u. internationale Dezentralisierung

Abb. 2.38 Phasen des Produktzyklus

Im Lauf des Produktlebenszyklus vollzieht sich, wie aus Abb. 2.38 zu ersehen ist, eine Schwerpunktverschiebung von humankapitalintensiver zu sachkapital- oder arbeitsintensiver Produktion, von Produktionsinnovationen zu Prozeßinnovationen, von FuE-Investitionen zu Rationalisierungsinvestitionen, von kleinen Losgrößen zur

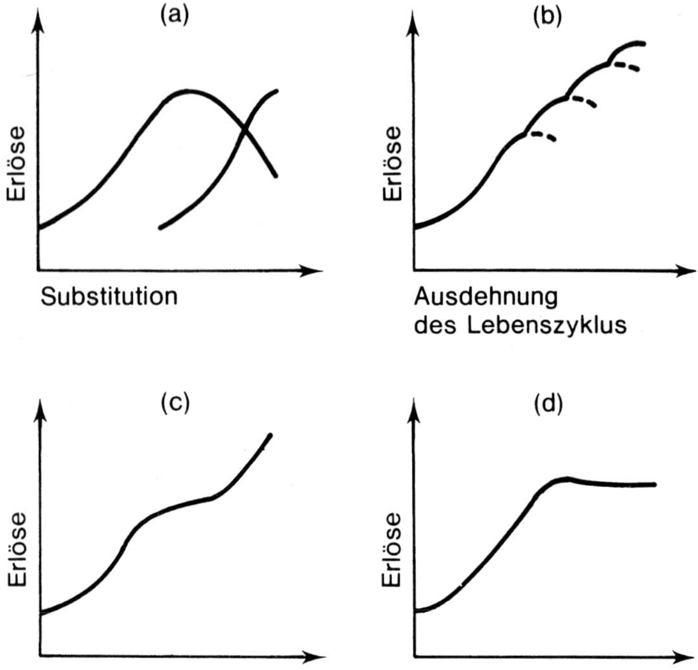

Abb. 2.39 Unterschiede im Verlauf des Produktzyklus
Entwurf: nach *J. J. v. Duijn* (1984, S. 21)

Massenproduktion sowie vom Verkäufermarkt zum Käufermarkt. Auch hinsichtlich der Gewinne, dem entscheidenden Motiv unternehmerischen Handelns, treten tiefgreifende Veränderungen ein. *A. Markusen* (1985) spricht von Profitzyklen. Abb. 2.40 zeigt Verluste in der Entwicklungs- und Einführungsphase, exponentiell wachsende Gewinne in der Wachstumsphase, abnehmende Gewinne in der Reifephase und mit zunehmendem Abschwung den Übergang zu erneuten Verlusten. Es ist offensichtlich, daß Unternehmen, die überwiegend Güter herstellen, die am Beginn des Produkt- und Profitzyklus stehen, ebenso wie Regionen mit einem hohen Anteil von „jungen" Gütern bzw. Branchen, die günstigsten Entwicklungsperspektiven besitzen. Ungünstig hingegen sind die Zukunftsaussichten von Unternehmen, die vorrangig „ältere“ Güter produzieren, die sich bereits in der Reifephase befinden. Für Regionen, in denen sich „ältere“ Güter bzw. Branchen konzentrieren, besteht die Gefahr, daß sie in ihrer wirtschaftlichen Entwicklung stagnieren und einen relativen Bedeutungsverlust erleiden.

Beim Übergang eines Produkts von der Entwicklungs- und Einführungsphase über die Wachstums-, die Reife- bis zur Schrumpfungsphase verändern sich, wie dargelegt, die Produktions- und Absatzbedingungen. Daraus läßt sich folgern, daß phasenspezifische Standortanforderungen der Güterherstellung bestehen und sich folglich im Laufe des Lebenszyklus eines Produkts der betriebswirtschaftlich optimale Produktionsstandort verändert.

Die Entwicklung eines neuen Produkts ist humankapitalintensiv und erfordert hohe FuE-Investitionen; Innovationspotential, qualifizierte Arbeitskräfte und Risikokapital sind vornehmlich in urban-industriellen Zentren vorhanden. Zunehmende Standardisierung des Herstellungsverfahrens, steigende Sachkapitalintensität, sich verschärfender Qualitäts- und Preiswettbewerb verändern die Standortanforderungen. Sie erzwingen eine funktionale Standortspaltung oder Zweigbetriebsgründungen im Hinterland des Zentrums, in peripher gelegenen Standorten innerhalb nationaler Grenzen, aber auch in Niedriglohnländern. Aufgrund der Standortvorteile errichten dort auch neu auf den Markt dringende Konkurrenten ihre Betriebe. Im Lebenszyklus eines Produkts verschiebt sich der optimale Produktionsstandort vom Zentrum in Richtung auf die Peripherie; diese Standortverlagerung läßt sich auch als Diffusion von Produktionsstätten neuer Güter interpretieren. Es besteht somit eine Tendenz zur intraregionalen, interregionalen und internationalen Dezentralisierung der Produktion (vgl. Abb. 2.38). In Abb. 2.41 sind das Produktionsvolumen eines Gutes bzw. einer Branche an den Standorten A, B, C, D sowie die Schwerpunktverlagerung dieser ökonomischen Aktivitäten innerhalb des Gesamtraumes (E) modellhaft dargestellt (vgl. *J. Hampe* und *R. Koll* 1989).

Mit vergleichbarer Argumentation lassen sich mittels der Produktzyklus-Hypothese Veränderungen der interregionalen und internationalen Handelsbeziehungen erklären (vgl. *S. Hirsch* 1967, *R. Vernon* 1966, 1979). Bei der Herstellung eines Gutes besitzen

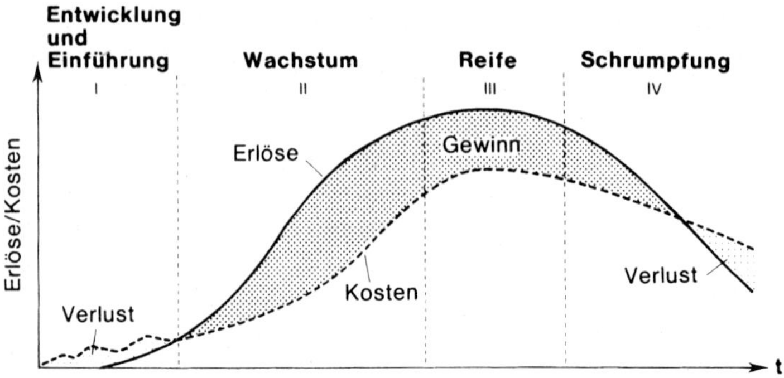

Abb. 2.40 Phasen des Profitzyklus

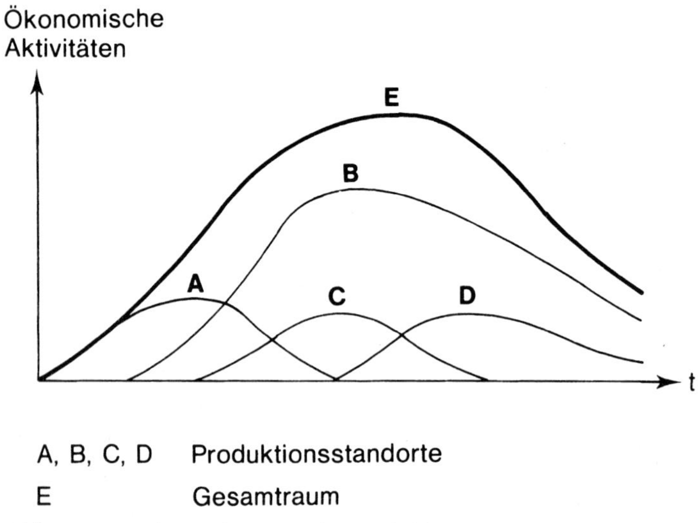

Abb. 2.41 Standortverlagerung der Produktion eines Gutes bzw. einer Branche

Entwurf: Nach *J. Hampe* und *R. Koll* 1989, S. 47

einzelne Länder (Regionen) in bestimmten Phasen des Produktlebenszyklus komparative Vorteile. Eine mögliche Folge ist eine langfristige Verschiebung der Außenhandelsüberschüsse vom hochindustrialisierten Land der Produktinnovation über andere Industrieländer zu weniger entwickelten Ländern (vgl. Abb. 2.42). Das Land der Produktinnovation erzielt bei Gütern, die sich in der frühen Phase ihres Produktlebenszyklus befinden, hohe Exportüberschüsse und wechselt mit fortschreitender Reife des Produkts in die Rolle des Importeurs über. Weniger entwickelte Länder sind hingegen nur bei der Herstellung von Gütern, die bereits eine fortgeschrittene Phase ihres Lebenszyklus erreicht haben, international wettbewerbsfähig.

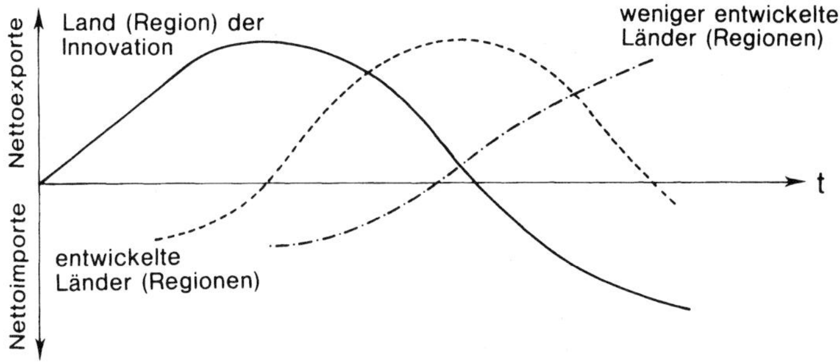

Abb. 2.42 Produktzyklus und Außenhandel

Das Konzept des Produktlebenszyklus bildet eine Grundlage zur Dynamisierung der einzelwirtschaftlichen Standorttheorie. Es hilft auch den regionalen Strukturwandel, z. B. den wirtschaftlichen Aufstieg und Niedergang von Regionen, besser zu verstehen und bietet schließlich Möglichkeiten der Verknüpfung mit außenhandelstheoretischen Fragen. *Gunther Tichy* (1991) weist in einem beachtenswerten Aufsatz auf Limitationen dieses theoretischen Ansatzes hin.

1. Nicht alle Güter unterliegen einem „regionalen“ Produktzyklus. *G. Tichy* (1991, S. 46 ff.) unterscheidet Produktzyklusgüter und Güter, die keinem regionalen Produktzyklus folgen. Wie bereits dargestellt, entstehen Produktzyklusgüter in der Regel in urban-industriellen Zentren (high-income agglomerations), und im Verlauf des Lebenszyklus verschiebt sich der optimale Produktions-

standort in Richtung auf die Peripherie. Güter, die diesem regionalen Produktzyklus nicht folgen, sind:
a) Ricardo-Güter; ihre Produktion ist an die Standorte von Rohstoffen gebunden (Rohstofforientierung).
b) Lösch-Güter; hierbei handelt es sich um Produkte, die im wesentlichen nur für den lokalen Markt des Agglomerationsraums hergestellt werden. Der Produktionsstandort wird im Regelfall im Einzugsbereich des Zentrums liegen (Marktorientierung).
c) Thünen-Güter; zur Herstellung dieser Produkte sind qualifiziertes Humankapital und spezialisierte Dienstleistungen notwendig, die nur im Agglomerationsraum verfügbar sind. Ihr Produktionsstandort muß daher ebenfalls im urbanen Zentrum liegen („high-skill"-Orientierung).

2. Der regionale Transformationsprozeß ist in der Realität vielschichtiger als dies „Lehrbuchdarstellungen" der Produktzyklus-Hypothese vermuten lassen. So ist die Entwicklung neuer Produkte nicht auf Agglomerationen beschränkt; sie konzentrieren sich jedoch dort aufgrund günstiger Bedingungen für die Entstehung von Inventionen und die Durchsetzung von Innovationen. *J. Cantwell* (1995) weist darauf hin, daß in Zeiten der Globalisierung der Wirtschaft multinationale Unternehmen zunehmend Innovationen an optimalen Standorten innerhalb ihrer weltweiten Unternehmensnetzwerke realisieren. Auch erfolgt die Verlagerung reifer Produkte in die Peripherie nicht mechanisch. In den Zentren versuchen Unternehmer, Gewerkschaften und politische Entscheidungsträger, ihre Abwanderung zu verhindern; in der Peripherie müssen innovative Unternehmer vorhanden sein, um die Produktion reifer Produkte aufzunehmen. Schließlich ist eine Rückverlagerung der Produktion in die Zentren in der Folge erfolgreich durchgeführter Prozeßinnovationen nicht auszuschließen.

Weiterführend kann auch die von S. *Hirsch* (1974, S. 70 ff.) vorgenommene Unterscheidung der Produktzyklusgüter in neue Güter, reife arbeitsintensive und reife kapitalintensive Güter sein. Der Band Wirtschaftsgeographie 3, Politik (Kapitel 4.4.2), behandelt für Südkorea die Verlagerung der Wachstumsdynamik von arbeitsintensiv produzierten Konsumgütern der Leichtindustrie über sachkapitalintensiv hergestellte Zwischengüter der Schwerindustrie zu sachkapital- und humankapitalintensiv erzeugten Investitions- und gehobenen Gebrauchsgütern. In jeder dieser Phasen hat Südkorea im wesentlichen mit der Erzeugung reifer Güter internationale Wettbewerbsfähigkeit erlangt. Der regionale Strukturwandel der südkoreanischen Wirtschaft läßt sich u. a. aus dem Tatbestand erklären, daß sich beim Übergang von der arbeitsintensiven zur sachkapitalintensiven bzw. humankapitalintensiven Erzeugung reifer Güter deren optimaler Produktionsstandort veränderte.

2.4.2.2 Theorie der langen Wellen und Raumentwicklung

Die wirtschaftliche Bedeutung neuer Produkte, neuer Dienstleistungen, neuer Produktionsverfahren und neuer Organisationsformen kann sehr unterschiedlich sein. Grundlegende technische Neuerungen werden als Basisinnovation bezeichnet. Nach heute vorherrschender Meinung treten diese Basisinnovationen in zyklischen Abständen gehäuft („in Schwärmen“) auf, und können lange Wachstumsschübe („lange Wellen“) auslösen. Die Basisinnovationen schaffen nach *G. Mensch* (1975) als Produktinnovationen neue Märkte und Wachstumsindustrien und verändern als Prozeßinnovationen auch bereits bestehende Wirtschaftszweige tiefgreifend (z. B. Mikroelektronik).

Die wissenschaftliche Auseinandersetzung mit zyklischen Schwankungen in der Wirtschaftsentwicklung hat eine lange Tradition. Sie läßt sich zeitlich in drei Phasen gliedern (vgl. *U. Weinstock* 1964; *J. Delbeke* 1984). Zunächst bemühten sich die niederländischen Marxisten *J. van Geldern* (1913) und *S. de Wolff* (1924) sowie der russische Agrarökonom *N. D. Kondratieff* (1926) um einen empirisch statistischen Nachweis zyklischer Schwankungen in der Wirtschaftsentwicklung kapitalistischer Industrieländer. Es war *N. D. Kondratieff* (nach ihm werden die langen Wellen auch *Kondratieff-Zyklen* genannt), der technologische Innovationen und Investitionen in Kapitalgüter als wichtige Theorieelemente identifizierte. Den entscheidenden Beitrag zur Entwicklung einer Theorie der langen Wellen leistete jedoch *J. A. Schumpeter* (1939). Im Mittelpunkt seiner Betrachtungen stehen technische Neuerungen und der dynamische Unternehmer. Die Innovation, d. h. die von einem dynamischen Unternehmer durchgesetzte technische Neuerung, ist Anstoß und Ursache der Schwankungen der Wirtschaft. Art und Ausreifungszeit der Innovation erklären die Zyklenlänge. *J. A. Schumpeter* unterscheidet nach der Bedeutung von Innovationen drei sich überlagernde Wellen mit unterschiedlicher Länge; der Kitchin-Zyklus dauert 40 Monate, der Juglar-Zyklus 9-10 Jahre und der Kondratieff-Zyklus 48-60 Jahre. Die Kondratieff-Zyklen, d. h. die langen Wellen, sind von größter Bedeutung und prägen den Verlauf der kürzeren Fluktuationen der Wirtschaft. Schließlich erlebte in den 1970er Jahren, angesichts von Strukturproblemen mit hoher Arbeitslosigkeit in westlichen Industrieländern und negativer Auswirkungen des drastischen Anstiegs der Rohölpreise, die theoretische und empirische Analyse der langfristigen Wirtschaftsentwicklung eine Renaissance.

Die neueren historisch-deskriptiven Untersuchungen unterscheiden vier lange Wellen; sie sind in Abb. 2.43 in einem vereinfachten Phasenmodell der wirtschaftlichen Entwicklung dargestellt. Der jeweilige Aufschwung wird durch Basisinnovationen ausgelöst, der Abschwung tritt ein, wenn sich die Innovationskraft der neuen Technologie erschöpft. Zu den herausragenden Innovationen zählten bei der ersten langen Welle (auch industrielle Revolution genannt) die Dampfkraft und Fortschritte in der Textil- und Eisenindustrie, bei der zweiten langen Welle Neuerungen im Verkehrswesen (Eisenbahn, Dampfschiffe) und in der Eisen- und Stahlindustrie, im dritten Zyklus u. a. der Einsatz von Benzin- und Elektromotoren und im vierten Zyklus der Einsatz von Elektronik im Produktionsprozeß sowie u. a. Erfindungen in der Petrochemie. Als Basisinnovationen für eine künftige (fünfte) lange Welle werden neben der Mikroelektronik, einer Steuerungs- und Kommunikationstechnologie, die in allen Bereichen der Wirtschaft Anwendung finden kann, die Bio- und Gentechnologie angesehen.

Die Kritik an der Theorie der langen Wellen konzentriert sich auf Unzulänglichkeiten sowohl der empirischen Befunde als auch des theoretischen Erklärungsgehalts. Nach *E. Eklund* (1980) konnte bislang nur die Existenz säkularer Fluktuationen von Preisen, nicht jedoch von Produktionsmengen empirisch nachgewiesen werden.

Auch geben die vorliegenden Theorien lediglich Aufschluß über Ursachen von Aufschwung, Wendepunkt bzw. Abschwung bei einzelnen langen Wellen; nicht überzeugend gelungen ist es, die Gesetzmäßigkeit zyklischer Schwankungen in regelmäßiger zeitlicher Abfolge zu erklären.

Die Theorie der langen Wellen kann zur Erklärung internationaler und interregionaler Verlagerungen ökonomischer Aktivitäten herangezogen werden. Zu unterscheiden sind erstens räumliche Differenzierungsprozesse, die sich im Verlauf einer einzigen langen Welle vollziehen, und zweitens räumliche Schwerpunktverlagerungen ökonomischer Aktivitäten beim Übergang von einer zur nächsten langen Welle.

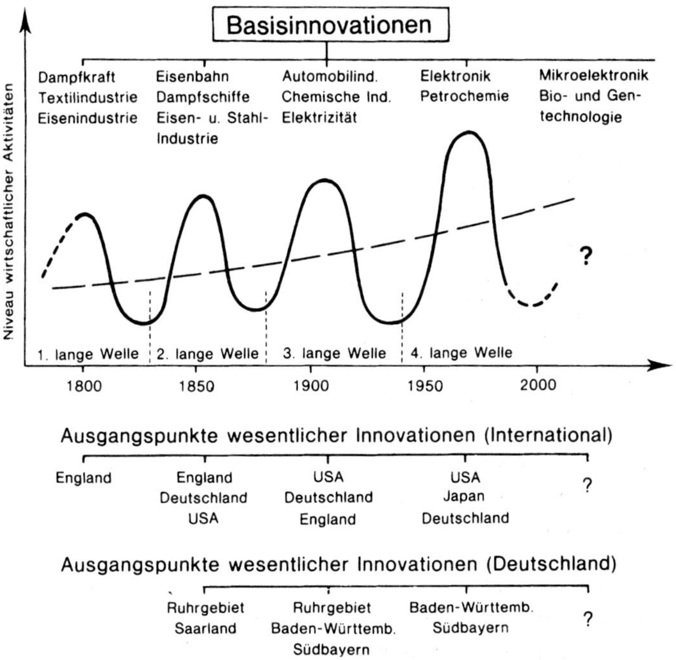

Abb. 2.43 Modell der wirtschaftlichen Entwicklung in „langen Wellen“
Entwurf: nach *P. Dicken* (1998, S. 148)

1. Nach dem heutigen Kenntnisstand ist davon auszugehen, daß sich bei jeder langen Welle die ökonomischen Aktivitäten auf ein bzw. wenige räumliche Zentren konzentrieren, daß aber auch weltweit eine charakteristische industrielle Standortstruktur entsteht sowie eine charakteristische Vernetzung der Standorte über die Mobilität von Gütern und Produktionsfaktoren. Im Laufe eines einzelnen Kondratieff-Zyklus verändert sich das gesamte globale Raumsystem tiefgreifend. Das räumliche Zentrum einer langen Welle prosperiert, bis die Innovationskraft der neuen Technologie erschöpft ist. Zum Ende eines Zyklus häufen sich Firmenkäufe und Fusionen, und die Gründung von Zweigwerken und Tochterunternehmen bewirkt einen auf die Peripherie gerichteten Wachstumsschub. Aber genauso wie der räumliche Kristallisationskern einer langen Welle die Phasen Wachstum, Stagnation, Schrumpfung durchläuft, unterliegen auch die als Folge der Basisinnovation außerhalb der Kernregion entstehenden Industriestandorte einem wirtschaftlichen Transformationsprozeß; sie durchlaufen sog. „regionale Wachstumszyklen". Städte bzw. Regionen, die aufgrund von Standortvorteilen (günstige Faktorausstattung, Lagegunst usw.) extern entstandene Basisinnovationen zuerst durchsetzen können, entwickeln sich zu Wachstumsregionen. Die Wachstumsdynamik hält solange an, wie es gelingt, die Produktion an den technischen Fortschritt anzupassen. Vermindert sich die Fähigkeit und Bereitschaft zum kontinuierlichen Umstrukturierungsprozeß, kommt es zur Stagnation und langfristig zur Schrumpfung der regionalen Wirtschaft (vgl. *E. v. Böventer* 1987). *W. B. Stöhr* (1981) erwartet, daß jeweils in der Aufschwungphase langer Wellen eine Entwicklung „von oben" mit weiträumigen Interaktionen und in der Phase des Abschwungs eher eine Entwicklung „von unten" mit kleinräumiger Vernetzung und ländlichen Aktivitäten dominieren.
2. Bislang hat jede neue Welle ein eigenes räumliches Zentrum gebildet; der räumliche Kristallisationskern der neuen langen Welle lag in der Regel fernab von jenem des alten Zentrums. Bei globaler Betrachtung war während der ersten langen Welle Manchester und während der zweiten langen Welle u. a. das Ruhrgebiet das industrielle Zentrum. Wie Abb. 2.43 zeigt, traten neben westeu-

ropäischen Ländern die USA und während der vierten langen Welle Japan als Ausgangspunkt und erster Kristallisationskern von Basisinnovationen hinzu. Zu Beginn der fünften langen Welle wird erwartet, daß sich der pazifische Raum zu einer führenden Industrieregion der Welt entwickeln könnte. Bei Betrachtung einzelner Länder läßt sich beispielsweise in Deutschland im Laufe des dritten und vierten Kondratieff-Zyklus eine Schwerpunktverschiebung ökonomischer Aktivitäten in die Regionen Stuttgart und München empirisch belegen. In den USA kam es zu einer Verlagerung der Wachstumsdynamik von den Neu-England-Staaten über den mittleren Westen nach Kalifornien (vgl. *D. E. Booth* 1987). Die Gründe für die räumliche Verlagerung des Ausgangspunktes und ersten Produktionsschwerpunktes einer neuen langen Welle sind vielfältig. Ein wesentlicher Grund ist sicherlich, daß die Zentren der alten Welle nicht den Standortanforderungen der neuen Wachstumsindustrien genügen und statisches Verhalten von Großunternehmen, Gewerkschaften und Regierungen die notwendigen Anpassungsprozesse behindert; die Zentren der alten Welle verkrusten zu sog. „Altindustrieregionen“.

2.4.3 Dynamisch-evolutionäre Ansätze

Die dynamisch-zyklischen Theorien leisten Beiträge zum Verständnis von Verlagerungen ökonomischer Aktivitäten im Raum. Ein aus regionalwissenschaftlicher Sicht wichtiges Ergebnis der Theorie der langen Wellen besagt, daß Basisinnovationen nicht nur zeitlich, sondern auch räumlich konzentriert auftreten. Im Verlauf eines einzelnen Kondratieff-Zyklus entstehen ein oder wenige räumliche Kristallisationskerne und weltweit eine zyklenspezifische industrielle Standortstruktur; jede neue Welle bildet eigene räumliche Kristallisationskerne mit charakteristischen Standortstrukturen. Die Produktzyklus-Hypothese erklärt, daß sich im Lauf des Lebenszyklus eines Produkts der betriebswirtschaftlich optimale Produktionsstandort verändern kann. Es ist nun der Frage nachzugehen, wie intraregionale Dynamik und Kreativität die Entstehung und Konzentration von Innovationen begünstigen. Zur Beantwortung dieser Frage kann auf eine große Zahl anregender Thesen und Theorieansätze zurückgegriffen werden, die entweder die Bedeutung des technologischen Wandels betonen oder die ökonomisch-technologische Argumentation um außerökonomische Faktoren erweitern. Beeinflußt wird diese Diskussion von zwei weltweit zu beobachtenden Entwicklungstendenzen, der Schwerpunktverschiebung innerhalb der Verarbeitenden Industrie von der Massenproduktion zur flexiblen Produktion sowie dem graduellen Übergang von der Industrie- zur Wissensgesellschaft.

2.4.3.1 Paradigmenwechsel zur flexiblen Produktion und zur Wissensgesellschaft

- *Schwerpunktverschiebung von der industriellen Massenproduktion zur flexiblen Produktion.*

Seit Anfang der 80er Jahre führen die Wirtschafts- und Sozialwissenschaften eine kontroverse Debatte, die sich mit den Ursachen und Wirkungen tiefgreifender technologischer Veränderungen in der Verarbeitenden Industrie, insbesondere im Bereich der Produktions- und Arbeitsorganisation, befaßt. Die Schlagworte dieser Diskussion lauten: Übergang von der ersten zur zweiten industriellen Arbeitsteilung bzw. vom Fordismus zum Postfordismus, Schwerpunktverschiebung von der Massenproduktion zur flexiblen Produktion. Engagiert beteiligen sich marxistische Wissenschaftler, vornehmlich aus dem angloamerikanischen und französischen Sprachraum, an dieser Diskussion. Sie erwarten, daß der Kapitalismus im Zuge des sich abzeichnenden Übergangs vom Fordismus zum Postfordismus und in Verbindung mit weltweiten Strukturproblemen (z. B. Ölpreisschocks 1973/74 und 1979/80, Rohstoffverknappung, zunehmende Verschuldung der Entwicklungsländer) in die Krise gerät. Zwischenzeitlich wurde im größten Feldversuch der Geschichte die inferiore Leistungsfähigkeit der sich am Leitbild des Marxismus-Leninismus orientierenden Zentralverwaltungswirtschaften unterschiedlichster Ausprägung empirisch belegt. Der Strukturwandel zur flexiblen Produktion läßt sich nicht durch dirigistische, zentral gelenkte Wirtschaftsplanung und staatliche Regulierung realisieren, sondern durch Dezentralisierung der Entscheidungen, Deregulierung und Wettbewerb. Nachfolgende Ausführungen konzentrieren sich folglich nur auf jenen Teil der Argumentation, der zum Verständnis der internationalen und interregionalen Arbeitsteilung in marktwirtschaftlichen Systemen beiträgt.

Als *erste industrielle Arbeitsteilung* wird die Ende des 19. und Anfang des 20. Jahrhunderts eingeführte industrielle Massenfertigung bezeichnet, wie sie z. B. *Henry Ford* in der amerikanischen Automobilproduktion perfektionierte (daher der Name Fordismus). Charakteristische Merkmale waren im Bereich der Produktionsorganisation u. a. die Massenfertigung homogener Produkte mit dem Ziel, durch „economies of scale“ die Stückkosten zu senken, die umfassende Mechanisierung des Produktionsprozesses (z. B. beschleunigte der Einsatz der Fließbandfertigung die Substitution der Arbeit durch Kapital) sowie große Lagerbestände. Die Arbeitsorganisation kennzeichneten vertikale Organisationsstrukturen, starke Spezialisierung der Tätigkeiten, Gleichförmigkeit der Arbeitsschritte und geringe individuelle Verantwortlichkeiten. Die raumwirtschaftlichen Folgen waren u. a. ein regionaler Konzentrationsprozeß durch große Fabrikkomplexe in oder am Rand von großen Städten, eine weltweite Beschaffung von Rohstoffen und Halbfabrikationen sowie die Verlagerung der Fertigung von Massengütern in Regionen und Länder mit niedrigen Lohnkosten.

Sich schnell wandelnde Kundenwünsche und wachsende Konsumentensouveränität, steigende Produktvielfalt und immer kürzere Produktlebenszyklen führen, so lautet die Argumentation, zu einer *zweiten industriellen Arbeitsteilung*, zu einer Schwerpunktverschiebung von der (fordistischen) Massenproduktion zu einer (postfordistischen) flexiblen Produktion und Spezialisierung (vgl. *P. Piore* und *Ch. Sabel* 1984; *P. Krugman* 1991a). Charakteristisch für die Produktionsorganisation ist die Kleinserienfertigung von innovativen, in der Regel technologieintensiven Produkten mittels hochflexibler Produktionstechnologien. Die Unternehmen streben „economies of scope“ an, das sind Kostenvorteile, die sich durch eine flexible Organisation ergeben, z. B. durch die Fähigkeit, das Produktionssortiment bzw. den Produktionsprozeß kurzfristig umstellen zu können (*P. Knox* und *P. J. Agnew* 1994). Weitere Merkmale sind eine geringe Fertigungstiefe und kleine Lagerbestände. Die Arbeitsorganisation kennzeichnen schlanke Hierarchien, dezentrale Koordination und Kontrolle, enge Kooperation (z. B. Gruppenarbeit) und hohe individuelle Verantwortung der Beschäftigten. Ganz entscheidend für die Wettbewerbsfähigkeit hochflexibler Betriebe sind leistungsfähige (betriebsinterne) Dienstleistungsabteilungen (z. B. Forschung und Entwicklung, Marketing, Finanzierung) sowie eine enge Kooperation mit (betriebsexternen) unternehmensorientierten Dienstleistungen (z. B. staatliche und private Forschungseinrichtungen, Unternehmensberater, Wirtschaftsprüfer, Banken und Versicherungen) und Zulieferbetrieben. Die gelegentlich vertretene Meinung, die flexible Produktion könne die Massenproduktion ablösen, erscheint realitätsfern. Zu erwarten ist eine Gewichtsverschiebung von der Massenproduktion in Richtung auf die flexible Produktion, die sich in den Ländern und Regionen der Erde allerdings mit unterschiedlicher Geschwindigkeit vollzieht.

- *Übergang von der Industrie- zur Wissensgesellschaft*

Parallel zu den strukturellen Veränderungen innerhalb der Verarbeitenden Industrie läßt sich weltweit ein Übergang von der Industriegesellschaft zur Wissensgesellschaft beobachten; auch hier bestehen zwischen den Ländern und Regionen der Erde erhebliche Unterschiede in der Intensität des Strukturwandels. Wissen wird zur entscheidenden Ressource für eine nachhaltige wirtschaftliche Entwicklung.

Die industrielle Produktion kennzeichnet eine zunehmende Orientierung in Richtung auf Forschung, Entwicklung und Wissensintensivierung: Die technologieintensive Industrie schafft die wissenschaftlich-technischen Voraussetzungen für die Entstehung eines forschungs- und entwicklungsintensiven Dienstleistungssektors. In einer Wissensgesellschaft liegen vornehmlich in den innovationsorientierten Dienstleistungen die besten Perspektiven für die Schaffung neuer hochwertiger Arbeitsplätze. Dabei ist zu beachten, daß sich wichtige Zukunftsmärkte (z. B. Verkehr, Umwelt, Gesundheit, Kommunikation) in enger Verflechtung von Industrie und Dienstleistungen entwickeln, d. h. Industrie und Dienstleistungen wachsen immer enger zusammen. Sie wachsen auch deshalb enger zusammen, weil sich Industrieunternehmen stärker auf ihre Kernkompetenzen konzentrieren und hochwertige Dienstleistungsprodukte extern bzw. über Netzwerkverbindungen beziehen. Dabei erfolgt die Verflechtung entlang der gesamten Wertschöpfungskette.

In einer wissensintensiven Gesellschaft ist die Qualität des Bildungssystems eine maßgebliche Determinante der Wettbewerbsfähigkeit von Ländern bzw. Regionen; Humankapital wird zum wichtigsten Produktionsfaktor. Insbesondere im Bereich der wirtschaftlichen und technologischen Entwicklung erfüllen Hochschulen mit leistungsfähigen natur-, ingenieur, wirtschafts- und rechtswissenschaftlichen Fächern eine Schlüsselfunktion. Sie befördern den Innovationsprozeß der Wirtschaft, d. h. die Entwicklung neuer Produkte, neuer Produktionsverfahren und neuer Organisationsverfahren auf vielfältige Weise. Hochschulen stellen neueste Erkenntnisse der Grundlagenforschung und der angewandten Forschung zur Verfügung, sind Inkubatoren für wissensbasierte Unternehmensgründungen, vor allem aber qualifizieren sie das für den Innovationsprozeß benötigte wissenschaftliche Personal (vgl. *BMBF* 1999).

- *Räumliche Implikationen des Strukturwandels.*

Es ist nun der Frage nachzugehen, welche konkreten raumwirtschaftlichen Folgen der Paradigmenwechsel zur flexiblen Produktion und zur Wissensgesellschaft hat. Erfordert die flexible Produktion die „räumliche Nähe“ von Fertigung, betriebsinternen und betriebsexternen Dienstleistungen? Wie bedeutsam ist in einer Wissensgesellschaft die „räumliche Nähe“ von Innovationsakteuren? Diese Fragen werden in den Regionalwissenschaften kontrovers diskutiert; stark vereinfacht läßt sich eine „Globalisierungsthese“ und eine „Regionalisierungsthese“ unterscheiden.

Arten, Ursachen und Wirkungen der Globalisierung der Wirtschaft behandelt eingehend der Band Wirtschaftsgeographie 2, Empirie (3. Aufl., 2000a, S. 123-233). Die im Zusammenhang mit dem Paradigmenwechsel zur flexiblen Produktion und zur Wissensgesellschaft vertretene „*Globalisierungsthese*“ stellt die Bedeutung moderner Informations- und Kommunikationstechnologien in den Mittelpunkt der Betrachtung. Die IuK-Technologien beschleunigen nicht nur die Verlagerung der Produktion reifer Produkte in Regionen und Länder mit niedrigeren Fertigungskosten, sondern ermöglichen bei der flexiblen Produktion auch eine räumliche Trennung von Fertigung und Dienstleistungen. Vor allem multinationale Großunternehmen betreiben eine Globalisierungstrategie und errichten weltweit ein System von Zweigwerken, Verkaufs- und Serviceniederlassungen, die über konzerninterne Datenverbundsysteme mittels Glasfaserkabel oder Satelliten mit der Hauptverwaltung vernetzt sind. Zunehmend agieren aber auch große unternehmensorientierte Dienstleister (z. B. Wirtschaftsprüfer, Werbeagenturen, Banken und Versicherungen) global. (Vgl. *A. Amin* und *N. Thrift* 1994). Beschleunigt werden diese Globalisierungsprozesse durch die Internet-Revolution (vgl. *Ph. Evans; Th. S. Wurster* 2000). In einer wissensintensiven Gesellschaft sind aufgrund der Spezialisierung der Unternehmen und der Komplexität der Technikentwicklung die Akteure im Innovationsprozeß (produzierende Unternehmen, unternehmensorientierte Dienstleister, Hochschulen u. a.) auf externe Informations- und Wissensquellen angewiesen. FuE-intensive Unternehmen und Hochschuleinrichtungen können im Internet-Zeitalter das gesicherte und dokumentierte Wissen weltweit erwerben.

Nach der „*Regionalisierungsthese*" benötigt eine flexible Produktion die räumliche Nähe von Fertigung, betriebsinternen Dienstleistungen, betriebsexternen Dienstleistungen und Zulieferbetrieben. Die Vorstellung, daß es zu einer globalen Standortspezialisierung kommt, bei der sich die Kernregionen der Weltwirtschaft auf Forschung und Entwicklung („Blaupausenproduktion") spezialisieren und die Fertigung Zulieferbetriebe und „verlängerte Werkbänke" an peripheren Standorten übernehmen, entspricht bei Produkten mit einem hohen Technik- und Dienstleistungsanteil nicht der ökonomischen Realität. Produkt- und Prozeßinnovationen erfordern, so die Argumentation, betriebsintern einen kontinuierlichen, persönlichen Informations- und Erfahrungsaustausch zwischen Fertigung, Forschung und Entwicklung, Marketing, Finanzierung, eine enge Kooperation von Facharbeitern und Ingenieuren „vor Ort" sowie betriebsextern Zugang zu neuestem technischen Wissen der staatlichen und privaten Forschungseinrichtungen, detaillierte Marktkenntnis, wechselseitige Erreichbarkeit von Produzenten und unternehmensorientierten Dienstleistern („face-to-face"-Kontakte), eine intensive regionale Verflechtung zwischen Produktionsbetrieben und der Zulieferindustrie („just-in-time“-Anlieferung) usw. Außerdem ist zu berücksichtigen, daß insbesondere größere Unternehmen dazu übergehen, Hierarchiestufen abzubauen, die Fertigungstiefe zu verringern und Funktionen (z. B. Teile der Produktion, Werbung, Rechtsberatung) an selbständige Unternehmen zu verlagern; auch dies beeinflußt die Höhe der Transaktionskosten. Transaktionskosten in einer umfassenden Definition setzen sich zusammen aus Koordinierungskosten innerhalb von Hierarchien (z. B. Unternehmen, Hochschulen, Behörden), aus Kosten der Marktnutzung (z. B. für die Anbahnung, Vereinbarung, Kontrolle und Anpassung von Verträgen) sowie aus Lagerhaltungskosten und Transportkosten (vgl. *O. E. Williamson* 1985; *A. Picot* und *H. Dietl* 1990). Der im Zusammenhang mit der flexiblen Produktion und Spezialisierung vorgenommene Abbau von Hierarchiestufen senkt die Koordinierungskosten innerhalb der Unternehmen. Gleichzeitig erhöht die Auslagerung von Funktionen die Kosten der Marktnutzung und die Transportkosten. Es ist davon auszugehen, daß in aller Regel die unternehmensextern verursachten und entfernungsabhängigen Transaktionskosten niedriger ausfallen, wenn die Zulieferbetriebe und die unternehmensorientierten Dienstleister in „räumlicher Nähe“ angesiedelt sind.

Wie bereits dargelegt, kann im Internet-Zeitalter explizites Wissen, das kodifiziert und dokumentiert in Publikationen, Blaupausen und Datenbanken vorliegt, weltweit erworben werden. Durch die räumliche Ballung und Integration von Innovationsakteuren läßt sich zusätzliches Wissen mobilisieren. „Räumliche Nähe“ fördert nach dieser Argumentation die Innovations- und Wachstumsdynamik. In der Frühphase von Innovationsprozessen ist ein Teil des Wissens noch nicht dokumentiert, sondern nur „in den Köpfen“ der Akteure vorhanden (implizites Wissen, „tacit knowledge“). Dieses lokal entstandene neue Wissen läßt sich über regionale Netzwerke durch interpersonellen Austausch übertragen. Durch die räumliche Ballung unterschiedlicher Akteure können positive externe Effekte entstehen, die im Innovationsbereich als Wissensspillover bezeichnet werden. Innovierende Unternehmen erhalten von anderen forschenden Unternehmen oder öffentlichen Forschungseinrichtungen der Region technologisches Wissen, ohne sich an den Kosten zu beteiligen, die für die Generierung des Wissens entstehen. Selbst das Wissen „liefernde" Unternehmen kann von der zunächst unentgeltlichen Übertragung profitieren, wenn der Prozess in ein regionales Netzwerk eingebunden ist und es von den initiierten Lernprozessen profitiert. Im Sinne einer pareto-optimalen Situation kann von einer Aufwertung des regionalen Innovationszentrums durch positive Rückkopplungseffekte gesprochen werden. Positive Effekte können aber nur dann entstehen, wenn das Wissen „empfangende" Unternehmen in der Lage ist, dieses Wissen zu verwerten und durch eigene Beiträge weiterzuentwickeln. Bei der Förderung dieser absorptiven Kapazität spielen die Hochschulen und die Politik eine wichtige Rolle. (Vgl. *D. Läpple* 1989; *Ch. Sabel* 1989; *E. v. Einem et. al.* 1994; *L. Schätzl* 2000b).

Nach heute vorherrschender Meinung sind Globalisierung und Regionalisierung zwei Seiten derselben Medaille. In globalen Netzwerken entstehen durch die räumliche Agglomeration von Innovationsakteuren regionale Kompetenzzentren. Diese Zentren stehen allerdings in einem globalen Qualitätswettbewerb (vgl. Kapitel 2.4.3.6).

Als Ergebnis der wissenschaftlichen Auseinandersetzung um die regionalwirtschaftlichen Implikationen des Paradigmenwechsels zur flexiblen Produktion und zur Wissensgesellschaft entstand eine Reihe von konkreten Erklärungsansätzen. Im folgenden werden in der gebotenen Kürze fünf theoretische Konzepte vorgestellt, die sich mit der Entstehung und Wirkungsweise dynamischer, kreativer Regionen befassen; das sind die Konzepte: „langfristige industrielle Wachstumspfade", „Industriedistrikte", „innovative regionale Milieus und Netzwerke", „lernende Regionen" und „regionale Kompetenzzentren". Bei diesen theoretischen Beiträgen handelt es sich um eklektische Erklärungsansätze von dynamischen, kreativen Regionen. Sie greifen zunächst auf altbekannte Theorien und Hypothesen der Wirtschafts- und Regionalwissenschaften zurück, z. B. auf stufentheoretische Argumentationen aus dem 19. Jahrhundert, auf Agglomerationseffekte, insbesondere „localization economies" (*A. Weber* 1909, *A. Marshall* 1890 und 1919, *B. G. Ohlin* 1933, *E. M. Hoover jr.* 1937), auf den Transaktionskostenansatz (*R. H. Coase* 1937), auf die Komplementäreffekte von Investitionen (*A. O. Hirschman* 1958). Diese älteren Partialansätze werden dann neu kombiniert, inhaltlich modifiziert und - mit unterschiedlicher Gewichtung - um außerökonomische Einflußfaktoren erweitert.

2.4.3.2 Konzept der „langfristigen industriellen Wachstumspfade“

Das Konzept der „langfristigen industriellen Wachstumspfade“ von *Michael Storper* und *Richard Walker* (1989, S. 70-98) besagt im Kern, daß im Kapitalismus Wachstumsindustrien die Fähigkeit besitzen, das benötigte innovative regionale Umfeld selbst zu schaffen („industries produce regions“). Ihr Modell unterscheidet vier Phasen:

- Phase der Lokalisierung: Neue Wachstumsindustrien siedeln sich außerhalb bestehender Industrieregionen an. Bei ihren Standortentscheidungen besitzen die Wachstumsindustrien eine große Wahlfreiheit („windows of locational opportunity“). Ihre Wachtumsdynamik versetzt sie in die Lage, branchenspezifische Produktionsanforderungen selbst zu realisieren sowie mobile Produktionsfaktoren (z. B. Humankapital) aus anderen Regionen zu absorbieren. Die erste industrielle Standortwahl halten die Autoren in der Regel für ein willkürliches Ereignis.
- Phase der selektiven Clusterung: Im Zuge des Wachstums der neu entstandenen Industrieregionen vollzieht sich ein Prozess der selektiven Clusterung. Im Wettbewerb entwickeln sich wenige der Industrieregionen zu regionalen Wachstumszentren (territorial growth centers), andere hingegen wachsen nur langsam, stagnieren oder schrumpfen. Der eigendynamische Konzentrationsprozeß in den regionalen Wachstumszentren wird durch das Zusammenwirken von internen Ersparnissen, Komplementäreffekten, Lokalisationsvorteilen und Transaktionskosten erklärt. Die regionale Konzentration können zum einen große Unternehmen mit starker vertikaler Integration beschleunigen, indem sie Skalenerträge erzielen und intraregionale Komplementäreffekte bewirken. Aber auch bei vertikaler Desintegration, d. h. der Auslagerung von Unternehmensfunktionen beispielsweise an kleine und mittelgroße Unternehmen, begünstigen Lokalisationsvorteile und erzwingen entfernungsabhängige Transaktionskosten die regionale Ballung der Industrie.

- Dispersionsphase: Im Verlauf des weiteren räumlichen Industrialisierungsprozesses kommt es, ausgehend von den dominierenden Wachstumsregionen, zur Erschließung von „industriellen Wachstumsperipherien“, z. B. durch funktionale Standortspaltung oder durch Zweigwerkgründungen. Dieser regionale Dispersionsprozeß verschärft, nach Ansicht der Autoren, das bestehende Zentrum-Peripherie-Gefälle.
- Phase der Verlagerung der industriellen Wachstumszentren: Wenn als Folge von Produkt-, Prozeß- oder Organisationsinnovationen neue Wachstumsindustrien entstehen, vollzieht sich erneut ein Prozeß der Lokalisierung und selektiven Clusterung und es kommt zur Herausbildung neuer regionaler Wachstumszentren. Die alten Industriezentren verlieren langfristig an Bedeutung. Parallelen zur Argumentation der Theorie regionaler Wachstumszyklen sind offenkundig.

2.4.3.3 Konzept der Industriedistrikte

Der britische Nationalökonom *Alfred Marshall* hatte bereits 1890 in seinem Hauptwerk „Principles of Economics“ die Bedeutung räumlicher Nähe für die industrielle Produktion betont („industrial atmosphere“). Ausgehend von diesem frühen Beitrag, lassen sich nach heutigem Verständnis Industriedistrikte definieren als dynamische, kreative Regionen, in denen Betriebe der gleichen und/oder miteinander verflochtener Branchen räumlich konzentriert auftreten. Die regionale Dynamik und Kreativität wird erklärt mit Lokalisationsvorteilen, flexibler Produktion und Spezialisierung sowie mit außerökonomischen Einflußfaktoren.

- Durch die regionale Konzentration von Betrieben der gleichen oder eng verflochtener Branchen entstehen Lokalisationsvorteile, die zu sinkenden Beschaffungs-, Produktions- und Absatzkosten und/oder zu steigenden Erlösen führen. Lokalisationsvorteile ergeben sich beispielsweise durch die intraregionale Verfügbarkeit spezialisierter Zuliefer- und Vertriebsnetzwerke, durch die Möglichkeit der Nutzung branchenspezifischer Einrichtungen der materiellen, institutionellen und personellen Infrastruktur, durch den Zugang zu einem spezialisierten Arbeitskräftereservoir.

- Die in der Regel kleinen Betriebe in einem Industriedistrikt zeichnen sich durch flexible Produktion und Spezialisierung aus. Charakteristische Merkmale sind der Einsatz modernster Technologie, was eine hohe Produktivität und Flexibiliät sichert, eine Spezialisierung auf wenige Produkte und eine flexible Anpassung der Produktion an die sich rasch wandelnde Nachfrage der Kunden sowie eine hohe zwischenbetriebliche und intraregionale Arbeitsteilung.
- Schließlich sind in einem Industriedistrikt die Betriebe in einem gemeinsamen kulturellen Milieu verwurzelt. Die formalen und informellen Kooperationen aller regionalen Akteure (Unternehmer, Kunden, Forscher, Politiker) basieren auf Vertrauen und beidseitigen Vorteilen und wirken sich positiv auf die Höhe der Transaktionskosten aus. Dieses kulturelle Milieu sichert in Verbindung mit Produktionsflexibilität und Lokalisationsvorteilen, so die Argumentation, interregionale Wettbewerbsfähigkeit und trägt zu einem langfristigen Fortbestand regionaler Identität bei.

Als Beispiel für einen in der Praxis erfolgreichen Industriedistrikt verweist die Literatur immer wieder auf das 3. Italien, insbesondere die Emilia Romagna. (Vgl. *S. Brusco* 1986; *F. Pyke, G. Becattini* und *W. Sengenberger* 1990; *N. Hansen* 1992; *R. Sternberg* 1998). Eine kritische Bewertung des Ansatzes erfolgte durch *H. Bathelt* (1998).

2.4.3.4 Konzept der innovativen regionalen Milieus und Netzwerke

Das Konzept der innovativen regionalen Milieus und Netzwerke entwickelt und propagiert seit Mitte der 1980er Jahre vornehmlich GREMI (Groupe de Recherche Européen sur les Milieux Innovateurs). Während *Storper* und *Walker* annehmen, daß Wachstumsindustrien in der Lage sind, ihr innovatives regionales Umfeld selbst zu „produzieren“, sieht GREMI in der Existenz eines innovativen Milieus eine wichtige Voraussetzung für Entstehung und Wachstum innovativer Unternehmen sowie für die Dynamik kreativer Regionen. *D. Maillat* und *B. Lecoq* (1992, S. 1) definieren ein innovatives Milieu als ein komplexes territoriales System von formalen und informellen Netzwerken, die wechselseitige wirtschaftliche und technologische Abhängigkeiten aufweisen und fähig sind, synergetische und innovative Prozesse zu initiieren. Konstitutive Merkmale eines innovativen Milieus sind:

- Formale und informelle Netzwerke; Formale, informelle und soziale Kontakte zwischen vielen regionalen Akteuren (Unternehmen, Arbeitskräften, Kunden, Institutionen) ermöglichen vernetztes Handeln, fördern kollektives Lernen und verringern Unsicherheiten während des technologischen Wandels. Die Folge können neue Problemlösungen, Synergieeffekte, aber auch geringere Transaktionskosten sein.
- Regionale Abgegrenztheit der Netzwerke: Als entscheidend für die Innovationsdynamik wird die räumliche Nähe der Akteure angesehen. Die im Ansatz des innovativen Milieus wichtigen „face-to-face"-Kontakte, die Mobilisierung des intraregionalen Humankapitals, die vertrauensvolle Kooperation zwischen zumeist kleinen und mittleren Unternehmen, flexible Lieferverflechtungen, eine innovationsorientierte Zusammenarbeit von Wirtschaft und Politik usw. erfordern regionale Netzwerke.
- Identifikation der Akteure mit „ihrer" Region: Aufgrund gemeinsamer kultureller Werte besteht ein regionales Gemeinschaftsgefühl. Dieses „Milieu-Bewußtsein" vertieft nach innen die auf Vertrauen und Reziprozität beruhende Zusammenarbeit der regionalen Akteure und stärkt nach außen das Image der Region. (Vgl. *P. Aydalot* 1986; *M. Fromhold-Eisebith* 1995; *R. Sternberg* 1998).

2.4.3.5 Konzept der lernenden Regionen

Der wissensbasierte Ansatz der lernenden Regionen hebt die Bedeutung von Lernprozessen für die Wissensentstehung und die Regionalentwicklung hervor. Ganz allgemein führt Lernen zur Aneignung von Wissen. Durch die Anwendung des gelernten Wissens wird neues Wissen erzeugt und der Wissensstock erweitert. Dieser Zusammenhang von Lernen und Wissensgenerierung spielt auch eine wichtige Rolle in neueren Konzepten von lernenden Volkswirtschaften („learning economies") und lernenden Institutionen bzw. Organisationen. In lernenden Regionen entstehen durch die räumliche (örtliche) Bindung des Wissens kontinuierliche Lernprozesse zwischen den regionalen Akteuren, die - abhängig von der Art und Geschwindigkeit der intraregionalen Wissensdiffusion - die regionale Wissensbasis permanent erhöhen und verändern (vgl. *K. Koschatzky* 2000).

In der Literatur werden in der Regel drei Lernformen unterschieden: learning by doing, learning by using und learning by interacting.

- Learning by doing bezeichnet Lernprozesse, die im Verlauf des Produktionsprozesses entstehen. Erfahrungen während der Produktion können Verbesserungen des Produktionsprozesses nach sich ziehen.
- Learning by using benennt Lernprozesse, die durch Produktnutzung stattfinden. Die im Verlauf der Nutzung (z. B. eines Kapitalguts) gewonnenen Erfahrungen in Verbindung mit eigenen FuE-Aktivitäten können Produktverbesserungen bewirken. Durch learning by doing und learning by using entstehen somit inkrementale Innovationen.
- Learning by interacting erfaßt Lernprozesse, die sich durch die Kooperation zwischen Produzenten und Nutzern ergeben. Durch die Zusammenarbeit erhält der Produzent Kenntnis über die Kundenwünsche und der Nutzer Informationen über neue Produkte. Kooperationen im Innovationsprozeß können zur Reduktion von Unsicherheit und zur Verringerung der Transaktionskosten beitragen. Dies setzt Vertrauen der Partner und gegenseitig akzeptierte Verhaltensregeln voraus (vgl. *B.-Å. Lundvall* 1988).

Der Erfolg lernender Regionen hängt ab von den bestehenden Rahmenbedingungen und der Fähigkeit und Bereitschaft der regionalen Akteure, Lernprozesse zu organisieren. Alle Einrichtungen und Maßnahmen, die die Entstehung und den Austausch von Wissen ermöglichen, fördern grundsätzlich auch Lernprozesse, beispielsweise eine moderne Informations- und Kommunikationstechnologie, kreative Innovationsakteure, eine leistungsfähige Wissenschaftsinfrastruktur, eine innovationsorientierte Politik. Ausführlicher wird dieser Zusammenhang im nachfolgenden Kapitel behandelt.

2.4.3.6 Konzept der regionalen Kompetenzzentren

Eng verwandt mit dem Ansatz der lernenden Regionen ist das wissensbasierte Konzept der regionalen Kompetenzzentren. Es betont als Konsequenz des zunehmenden globalen Wettbewerbs der Wirtschaft die Notwendigkeit der räumlichen Ballung von Innovationsakteuren. Im folgenden werden erstens die Bedeutung regionaler Kompetenzzentren in einer globalen Wirtschaft thematisiert und zweitens aus den theoretischen Erkenntnissen mögliche wirtschafts-, technologie- und regionalpolitische Handlungsempfehlungen abgeleitet (vgl. *L. Schätzl* 2000b).

Durch die regionale Agglomeration von Innovationsakteuren entstehen in weltweiten Netzwerken als räumliche Schnittstellen der Globalisierung regionale Kompetenzzentren. Unverzichtbare Bausteine dieser Zentren sind Hochschulen mit natur-, ingenieur- und wirtschaftswissenschaftlicher Ausrichtung sowie FuE-intensive Unternehmen, beide in ausreichender Konzentration („critical mass") und mit internationaler Kompetenz. Kennzeichnend für Kompetenzzentren ist, daß es den Akteuren gelingt, über vernetzte Wertschöpfungsketten neue Produkte, neue Produktionsprozesse und neue Organisationsformen zu generieren, am Markt durchzusetzen und ihre internationale Wettbewerbsfähigkeit langfristig zu sichern. Nur dort, wo neues Wissen durch die Zusammenarbeit unterschiedlicher Akteure entsteht, erhöht sich das FuE-Potential und die regionale Wettbewerbsfähigkeit.

Regionale Kompetenzzentren können auf sehr unterschiedliche Weise entstehen. Die Initialzündung kann von Hochschulen, von Unternehmen oder von der Politik ausgehen. *Technopolis* (1998) unterscheidet drei Typen: science-led, industry-led und policy-led Zentren. Zum ersten Typ gehören beispielsweise das Silicon Valley, die Route 128 bei Boston sowie Cambridge. Die entscheidenden Innovationsimpulse gingen hier von Spitzenuniversitäten aus (Stanford, Harvard, MIT, Cambridge University). Beim zweiten Typ bilden in der Regel FuE-intensive Großunternehmen den innovativen Kern; die Industrieforschung wird allerdings in enger Kooperation mit der Hochschulforschung betrieben. Beim dritten Typ ist es die Politik, die eine Kooperation zwischen Unternehmen sowie staatlichen und privaten Forschungseinrichtungen initiiert und fördert; Beispiele sind Silicon Glen in Schottland sowie die Science Parks Kanagawa in Japan und Hsinchu in Taiwan. Wie diese Beispiele zeigen, bestehen zwischen den regionalen Kompetenzzentren Unterschiede hinsichtlich ihrer Größe, ihrer industriellen Spezialisierung und ihrem technologischen Niveau.

Regionale Kompetenzzentren befinden sich in einem Qualitätswettbewerb. Bei diesem globalen Wettbewerb gewinnen die Qualität intraregionaler Netzwerke, die Existenz eines innovativen regionalen Milieus und die Fähigkeit und Bereitschaft der regionalen Akteure zum Strukturwandel wachsende Bedeutung als Standortfaktoren. Diese Faktoren können dazu beitragen, regionales Innovationspotential zu mobilisieren und Transaktionskosten zu verringern. Intraregionale Netzwerke zwischen Innovationsakteuren (Unternehmen, Forschern, Kunden, Behörden) ermöglichen vernetztes Handeln, fördern kollektives Lernen und verringern Unsicherheiten während des technologischen Wandels. Vor allem in der Frühphase des Innovationsprozesses sind informelle Kontakte zwischen großen FuE-intensiven Unternehmen und Hochschulen entscheidend für den Wissensaustausch. Informelle Netzwerke bieten aber auch kleinen Unternehmen die Möglichkeit, sich vor Ort neues technisches Wissen zu erschließen. Ein innovatives Milieu trägt dazu bei, die auf Vertrauen und Reziprozität beruhende Zusammenarbeit der regionalen Akteure zu vertiefen.

Regionale Kompetenzzentren durchlaufen Wachstumszyklen. Die Wachstumsdynamik hält so lange an, wie es gelingt, permanent fortschrittliche Produktionsstrukturen durchzusetzen. Vermindert sich die Fähigkeit und Bereitschaft zum kontinuierlichen Umstrukturierungsprozeß, kommt es zur Stagnation und langfristig zur Schrumpfung der regionalen Wirtschaft. Während es alternden Zentren in Industrieländern oft an Erneuerungskraft fehlt, gelingt es einer Reihe von Entwicklungs- und Schwellenländern, regionale Kompetenzzentren zu entwickeln. Exemplarisch soll am Beispiel der Wachstumsregion Südostasien der Frage nachgegangen werden, welche Bedingungen die Wachstumsdynamik der Wirtschaft und die Entstehung von regionalen Kompetenzzentren begünstigen.

Wie im Band Wirtschaftsgeographie 2, Empirie (Kapitel 3.2.3.1) dargestellt, erlangten in der Vergangenheit einige südostasiatische Entwicklungs- und Schwellenländer bei der Produktion „reifer" Industriegüter internationale Wettbewerbsfähigkeit. Südostasien entwickelte sich zu einer dynamischen Wachstumsregion. Ähnlich wie bei den High-Tech Regionen werden auch zur Erklärung des wirtschaftlichen Erfolgs Südostasiens neben ökonomischen Gründen (z. B. niedrige Lohnkosten, exportorientierte Wirtschaftspolitik) ergänzend außerökonomische Einflußfaktoren angeführt. *R. Machetzki* (1994) identifiziert für die Wachstumsökonomien in Südostasien fünf empirisch belegbare soziokulturelle Charakteristika:

- Ein hohes Maß an politisch-staatlicher Gestaltungsfähigkeit. Durch einen eigenständigen Institutionenbau verfügen die Länder über eine von den westlichen Industrieländern abweichende Entwicklungsfähigkeit.
- Die Formation moderner Entwicklungseliten. Die traditionellen Formen der Elitebildung stärken die Fähigkeit, entwicklungsfördernde Politik zu formulieren und durchzusetzen.
- Eine traditionell hohe Lernethik. Dies wirkt sich positiv auf die Humankapitalbildung aus.
- Eine hohe Arbeitsethik. Arbeit wird als „Wert an sich" anerkannt. Das allgemeine Ausgabenverhalten orientiert sich an dem Erwerbseinkommen und nicht an Statusanforderungen.
- Eine hohe Sparethik. Die hohe Sparbereitschaft bildet die Grundlage für die Investitionsdynamik.

Ebenfalls gestützt auf empirische Erfahrungen aus Südostasien erstellte *L. Van Grunsven* (1995) ein in Abb. 2.44 dargestelltes dynamisch-evolutionäres Modell der industriellen Standortwahl von Unternehmen. Das Phasenmodell weist zwei zentrale Aussagen auf.

1. Im Entwicklungsverlauf vollzieht sich eine Verlagerung industrieller Aktivitäten von den Kernregionen der Weltwirtschaft zunächst in die wirtschaftlichen Kernregionen Südostasiens und später in die südostasiatische Peripherie. Zunehmend verlagern transnationale Unternehmen nicht nur die technologieextensive Produktion von Komponenten und Endprodukten, sondern auch die technologieintensive Produktion von Komponenten und

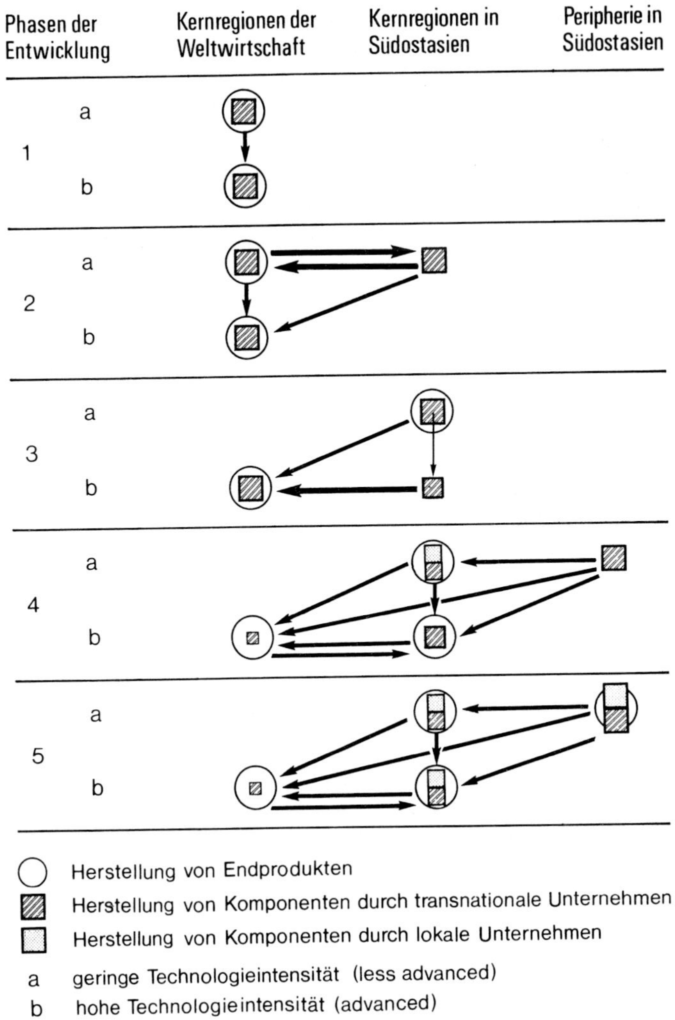

Abb. 2.44 Dynamisch-evolutionäres Modell der industriellen Standortwahl von Unternehmen
Entwurf: nach *L. Van Grunsven* (1995, S. 51)

Endprodukten. Die Theorie der langen Wellen und die Produktzyklus-Hypothese leisten Beiträge zum Verständnis dieses Globalisierungsprozesses der Wirtschaft.

2. Im Entwicklungsverlauf gelingt es den lokalen Unternehmen der wirtschaftlichen Kernregionen Südostasiens, zunächst bei arbeitsintensiv hergestellten Massengütern und später auch bei technologieintensiv hergestellten Gütern internationale Wettbewerbsfähigkeit zu erlangen. Gleichzeitig intensivieren die lokalen Unternehmen (z. B. als Zulieferer oder Lizenznehmer) die Verflechtungsbeziehungen mit den transnationalen Unternehmen. Den Übergang von der arbeits- über die sachkapital- zur humankapitalintensiven Produktion in der Regel „reifer" Industriegüter behandelt Band Wirtschaftsgeographie 3, Politik (Kapitel 4.4.2) am Beispiel von Südkorea. Bislang läßt sich die Industrialisierung Südkoreas als „nachholende Entwicklung" interpretieren. Das vorhandene Potential an technologieorientierten Unternehmen, verbesserte Managementleistungen und erhöhte Forschungs- und Entwicklungsaufwendungen seitens der Industriebetriebe, der Ausbau eines unternehmensorientierten Dienstleistungssektors, hohe öffentliche Investitionen in den Bereichen Forschung und Entwicklung, Ausbildung, Kommunikation sowie politische Reformen verbessern in den wirtschaftlichen Kernregionen Südostasiens die Voraussetzungen für Produktinnovationen und intraregionale Kreativität. Eine hohe gesamtwirtschaftliche Wachstumsdynamik, der Strukturwandel in Richtung auf eine technologieintensive Produktion und die räumliche Konzentration von Innovationsakteuren bildeten die Grundlage für die Entstehung von international wettbewerbsfähigen Kompetenzzentren. Beispiele hierfür sind Singapur/Johor, Penang in Malaysia und der Hsinchu Science Park in Taiwan.

Abschließend ist der Frage nachzugehen, welche wirtschafts-, technologie- und regionalpolitischen Handlungsempfehlungen sich aus dem theoretischen Ansatz der regionalen Kompetenzzentren ableiten lassen. Welche Strategien und Instrumente können Beiträge leisten, um regionale Kompetenzzentren auf- und auszubauen sowie ihre internationale und interregionale Wettbewerbsfähigkeit zu fördern?

Wie dargestellt, ist ein regionales Kompetenzzentrum gekennzeichnet durch eine Agglomeration von Innovationsakteuren mit anerkannter Kompetenz, die in einem intraregionalen Netzwerk kooperieren. Die wichtigsten Akteure sind innovative Unternehmen und leistungsfähige Hochschulen (bzw. außeruniversitäre Forschungseinrichtungen). Bei Unternehmen gelten eigene FuE-Kapazitäten als der entscheidende Bestimmungsfaktor für Innovations- und Wachstumsdynamik. Bei den Hochschulen werden natur-, ingenieur- und wirtschaftswissenschaftlichen Fächern die größte Problemlösungskompetenz zugesprochen. Am günstigsten sind die Voraussetzungen für intraregionale Kooperation, wenn alle Innovationsakteure ein hohes technologisches Niveau besitzen.

Eine auf Innovation, Wachstum und regionale Integration ausgerichtete Technologie-, Wirtschafts- und Regionalpolitik müßte vorrangig die FuE-Kapazitäten in den Unternehmen sowie die Ausbildungs- und Forschungskapazitäten in den Hochschulen stärken. Der Schwerpunkt staatlicher Förderung sollte bei den neuen Technologien, den sog. „Zukunftstechnologien" ansetzen. In der Frühphase des Innovationsprozesses sind in aller Regel die unternehmerischen Risiken am größten. Die Schwierigkeit liegt in der Auswahl der zu fördernden Zukunftstechnologien („picking winners"). Ihr wirtschaftlicher Erfolg ist kaum prognostizierbar; er wird in marktwirtschaftlichen Systemen durch den Wettbewerb entschieden. Regional müßte sich die staatliche Förderung auf Unternehmen und Hochschulen in bereits bestehenden Kompetenzzentren bzw. in Regionen mit dem größten Innovationspotential konzentrieren. Bekanntlich hängt die Attraktivität eines Kompetenzzentrums von der Erreichung einer kritischen Masse an Exzellenz in Wissenschaft und Technologie sowie von der Akkumulation von Human- und Sachkapital seitens der Wirtschaft ab (vgl. *M. Beise; B. Gehrke et al.* 1998).

Eine Politik, die sich den Auf- und Ausbau von regionalen Kompetenzzentren zum Ziel setzt, muß sektoral und regional „Stärken stärken". Dies erfordert einen Paradigmenwechsel von einer strukturerhaltenden und ausgleichsorientierten zu einer innovations- und wachstumsorientierten Politik. Neben der beschriebenen sektoralen und regionalen Konzentration der Fördermaßnahmen sollte der

Staat auf der nationalen und subnationalen Ebene das bestehende institutionelle Regelwerk an die Markterfordernisse einer globalen Wirtschaft flexibel anpassen (vgl. *R. Soltwedel* 1998).

Die Innovationsakteure eines regionalen Kompetenzzentrums sind neben dem regionalen in interregionale und internationale Netzwerke eingebunden. Wissens- und technologieintensive Unternehmen, die global agieren, unterliegen als Folge der Flexibilisierung und Spezialisierung der Produktion, kürzerer Produktzyklen und des exponentiell wachsenden technischen Wissens einem erheblichen Anpassungsdruck. Der Staat kann durch Reformen des institutionellen Regelwerks die Fähigkeit der Unternehmen zum kontinuierlichen Strukturwandel unterstützen. Flexible Unternehmen besitzen in einem flexiblen Umfeld die besten Entwicklungschancen. Elemente einer solchen Politik wären auf der nationalen Ebene die Verringerung und Flexibilisierung der staatlichen Regulierungsdichte (z. B. im Bereich des Arbeitsmarktes, des Steuersystems, der Außenwirtschaft), der Abbau von Hemmnissen bei der Einführung neuer Technologien, die Schaffung eines innovationsfreundlichen „Klimas“. Auf der für regionale Kompetenzzentren wichtigen subnationalen Ebene müßte der öffentliche Sektor eine hochwertige materielle Infrastruktur (z. B. leistungsfähige Datennetze) bereitstellen, regulierende Beschränkungen der Unternehmens- und Hochschulentwicklung abbauen (z. B. Genehmigungsverfahren beschleunigen) sowie anspruchsvolle Schnittstellen zwischen den Innovationsakteuren (Hochschulen, Industriebetriebe, unternehmensorientierte Dienstleister, Institutionen) aufbauen.

Gewinner im globalen Wettbewerb werden jene Regionen sein, denen es gelingt, Innovationspotentiale zu mobilisieren, und deren Hochschulen, Unternehmen, Arbeitnehmer und Regierungen die Bereitschaft und Fähigkeit besitzen, sich den immer schneller verändernden Markterfordernissen flexibel anzupassen. Neben den Gewinnern gibt es im globalen Wettbewerb der Unternehmen und Regionen auch Verlierer. Als Interessenvertreter dieser tatsächlichen oder potentiellen Verlierer empfehlen einige Politiker und Wissenschaftler aus Industrienationen, die globalen Wirtschaftsbeziehungen durch die Schaffung zusätzlicher Regelwerke neu zu ordnen, d. h. den Globalisierungsprozeß an die Erfordernisse der heimischen

Wirtschaft anzupassen. Zum Schutz der nationalen und regionalen Wirtschaft (z. B. von Branchen, die Massengüter herstellen; von Altindustrieregionen) werden mit dem Argument, das Lohn-, Sozial- und Umweltdumping ausländischer Wettbewerber bekämpfen zu müssen, neue handelspolitische Regulierungen gefordert. Bei der Beurteilung dieser Strategie ist zu beachten, daß sich heute die Produktion zunehmend entlang internationaler Wertschöpfungsketten vollzieht und weltweit der intra-industrielle und Intra-Firmen-Handel sowie der Handel mit Vorprodukten, Komponenten und Systemelementen zunimmt. Eine Politik des Protektionismus und der Abkopplung birgt die Gefahr in sich, daß die heimische Wirtschaft nicht nur vom internationalen Kapital - und Wissensstrom abgeschnitten wird, sondern auch mobile Produktionsfaktoren (Kapital, qualifizierte Arbeitskräfte) durch Abwanderung verliert. Protektionismus gefährdet die Zukunftsfähigkeit von Volkswirtschaften und beeinträchtigt die Wettbewerbsfähigkeit regionaler Kompetenzzentren. Gleichwohl ist zur Kenntnis zu nehmen, daß den transnational agierenden Innovationseliten in Wirtschaft und Wissenschaft Akteure gegenüberstehen, deren Lebens- und Arbeitswelt vornehmlich regional und lokal geprägt ist. Neben den am Weltmarkt ausgerichteten Kompetenzzentren existieren Regionen, die sich vornehmlich auf die Produktion von Gütern und Dienstleistungen für den heimischen Markt spezialisieren. Um im globalen Wettbewerb bestehen zu können, ist eine aktive Standortpolitik (u. a. die Stärkung regionaler Kompetenzzentren) unverzichtbar. Erst die internationale Wettbewerbsfähigkeit der Unternehmen und Regionen schafft die Basis für interpersonelle und interregionale Transferleistungen. Zur Realisierung ausgleichsorientierter Anliegen ist die Einführung neuer Transfersysteme (z. B. neuer Formen des interregionalen und internationalen Finanzausgleichs, soziale Sicherungssysteme) notwendig.

Die dynamisch-evolutionären Theorieansätze weisen eine Reihe von Schwächen auf. Die theoretische Argumentation ist zum Teil unpräzise und nicht widerspruchsfrei. Terminologische Unschärfen und fehlende Operationalisierbarkeit erschweren eine empirische Überprüfung. Nur unzureichend ist es bislang gelungen, die regionalen Konzepte mit den Herausforderungen einer globalen Wirtschaft zu verknüpfen. Abschließend ist darauf hinzuweisen, daß im Rahmen der „New Economic Geography" verstärkt eine Debatte geführt werden muß, inwieweit der Strukturwandel zur flexiblen Produktion und Wissensgesellschaft, der zunehmende globale Wettbewerb und die theoretischen Erkenntnisse der neuen Wachstums- und Außenhandelstheorie, der dynamisch-zyklischen und dynamisch-evolutionären Konzepte auch einen Paradigmenwechsel in der Wirtschafts-, Technologie-, Sozial - und Regionalpolitik erforderlich machen. Angesichts der im weltwirtschaftlichen Strukturwandel zunehmenden Relevanz regionalwirtschaftlicher Fragestellungen und wegen der bestehenden Forschungsdefizite empfiehlt *Paul Krugman* (1991b, S. 498) „a revival of research into regional economics and economic geography".

Literaturübersicht: Kapitel 2.4

Als Ergänzung und Vertiefung der in Kapitel 2.4 behandelten theoretischen Ansätze sind folgende Arbeiten zu empfehlen:

Neue Wachstumstheorie und neue Außenhandelstheorie

Frenkel, M.; *Hemmer, H.-R.*, 1999: Grundlagen der Wachstumstheorie. München (Vahlens Handbücher der Wirtschafts- und Sozialwissenschaften).

Krieger-Boden, C., 1995: Die räumliche Dimension in der Wirtschaftstheorie. Ältere und neuere Erklärungsansätze. Kiel: Institut für Volkswirtschaft (=Kieler Sonderpublikationen).

Krugman, P., 1991: Geography and Trade. Leuven, Cambridge/Mass.

Dynamisch-zyklische Ansätze

Hampe, J., 1988: Langfristiger Strukturwandel und regionale Arbeitsmärkte. In: Veröffentlichungen der ARL. Analyse regionaler Arbeitsplatzprobleme. Forschungs- und Sitzungsberichte. 168. Hannover.

Läpple, D., 1987: Zur Diskussion über „Lange Wellen", „Raumzyklen" und gesellschaftliche Restrukturierung. In: Prigge, W. (Hrsg.): Die Materialität des Städtischen. Basel. S. 59-76.

Tichy, G., 1991: The Product-Cycle-Revisited: Some Extensions and Clarifications. In: Zeitschrift für Wirtschafts- und Sozialwissenschaften. 111. S. 27-54.

Dynamisch-evolutionäre Ansätze

Koschatzky, K., 1998: Firm Innovation and Region. The Role of Space in Innovation Processes. In: International Journal of Innovation Management. 2. S. 383-408.

Sternberg, R., 1998: Technologiepolitik und High-Tech Regionen: Ein internationaler Vergleich (2. Aufl.). Münster, Hamburg. Wirtschaftsgeographie. Bd. 7. (Kapitel 3).

LITERATUR

Im folgenden Literaturverzeichnis sind nur Publikationen angeführt, die für die Erstellung vorliegender Arbeit von unmittelbarer Relevanz waren.

Abler, R.; Adams, J. S.: Gould, P., 1971: Spatial Organization. The Geographer's View of the World. London.

Agergard, E.; Olsen, P. A.; Allpass, J., 1970: The Interaction between Retailing and the Urban Centre Structure: A Theory of Spatial Movement. In: Environment and Planning. 2. S. 55-71.

Alonso, W., 1960: A Theory of the Urban Land Market. In: Papers and Proceedings of the Regional Science Association, Cambridge/Mass. 6 (1960), S. 149-157.

– 1964: Location and Land Use. Toward a General Theory of Land Rent. Cambridge/Mass.

Amin, A.; N. Thrift (Hrsg.), 1994: Globalization, Institutions and Regional Development in Europe. Oxford.

Andree, K., 1861-1874: Geographie des Welthandels mit geschichtlichen Erläuterungen. Bd. 1, 2. Stuttgart.

Andrews, R. B., 1953: Mechanics of the Urban Economic Base: Historical Development of the Base Concept. In: Land Economics, Madison/Wis. 29 (1953), S. 161-167.

– 1955: Mechanics of the Urban Economics Base: The Concept of Base Ratios. In: Land Economics, Madison/Wis. 31 (1955), S. 47-53.

Armstrong, H.; Taylor, J., 1993: Regional Economics and Policy (2. Aufl.). New York, London.

Aufhauser, E.; Wohlschlägl, H. (Hrsg.), 1997: Aktuelle Strömungen der Wirtschaftsgeographie. Wien.

Aujac, H., 1960: La hiérarchie des industries dans un tableau des échanges interindustriels et ses conséquences dans la mise en oeuvre d'un plan national décentralisé. In: Revue Economique, Paris. 11 (1960), S. 169-238.

Aydalot, P., (Hrsg.), 1986: Milieux Innovateurs en Europe. Paris.

Bade, F.-J., 1979: Die Mobilität von Industriebetrieben. Schriften des Wissenschaftszentrums Berlin. Bd. 6. Königstein/Taunus.

Bahrenberg, G., 1975: Die Ausbreitung von Informationen. Ein Lernspiel zur Simulierung von Diffusionsprozessen in der 8. Klasse. In: Geographische Rundschau. 1975. Beiheft. S. 38-43.

Barlowe, R., 1958: Land Resource Economics: The Political Economy of Rural and Urban Resource Use. Englewood Cliffs.

Bartels, D., 1968: Zur wissenschaftstheoretischen Grundlegung einer Geographie des Menschen. Wiesbaden. Geographische Zeitschrift. Beihefte. Erdkundliches Wissen. 19.

– (Hrsg.) 1970: Wirtschafts- und Sozialgeographie. Köln, Berlin. Neue wissenschaftliche Bibliothek. 35.

– 1980: Wirtschafts- und Sozialgeographie. In: Handwörterbuch der Wirtschaftswissenschaften. Bd. 9. Stuttgart. S. 44-55.

Bathelt, H., 1998: Regionales Wachstum in vernetzten Strukturen: Konzeptioneller Überblick und kritische Bewertung des Phänomens „Drittes Italien". In: Die Erde. 129. S. 247-271.

Behrens, K.Ch., 1971: Allgemeine Standortbestimmungslehre. (2. Aufl.). Köln, Opladen.

Beier, D., 1965: Die Theorie der peripheren Wirtschaft nach Raúl Prebisch und ihre Stellung in der allgemeinen Außenhandelstheorie. Berlin.

Beise, M.; *Gehrke, B. et al.*, 1998: Zur regionalen Konzentration von Innovationspotentialen in Deutschland. Hannover, Mannheim. (Studie im Auftrag des BMBF von NIW und ZEW).

Bender, D., 1984: Außenhandel. In: *Bender,* D. et al. (Hrsg.), Vahlens Kompendium der Wirtschaftstheorie und Wirtschaftspolitik. Bd. I (2. Aufl.). München, S. 409-462.

Bennett, R.; Estall, R., (Hrsg.), 1991: Global Change and Challenge: Geography for the 1990s. London.

Bergeler, R., 1966: Psychologie stereotyper Systeme. Bern.

Berry, B. J. L.; Garrison, W. L., 1958: Recent Development of Central Place Theory. In: Papers and Proceedings of the Regional Science Association, Cambridge/Mass. 4 (1958), S. 107-120.

Berry, B. J. L.; Barnum, H. G.; Tennant, R. J., 1962: Retail Location and Consumer Behaviour. In: Papers and Proceedings of the Regional Science Association. Cambridge/Mass. 9 (1962), S. 65-106.

Bhagwati, J., 1958: Immiserizing Growth: A Geometrical Note. In: Review of Economic Studies. 25. S. 201-205.

Biehl, D.; Hußmann, E.; Rautenberg, K; Snyder, S.; Südmeyer, V., 1975: Bestimmungsgründe des regionalen Entwicklungspotentials: Infrastruktur, Agglomeration und sektorale Wirtschaftsstruktur. Kieler Studien 133. Tübingen.

Bloech, J., 1970: Optimale Industriestandorte. Methoden ihrer Bestimmung. Würzburg, Wien.

Blotevogel, H. H., 1996: Zentrale Orte: Zur Kritik und Krise eines Konzepts in der Regionalforschung und Raumordnungspraxis. In: Informationen zur Raumentwicklung. H. 10. S. 617-629.

BMBF, 1999: Zur technologischen Leistungsfähigkeit Deutschlands. Zusammenfassender Endbericht 1998. Bonn. (Gutachten vorgelegt durch ZEW, NIW et al.).

Bobek, H., 1959: Die Hauptstufen der Gesellschafts- und Wirtschaftsentfaltung in geographischer Sicht. In: Die Erde, Berlin. 90 (1959), S. 259-298.

Bode, E., 1996: Ursachen regionaler Wachstumsunterschiede: Wachstumstheoretische Erklärungsansätze. Kiel. (Kieler Arbeitspapiere 740).

Bökemann, D., 1967: Das innerstädtische Zentralitätsgefüge dargestellt am Beispiel der Stadt Karlsruhe. Karlsruher Studien zur Regionalwissenschaft 1. Karlsruhe.

– 1982: Theorie der Raumplanung. München.

Böventer, E. v., 1962 a: Theorie des räumlichen Gleichgewichts. Tübingen.

– 1962 b: Die Struktur der Landschaft. Versuch einer Synthese und Weiterentwicklung der Modelle J. H. von Thünens, W. Christallers und A. Löschs. In: Optimales Wachstum und optimale Standortverteilung. Berlin. Schriften des Vereins für Socialpolitik. N. F. 27, S. 77-133.

– 1963: Toward a United Theory of Spatial Economic Structure. In: Papers of the Regional Science Association, Philadelphia/Pa. 10 (1963), S. 163-187.

– 1964 a: Raumwirtschaftstheorie. In: Handwörterbuch der Sozialwissenschaften. Bd. 8, Stuttgart, Tübingen, Göttingen. S. 704-728.

– 1964 b: Spatial Organization Theory as a Basis for Regional Planning. In: Journal of the American Institute of Planners, New York. 30 (1964), S. 90-100.

– 1968: Walter Christallers zentrale Orte und periphere Gebiete. In: Geographische Zeitschrift, Wiesbaden. 56 (1968), S. 102-111.

– 1969: Determinants of the Migration into West Germany Cities, 1956-61, 1961-66. In: Papers of the Regional Science Association. XXIII. S. 53-62.

– 1975: Regional Growth Theory. In: Urban Studies, Edinburgh. 12 (1975), S. 1-29.

– 1979: Standortentscheidung und Raumstruktur. Veröffentlichung der Akademie für Raumforschung und Landesplanung. Abh. Bd. 79, Hannover.

– 1987: Städtische Agglomerationen und regionale Wachstumszyklen: Vertikale und quer verlaufende Wellen. In: *Böventer,* E. v., (Hrsg.):

Stadtentwicklung und Strukturwandel. Schriften des Vereins für Socialpolitik. N.F. 168. Berlin. S. 9-40.

– (Hrsg.), 1989: Regionale Beschäftigung und Technologieentwicklung. Schriften des Vereins für Socialpolitik. N.F. 189. Berlin.

Böventer, E. v.; Hampe, J., 1988: Ökonomische Grundlagen der Stadtplanung. Eine Einführung in die Stadtökonomie. ARL Beiträge 112. Hannover.

Bogue, D. J., 1949: The Structure of the Metropolitan Community: A Study of Dominance and Subdominance. Ann Arbor/Mich.

Bohnet, M. (Hrsg.), 1971 a: Das Nord-Süd-Problem. Konflikte zwischen Industrie- und Entwicklungsländern. München.

– 1971 b: Die Entwicklungstheorien – Ein Überblick. In: Bohnet, M. (Hrsg.): Das Nord-Süd-Problem. Konflikte zwischen Industrie- und Entwicklungsländern. München. S. 49-64.

– 1982: Ökonomische Entwicklungstheorien und Entwicklungspolitik. In: Nohlen, D.; Nuscheler, F. (Hrsg.): Handbuch der Dritten Welt. Bd. 1. Hamburg. S. 292-311.

Bombach, G., 1965: Wirtschaftswachstum. In: Handwörterbuch der Sozialwissenschaften. Bd. 12. Stuttgart, Tübingen, Göttingen. S. 763-801.

Booth, D. E., 1987: Regional Long Waves, uneven Growth, and the Cooperative Alternative. New York.

Borts, G. H.; Stein, J. L., 1964: Economic Growth in a Free Market. New York, London.

Boudeville, J.-R., 1966: Problems of Regional Economic Planning. Edinburgh.

– 1972: Aménagement du territoire et polarisation. Paris.

Brinkmann, Th., 1922: Die Ökonomik des landwirtschaftlichen Betriebs. In: Grundriß der Sozialökonomik. Tübingen. VII. Abt. III. Buch B II.

Bröcker, J., 1994: Die Lehren der neuen Wachstumstheorie für die Raumentwicklung und die Regionalpolitik. In: *Blien, U.; Hermann, H.; Koller, M.* (Hrsg.): Regionalentwicklung und regionale Arbeitsmarktpolitik. Konzepte zur Lösung regionaler Arbeitsmarktprobleme? Nürnberg. S. 29-50. (Beiträge zur Arbeitsmarkt- und Berufsforschung 184).

Brücher, W., 1982: Industriegeographie. Braunschweig. Das Geographische Seminar.

Brusco, S. , 1986: Small Firms and Industrial Districts: the Experience of Italy. In: *Keeble, D.; Wever, E.* (Hrsg.): New Firms and Regional Development in Europe. London. S. 184-202.

Bryson, J.; Henry, N.; Keeble, D.; Martin, R. (Hrsg.), 1999: The Economic Geography Reader. Chichester.

Bücher, K., 1893: Die Entstehung der Volkswirtschaft. Tübingen.

Buttler, F., 1973: Entwicklungspole und räumliches Wirtschaftswachstum. Tübingen.

Buttler, F.; Gerlach, K; Liepmann, P., 1977: Grundlagen der Regionalökonomie. Reinbek bei Hamburg.

Butzin, B., 1986: Zentrum und Peripherie im Wandel. Erscheinungsformen und Determinanten der „Counterurbanization" in Nordeuropa und Kanada. Münstersche Geographische Arbeiten. H. 23. Paderborn.

– 1990: Regionaler Entwicklungszyklus und Strukturwandel im Ruhrgebiet. Ansätze zur strukturellen Erneuerung? In: Zeitschrift für Wirtschaftsgeographie. 34. S. 208-217.

Camagni, R. (Hrsg.), 1991: Innovation Networks: Spatial Perspectives. London, New York.

Cantwell, J., 1995: The globalization of technology: what remains of the product cycle model? In: Cambridge Journal of Economics. 19. S. 155-174.

Capello, R., 1994: Towards new Industrial and Spatial Systems: the Role of new Technologies. In: Papers in Regional Science. 73. S. 189-208.

Chapman, K.; Walker, R., 1988: Industrial Location. Principles and Policies. Oxford.

Chisholm, M., 1966: Geography and Economics. London.

– 1968: Johann Heinrich von Thünen: In: Smith, R. H. T.; Taaffe, E. J.; King, L. J. (Hrsg.), 1968: Readings in Economic Geography. Chicago/III. S. 34-40.

– 1990: Regions in Recession and Resurgence. London.

Chorley, R. J.; Haggett, P. (Hrsg.), 1967: Models in Geography. London.

Christaller, W., 1933: Die zentralen Orte in Süddeutschland. Eine ökonomischgeographische Untersuchung über die Gesetzmäßigkeit der Verbreitung und Entwicklung der Siedlungen mit städtischen Funktionen. Jena. (Reprographischer Nachdruck, Darmstadt 1968).

– 1957: Zur Frage der Standorte für Dienstleistungen. In: Raumforschung und Raumordnung, S. 96-101.

Clark, C., 1940: The Conditions of Economic Progress. London.

Coase, R. H., 1937: The Nature of the Firm. In: Economica N. S. Vol. 4. No. 16. S. 386-405.

Cooper, L., 1968: An Extension of the Generalized Weber Problem. In: Journal of Regional Science, Philadelphia/Pa. 8 (1986), S. 181-197.

Craig, P., 1957: Location Factors in the Development of Steel Centers. In: Papers and Proceedings of the Regional Science Association, Cambridge/Mass. 3 (1957), S. 249-265.
Darwent, D. F., 1969: Growth Poles and Growth Centers in Regional Planning. A Review. In: Environment and Planning, London. I (1969), S. 5-31.
Deiters, J., 1976: Christallers Theorie der Zentralen Orte. In: Engel, J. (Hrsg.), 1976: Von der Erdkunde zur raumwissenschaftlichen Bildung. Bad Heilbrunn/Obb. Theorie und Praxis des Geographieunterrichts. S. 104-115.
Delbeke, J., 1984: Recent Long-Wave Theories. In: Freeman, Ch. (Hrsg.): Long Waves in the World. London. Dover N. H. S. 1-12.
Dicken, P., 1998: Global Shift. Transforming the World Economy. (3. Aufl.). London.
Dicken, P.; Lloyd, P. E., 1999: Standort und Raum. Theoretische Perspektiven in der Wirtschaftsgeographie. Stuttgart.
Domar, E. D., 1946: Capital Expansion, Rate of Growth, and Employment. In: Econometrica, Chicago/lll. 14 (1946), S. 137-147.
Duesenberry, J. S., 1950: Some Aspects of the Theory of Economic Development. In: Explorations in Entrepreneurial History, Richmond/Ind. 3 (1950), S. 63-102.
Duijn, J. J. v., 1983: The Long Wave in Economic Life. London.
– 1984: Fluctuations in Innovations over Time. In: Freeman, Ch. (Hrsg.). 1984: Long Waves in the World. London. Dover N. H. S. 19-30.
Dunn, E. S. jr., 1954: The Location of Agricultural Production. Gainesville.
Earle, C., 1996: The Model of Rational Economic Man and its Alternatives. A Brief for Intermittent Rationality. In: *Earle, C.; Kenzer, M., Mathewson, K.* (Hrsg.): Concepts in Human Geography. Lanham, Md. S. 323-354.
Einem, E. v.; Diller, Ch.; Arnim, G. v.; 1995: Standortwirkungen neuer Technologien. Räumliche Auswirkungen der neuen Produktionstechnologien und der „flexiblen Spezialisierung". Stadtforschung aktuell. Bd. 50.
Eklund, K., 1980: Long Waves in the Development of Capitalism? In: Kyklos. Vol 33. S. 383-419.
Eliot Hurst, M. E., 1974: A Geography of Economic Behavior. An Introduction. London.
Evans, Ph.; *Wurster, Th. S.*, 2000: Web Attack. Strategien für die Internet-Revolution. München, Wien.

Evers, T. T.; Wogau, P. von, 1973: „dependencia“: lateinamerikanische Beiträge zur Theorie der Unterentwicklung. In: Das Argument, Berlin. 79 (1973), S. 404-454.

Fetter, F., 1924: The Economic Law of Market Area. In: Quarterly Journal of Economics, Cambridge/Mass. 38 (1924), S. 520-529.

Fischer, G., 1973: Praxisorientierte Theorie der Regionalforschung. Analyse räumlicher Entwicklungsprozesse als Grundlage einer rationalen Regionalpolitik für die Schweiz. Tübingen.

Fourastié, J., 1954: Die große Hoffnung des zwanzigsten Jahrhunderts. Köln. (Titel der französischen Originalausgabe: Le Grand Espoir du XXe Siècle, Progrès Technique – Progrès Economique – Progrès Social. Paris 1952, 3. Aufl.).

Freeman, Ch. (Hrsg.), 1984: Long Waves in the World. London. Dover N. H.

Frenkel, M.; *Hemmer, H.-R.*, 1999: Grundlagen der Wachstumstheorie. München (Vahlens Handbücher der Wirtschafts- und Sozialwissenschaften).

Frey, R. L., 1969: Infrastruktur und Wirtschaftswachstum. In: Konjunkturpolitik, Berlin. 15 (1969), S. 103-126.

Friedmann, J., 1966: Regional Development Policy: A Case Study of Venezuela. Cambridge/Mass., London.

– 1973 a: Urbanization, Planning and National Development. Beverly Hills/Cal., London.

– 1973 b: A Theory of Polarized Development. In: Friedmann, J., 1973: Urbanization, Planning and National Development. Beverly Hills./Cal., London. S. 41-64.

Friedrich, E., 1907: Allgemeine und spezielle Wirtschaftsgeographie. (2. Aufl.). Leipzig.

Fromhold-Eisebith, M., 1995: Das „kreative Milieu“ als Motor regionalwirtschaftlicher Entwicklung. Forschungstrends und Erfassungsmöglichkeiten. In: Geographische Zeitschrift. 1. S. 30-47.

Fürst, D.; *Klemmer*, P.; *Zimmermann, K.*, 1976: Regionale Wirtschaftspolitik. Tübingen, Düsseldorf.

Gaebe, W.; Maier, J., 1984: Industriegeographie. In: *Gaebe, W.* et al.: Sozial- und Wirtschaftsgeographie 3. München. S. 113-279.

Garrison, W. L.; Marble, D. F., 1957: The Spatial Structure of Agricultural Activities. In: Annals of the Association of American Geographers, Lancaster/Pa. 47 (1957), S. 137-144.

Giersch, H., 1963: Das ökonomische Grundproblem der Regionalpolitik. In: Jahrbuch für Sozialwissenschaft. Bd. 14. S. 386-400.

Giese, E., 1978: Räumliche Diffusion ausländischer Arbeitnehmer in der Bundesrepublik 1960-1976. In: Die Erde. 109. S. 92-110.

Götz, W., 1882: Die Aufgabe der „wirtschaftlichen Geographie" („Handelsgeographie"). In: Zeitschrift der Gesellschaft für Erdkunde zu Berlin, Berlin 17 (1882), S. 354-388.

Gschwind, F.; Henckel, D., 1984: Innovationszyklen der Industrie – Lebenszyklen der Städte. In: Stadtbauwelt 82. S. 992-995.

Güßefeld, J., 1988: Kausalmodelle in Geographie, Ökonomie und Soziologie. Eine Einführung mit Übungen und einem Computerprogramm. Berlin, Heidelberg.

Gutenberg, E., 1958: Grundlagen der Betriebswirtschaftslehre. Bd. I. Die Produktion. (4. Aufl.). Berlin.

Hägerstrand, T., 1966: Aspects of the Spatial Structure of Social Communication and the Diffusion of Information. In: Papers of the Regional Science Association. 16. 1966. S. 27-42. (Deutsche Übersetzung in: *Bartels, D.* (Hrsg.), 1970: Wirtschafts- und Sozialgeographie, S. 367-379).

Häußermann, H.; Siebel, W., 1986: Die Polarisierung der Großstadtentwicklung im Süd-Nord-Gefälle. In: *Friedrichs, J.* et al. (Hrsg.): Süd-Nord-Gefälle in der Bundesrepublik? Sozialwissenschaftliche Analysen. Opladen. S. 70-96.

Haggett, P., 1965: Locational Analysis in Human Geography. London.

– 1991: Geographie. Eine moderne Synthese. (2. Aufl.). New York. UTB Große Reihe.

Hahne, U., 1984: „Endogenes Potential": Stand der Diskussion. In: Endogene Entwicklung. Theoretische Begründung und Strategiediskussion. Arbeitsmaterial, Akademie für Raumforschung und Landesplanung. Nr. 76. Hannover. S. 1-71.

– 1985: Regionalentwicklung durch Aktivierung intraregionaler Potentiale. Zu den Chancen „endogener" Entwicklungsstrategien. Schriften des Instituts für Regionalforschung der Universität Kiel. Bd. 8.

Hahne, U.; Stackelberg, K., 1994: Regionale Entwicklungstheorien. Freiburg. EURES discussion paper 39.

Hall, P., 1966: Von Thünen's Isolated State. Oxford. S. XLV-XLVII. (Englischsprachige Bibliographie über von Thünen).

Hampe, J., 1988: Langfristiger Strukturwandel und regionale Arbeitsmärkte. In: Veröffentlichungen der Akademie für Raumforschung und Landesplanung. Analyse regionaler Arbeitsplatzmarktprobleme. Forschungs- und Sitzungsberichte. 168. Hannover.

Hampe, J.; Koll, R., 1989: Regionale Entwicklung und langfristiger Wandel der Arbeitsteilung: Theoretische Zusammenhänge und empirische

Analyse am Beispiel der langfristigen Entwicklung ausgewählter Sektoren in Bayern. In: Böventer, E. v. (Hrsg.): Regionale Beschäftigung und Technologieentwicklung. Berlin. S. 39-80.

Handwörterbuch der Raumforschung und Raumordnung: Akademie für Raumforschung und Landesplanung (Hrsg.) 1970: Handwörterbuch der Raumforschung und Raumordnung. Bd. 1-3. Hannover 1970.

Handwörterbuch der Sozialwissenschaften: Beckerath, E. von; Brinkmann, C.; et al. (Hrsg.), 1956-1965: Handwörterbuch der Sozialwissenschaften. Bd. 1-12. Stuttgart, Tübingen, Göttingen 1956-1965.

Hansen, N. M., 1967: Development Pole Theory in a Regional Context. In: Kyklos, Basel. 20 (1967), S. 709-727.

– (Hrsg.) 1972: Growth Centers in Regional Economic Development. New York.

– 1992: Competition, Trust, and Reciprocity in the Development of Innovative Regional Milieux. In: Papers in Regional Science. 71. S. 95-105.

Hard, G., 1970: Die „Landschaft" der Sprache und die „Landschaft" der Geographen. Bonn. Colloquium Geographicum. 11.

– 1973: Die Geographie. Eine wissenschaftstheoretische Einführung. Berlin, New York. Sammlung Göschen. 9001.

Harrod, R. F., 1948: Towards a Dynamic Economics. London, New York.

Harvey, D., 1990: The Condition of Postmodernity. Cambridge/Mass., Oxford.

Heckscher, E. F., 1919: The Effect of Foreign Trade on the Distribution of Income (in Schwedisch). In: Ekonomisk Tidskrift. Stockholm-Uppsala. S. 497-512. (Englische Übersetzung in: *Ellis, H. S.; Metzler*, L. A. (Hrsg.), 1950: Readings in the Theory of International Trade. London. S. 272-300).

Heinen, E., 1962: Die Zielfunktion der Unternehmung. In: Koch, H. (Hrsg.) 1962: Zur Theorie der Unternehmung. Festschrift zum 65. Geburtstag von Erich Gutenberg. Wiesbaden. S. 9-71.

Heinritz, G., 1979: Zentralität und zentrale Orte. Stuttgart. Teubner Studienbücher der Geographie.

Hemmer, H.-R., 1977: Außenhandel II: Terms of Trade. In: Handwörterbuch der Wirtschaftswissenschaft (HdWW). 1. S. 388-403.

– 1988: Wirtschaftsprobleme der Entwicklungsländer. Eine Einführung. Vahlens Handbücher der Wirtschafts- und Sozialwissenschaften (2. Aufl.). München.

Henckel, D. et al., 1986: Produktionstechnologien und Raumentwicklung. Stuttgart. Schriften des Deutschen Instituts für Urbanistik.

Hermansen, T., 1972: Development Poles and Related Theories: A Synoptic Review. In: Hansen, N. M. (Hrsg.) 1972: Growth Centers in Regional Economic Development. New York. S. 160-203.

Hesse, H., 1977: Außenhandel I: Determinanten. In: Handwörterbuch der Wirtschaftswissenschaft (HdWW). 1. S. 364-388.

Hettner, A., 1957: Allgemeine Geographie des Menschen. Hrsg. H. Schmitthenner, II. Band Wirtschaftsgeographie, bearbeitet von W. Plewe, Stuttgart.

Heuer, H., 1975: Sozioökonomische Bestimmungsfaktoren der Stadtentwicklung. Stuttgart. Schriften des Deutschen Instituts für Urbanistik. 5.

Hildebrand, B., 1848: Die Nationalökonomie der Gegenwart und Zukunft. Bd. 1. Frankfurt/M.

– 1864: Naturalwirtschaft, Geldwirtschaft und Creditwirtschaft. In: Jahrbücher für Nationalökonomie und Statistik, Jena. 2 (1864), S. 1-24.

Hirsch, S., 1967: Location of Industry and International Competiveness. Oxford.

– 1974: Hypotheses Regarding Trade between Developing and Industrial Countries. In: Giersch, H. (Hrsg.): The International Division of Labour. Tübingen.

Hirschman, A. O., 1958: The Strategy of Economic Development. New Haven/ Conn., London. (Deutsche Übersetzung: Die Strategie der wirtschaftlichen Entwicklung. Stuttgart 1967).

Hoover, E. M. jr., 1937: Location Theory and the Shoe and Leather Industries. Cambridge/Mass., Oxford. Harvard Economic Studies. 55.

– 1948: The Location of Economic Activity. New York, Toronto, London.

Hotelling, H., 1929: Stability in Competition. In: Economic Journal, London, New York. 39 (1929), S. 41-57.

Isard, W., 1956: Location and Space-Economy. A general theory relating to industrial location, market areas, land use, trade and urban structure. New York, London.

– 1960: Methods of Regional Analysis: An Introduction to Regional Science Cambridge/Mass., London.

– 1969: General Theory: Social, Political, Economic, and Regional, with Particular Reference to Decision-Making Analysis. Cambridge/Mass., London.

Isard, W., Reiner, T.A., 1966: Regional Science: Retrospect and Prospect. In: Papers of the Regional Science Association, Philadelphia/Pa. 16 (1966), S. 1-16. (Deutsche Übersetzung: Regionalforschung: Rückschau und Ausblick. In: Bartels, D. (Hrsg.) 1970: Wirtschafts- und Sozialgeographie. Köln, Berlin. Neue wissenschaftiiche Bibliothek. 35. S. 435-450).

Jansen, P. G., 1969: Zur Theorie der Wanderung. In: Zur Theorie der allgemeinen und der regionalen Planung. Bielefeld. S. 150-163.

Jeck, U., 1968: Die Theorie der Domination von François Perroux. Berlin.

Jochimsen, R., 1966: Theorie der Infrastruktur. Grundlagen der marktwirtschaftlichen Entwicklung. Tübingen.

Jochimsen, R.; Gustafsson, K., 1970: Infrastruktur. In: Handwörterbuch der Raumforschung und Raumordnung. (2. Aufl.). Hannover. Sp. 1318-1335.

Johnston, R. J., 1991: A Question of Place. Exploring the Practice of Human Geography. Oxford.

Kaldor, N., 1970: The Case for Regional Policy. In: Scottish Journal of Political Economy, Edinburgh. 17 (1970), S. 337-348.

Keeble, D. E., 1967: Models of Economic Development. In: *Chorley, R J.*; Haggett, P. (Hrsg.), 1967: Models in Geography. London. S. 243-302.

Kellenbenz, H., 1965: Wirtschaftsstufen. In: Handwörterbuch der Sozialwissenschaften. Bd. 12. Stuttgart, Tübingen, Göttingen. S. 260-269.

Kennelly, R. A., 1968: The Location of the Mexican Steel Industry. In: *Smith, R. H. T.; Taaffe, E. G.; King, L. G.* (Hrsg.), 1968: Readings in Economic Geography. Chicago. S. 126-157.

Keynes, J. M., 1936: General Theory of Employment, Interest and Money. London.

Kilper, H.; Rehfeld, D., 1991: Vom Konzept der Agglomerationsvorteile zum Industrial District. Überlegungen zur Bedeutung innerregionaler Verflechtungen und Kooperationsbeziehungen für die Stabilität von Regionen. Gelsenkirchen.

Kindleberger, Ch. P., 1965: Economic Development (2. Aufl.). New York. (1. Aufl. 1958)

Kistenmacher, H., 1970: Basic-Nonbasic-Konzept. In: Handwörterbuch der Raumforschung und Raumordnung. Bd. 1 (2. Aufl.). Hannover. Sp. 149-157

Klages, K. D., 1975: Das regionale Entwicklungsgefälle. Ein Beitrag zur Regionalplanung in Entwicklungsländern. Tübingen, Basel.

Klatt, S., 1959: Zur Theorie der Industrialisierung. Hypothesen über die Bedingungen, Wirkungen und Grenzen eines überwiegend durch technischen Fortschritt bestimmten wirtschaftlichen Wachstums. Köln, Opladen.

Kleinknecht, A., 1987: Innovation Patterns in Crisis and Prosperity. Schumpeter's Long Cycle Reconsidered. London.

Klemmer, P., 1972: Die Theorie der Entwicklungspole – strategisches Konzept für die regionale Wirtschaftspolitik? In: Raumforschung und Raumordnung, Köln, 30 (1972), S. 102-107.

Kline, S. J.; Rosenberg, N., 1986: An Overview of Innovation. In: *Landau, R.; Rosenberg, N.* (Hrsg.): The Positive Sum Strategy. Washington. S. 275-306.

Klöppel, W., 1973: Die Mobilität des privaten Kapitals und ihre Bedeutung für die Regionalpolitik. Münster. Beiträge zum Siedlungs- und Wohnungswesen und zur Raumplanung. Bd. 12.

Knall, B., 1962: Wirtschaftserschließung und Entwicklungsstufen. In: Weltwirtschaftliches Archiv, Hamburg. 88 (1962). S. 184-258.

Knies, K., 1853: Die politische Okonomie vom Standpunkt der geschichtlichen Methode. Braunschweig.

Knox, P.; Agnew, J., 1994: The Geography of the World Economy. An Introduction to Economic Geography. (2. Aufl.). London.

Koch, H. (Hrsg.), 1962: Zur Theorie der Unternehmung. Festschrift zum 65. Geburtstag von Erich Gutenberg. Wiesbadcn.

Körner, H., 1967: Industrielle Entwicklungspole als Instrument der Regionalpolitik in Entwicklungsländern. In: Kyklos, Basel 20 (1967), S. 684-708.

Kohler, W. K., 1988: Faktorproportionen und internationaler Handel. Theorie und empirische Untersuchungen am Beispiel Österreichs. Tübingen.

Koll, R., 1976: Bestimmungsfaktoren regionalen Wachstums: Agglomerations- und Lagevariablen. In: Gesellschaft für Regionalforschung. Trins/Österreich. Seminarberichte. 12, S. 85-107.

Kondratieff; N. D., 1926: Die langen Wellen der Konjunktur. In: Archiv für Sozialwissenschaft und Sozialpolitik. Bd. 56. S. 573-609.

Korallus, L., 1988: Die Lebenszyklustheorie der Unternehmung. Frankfurt am Main. Europäische Hochschulschriften. 918.

Koschatzky, K., 1987: Trendwende im sozioökonomischen Entwicklungsprozeß West Malaysias? Theorie und Realität. Hannover.

– 1998: Firm Innovation and Region. The Role of Space in Innovation Processes. In: International Journal of Innovation Management. 2. S. 383-408.

– 2000: Räumliche Aspekte im Innovationsprozess. Ein Beitrag zur neuen Wirtschaftsgeographie aus Sicht der regionalen Innovationsforschung. Karlsruhe (unveröffentlichte Habilitationsschrift).

Koschatzky, K. (Hrsg.), 1997: Technologieunternehmen im Innovationsprozess. Management, Finanzierung und regionale Netzwerke. Heidelberg.

Kraus, Th., 1933: Der Wirtschaftsraum. Gedanken zu seiner geographischen Erforschung. Köln.

– 1957: Wirtschaftsgeographie als Geographie und als Wirtschaftswissenschaft. In: Die Erde, Berlin. 88 (1957), S. 110-119.

Kraus, W. D., 1970: Die Quantifizierung von Standortfaktoren als Grundlage einer Standortlenkung. (Diss.). Würzburg.

Krieger-Boden, C., 1995: Die räumliche Dimension in der Wirtschaftstheorie. Ältere und neuere Erklärungsansätze. Kiel: Institut für Weltwirtschaft (=Kieler Sonderpublikationen).

Krugman, P., 1991a: Geography and Trade. Leuven, Cambridge/Mass.

– 1991b: Increasing Returns and Economic Geography. In: Journal of Political Economy. 93. S. 483-499.

– 1998: What's new about the new economic geography? Oxford Review of Economic Policy. 14. S. 7-17.

Krugman, P.; *Obstfeld, M.*, 1991: International Economics. Theory and Policy (3. Aufl.). New York.

Kuhn, H. W.; Kuenne, R. E., 1962: An Efficient Algorithm for the Numerical Solution of the Generalized Weber Problem in Space Economics. In: Journal of Regional Science, Philadelphia/Pa. 4 (1962), S. 21-33.

Kulke, E., 1992: Veränderungen in der Standortstruktur des Einzelhandels. Untersucht am Beispiel Niedersachsens. Münster, Hamburg. Wirtschaftsgeographie. Bd. 3.

Läpple, D., 1987: Zur Diskussion über „Lange Wellen", „Raumzyklen" und gesellschaftliche Restrukturierung. In: Prigge, W. (Hrsg.): Die Materialität des Städtischen. Basel. S. 59-76.

– 1989: Neue Technologien in räumlicher Perspektive. In: Informationen zur Raumentwicklung. S. 213-226.

Lammers, K., 1999: Räumliche Wirkungen der Globalisierung in Deutschland. HWWA - Diskussionspapier. 74. Hamburg.

Lange, K., 1970: Regionen. In: Handwörterbuch der Raumforschung und Raumordnung. Bd. 3 (2. Aufl.). Hannover. Sp. 2705-2719.

Lange, S., 1972: Die Verteilung von Geschäftszentren in Verdichtungsräumen – ein Beitrag zur Dynamisierung der Theorie der zentralen Orte. In: Zentralörtliche Funktionen in Verdichtungsräumen. Hannover. Veröffentlichung der Akademie für Raumforschung und Landesplanung. Forschungs- und Sitzungsberichte. 72. S. 7-48.

Lasuén, J. R., 1969: On Growth Poles. In: Urban Studies, Edinburgh. 6 (1969), S. 137-161.

– 1970: Urban Hierarchy Stability and Spatial Polarization. In: Urban Studies, Edinburgh 7 (1970), S. 84-88.

– 1973: Urbanisation and Development – the Temporal Interaction between Geographical and Sectoral Clusters. In: Urban Studies, Edinburgh. 10 (1973), S. 163-188.

Launhardt, W., 1882: Die Bestimmung des zweckmäßigsten Standortes einer gewerblichen Anlage. In: Zeitschrift des Vereins Deutscher Ingenieure, Düsseldorf. 26 (1882), S. 107-116.

Lauschmann, E., 1970: Grundlagen einer Theorie der Regionalpolitik. Hannover.

Lee, E. S., 1972: Eine Theorie der Wanderung. In: *Szell, G.* (Hrsg.): Regionale Mobilität. München. S. 115-129. (Deutsche Übersetzung des Originalbeitrags: A Theory of Migration. In: Demography. 3. 1966/I. S. 47-57.)

Lefeber, L., 1958: Allocation in Space. Amsterdam.

Lindberg, O., 1953: An Economic-Geographical Study of the Localization of the Swedish Paper Industry. In: Geografiska Annaler, Stockholm. 35 (1953), S. 28-40.

Linnemann, H., 1966: An Econometric Study of International Trade Flows. Amsterdam.

List, F., 1841: Das nationale System der politischen Ökonomie. Stuttgart, Tübingen.

Lösch, A., 1944: Die räumliche Ordnung der Wirtschaft (2. Aufl.). Jena.

Lowry, I. S.; 1966: Migration and Metropolitan Growth: Two Analytical Models. San Francisco.

Lütgens, R., 1921: Spezielle Wirtschaftsgeographie auf landschaftskundlicher Grundlage. In: Mitteilungen der Geographischen Gesellschaft in Hamburg, Hamburg. 33 (1921), S. 131-154.

Lütgens, R.; Otremba, E.; Fels, E., 1950-1960: Erde und Weltwirtschaft. Ein Handbuch der Allgemeinen Wirtschaftsgeographie. Bd. 1 bis 5. Stuttgart.

Lundvall, B.-Å., 1988: Innovation as an interactive process: From user-producer interaction to the national system of innovation. In. *Dosi, G. et al.* (Hrsg.): Technical Change and Economic Theory. London. S. 349-369.

Machetzki, R., 1994: Zur Klassifizierung von „Entwicklungspotentialen" asiatischer Länder nach sozio-kulturellen Grundmerkmalen/Variablen. In: Südostasien aktuell. S. 331-333.

Maier, G.; Tödtling, F., 1995: Regional- und Stadtökonomik. Standorttheorie und Raumstruktur. (2. Aufl.). Wien, New York.

Maier, J.; Paesler, R.; Ruppert, K; Schaffer, F., 1977: Sozialgeographie. Braunschweig. Das Geographische Seminar.

Maillat, D.; Lecoq, B., 1992: New Technologies and Transformation of Regional Structures in Europe: The Role of the Milieu. In: Entrepreneurship and Regional Development. 1. S. 1-20.

Malecki, E. J., 1991: Technology and Economic Development. The Dynamics of Local, Regional and National Changes. New York.
Mantel, K., 1961: Der Standort der Forstwirtschaft in der Thünen'schen Theorie: In: Schmollers Jahrbuch für Gesetzgebung, Verwaltung und Volkswirtschaft, Berlin. 81 (1961), S. 299-316.
Marble, D. F.; Anderson, B. M., 1972: Landuse. A Computer Program for Laboratory Use in Economic Geography Courses. Washington/D. C. Association of American Geographers. Commission on College Geography. Technical Paper No. 8.
Markusen, A., 1985: Profit Cycles, Oligopoly and Regional Development. Cambridge.
Marshall, A., 1919: Industry and Trade. London.
– 1927: Principles of Economics. An Introductory Volume. London (8. Aufl.); (1. Aufl. 1890).
Marshall, J. U., 1969: The Location of Service Towns. An Approach to the Analysis of Central Place Systems. Toronto.
Marx, K., 1859: Zur Kritik der politischen Ökonomie. Berlin.
Martin, R.; *Sunley, P.*, 1998: Slow Convergence? The New Endogenous Growth Theory and Regional Development. In: Economic Geography. 74. S. 201-227.
McDaniel, R.; Eliot Hurst, M. E., 1968: A Systems Analytic Approach to Economic Geography. Washington/D. C. Association of American Geographers. Commission on College Geography. Publication No. 8.
McNee, R. B., 1970: Der Wandel der Beziehungen zwischen Wirtschaftswissenschaft und Wirtschaftsgeographie. In: *Bartels, D.* (Hrsg.), 1970: Wirtschafts- und Sozialgeographie. Köln, Berlin. Neue wissenschaftliche Bibliothek. 35, S. 405-417.
Meadows, D., et al., 1972: Die Grenzen des Wachstums. Bericht des Club of Rome zur Lage der Menschheit. Stuttgart.
Mensch, G., 1975: Das technologische Patt. Frankfurt/a.M.
Menschikow, S., 1989: Lange Wellen in der Wirtschaft. Theorie und aktuelle Kontroversen. Frankfurt/a.M. Internationale Marxistische Diskussion. 10.
Meyer, K., 1970: Johann Heinrich von Thünen. In: Handwörterbuch der Raumforschung und Raumordnung. Bd. 3 (2. Aufl.). Hannover. Sp. 3371-3376.
Meyer, W., 1960: Die Theorie der Standortwahl. Berlin.
Meyer-Lindemann, H. U., 1951: Typologie der Theorien des Industriestandorts. Bremen.

Monheim, H., 1972: Zur Attraktivität deutscher Städte. Einflüsse von Ortspräferenzen auf die Standortwahl von Bürobetrieben. München. WGI-Berichte zur Regionalforschung. 8.

Morril, R. L., 1962: Simulation of Central Place Patterns over Time. In: Lund Studies of Geography. Lund. Series B, Nr. 24. 1962, S. 109-120

Muegge, H.; Stöhr, W. B. (Hrsg.), 1987: International Economic Restructuring and the Regional Community. Aldershot.

Mundell, R.A., 1957: International Trade and Factor Mobility. In: American Economic Review. 47. S. 321-335.

Myrdal, G., 1957: Economic Theory and Underdeveloped Regions. London 1957. (Deutsche Übersetzung: Ökonomische Theorie und unterentwickelte Regionen. Frankfurt/M. 1974).

Nijkamp, P. (Hrsg.), 1985: Technological Change, Employment and Spatial Dynamics. Berlin. Lecture Notes in Economics and Mathematical Systems. 270.

North, D. C., 1955: Location Theory and Regional Economic Growth. In: The Journal of Political Economy, Chicago/Ill. 63 (1955), S. 243-258.

Nuhn, H., 1985: Industriegeographie. In: Geographische Rundschau. S. 187-193.

Obst, E., 1926: Die Thünenschen Intensitätskreise und ihre Bedeutung für die Weltgetreidewirtschaft. In: Zeitschrift für Geopolitik, Heidelberg. 3 (1926). (Zitiert nach: *Wirth, E.* [Hrsg.] 1969: Wirtschaftsgeographie. Darmstadt. Wege der Forschung. 219. S. 195-198).

– 1959: Allgemeine Wirtschafts- und Verkehrsgeographie. Berlin. In: *Obst, E.* (Hrsg.) 1959: Lehrbuch der Allgemeinen Geographie. Bd. VII.

Ohlin, B. G., 1931: Die Beziehungen zwischen internationalem Handel und internationalen Bewegungen von Kapital und Arbeit. In: Zeitschrift für Nationalökonomie. 2. S. 161 – 199.

– 1933: Interregional and International Trade. Cambridge/Mass., Oxford. Harvard Economic Studies. 39.

OECD, 1992: Oslo Manual. Paris.

Opp, M. M., 1974: Die räumliche Diffusion des technischen Fortschritts in einer wachsenden Wirtschaft. Baden-Baden. Aachener Studien zur internationalen technischen Zusammenarbeit. Internationale Kooperation. 12.

Osmanovic, A., 2000: „New Economic Geography", Globalisierungsdebatte und Geographie. In: Die Erde. 131. S. 241-257.

Otremba, E., 1960: Allgemeine Agrar- und Industriegeographie. (2. Aufl.). Stuttgart.

– 1966: Gedanken zur gegenwärtigen Lage der Wirtschaftsgeographie anhand einer frühen Arbeit von G. Pfeifer. In: Geographische Zeitschrift, Wiesbaden. 54 (1966), S. 3-12.
– 1969: Der Wirtschaftsraum – seine geographischen Grundlagen und Probleme. (2. Aufl.). Stuttgart.
– 1973: Wirtschaftsgeographie und regionale Wirtschaftspolitik. In: Zehn Jahre Österreichische Gesellschaft für Wirtschaftsraumforschung. Wien. Wiener Geographische Schriften. 40, S. 13-24.
Ott, A. E., 1959: Technischer Fortschritt. In: Handwörterbuch der Sozialwissenschaften. 10. Stuttgart, Tübingen, Göttingen. S. 302-316.
Paelinck, J., 1965: La théorie du développement régional polarisé. In: Cahiers de l'Institut de Science Economique Appliquée. Economie Régionale, Série L, 15. Paris 159 (1965), S. 5-47.
Pedersen, P. O., 1970: Innovation Diffusion within and between National Urban Systems. In: Geographical Analysis. S. 203-254.
Perroux, F., 1964: L'économie du XXème siécle. (2. Aufl.). Paris.
Peschel, K., 1984: Über die Unmöglichkeit endogener regionaler Entwicklung in hochindustrialisierten Volkswirtschaften. In: Jahrbuch für Regionalwissenschaft. 5. S. 29-47.
Peuker, Th., 1966: Eine Erweiterung des Thünen-Modells um Klimafaktoren und technischen Fortschritt. Räumliche Beziehung als wirtschaftsgeographisches Problem. (Diss.). Heidelberg.
Pfouts, R. W. (Hrsg.), 1960: The Techniques of Urban Analysis. West Trenton/ N.J.
Pfouts, R. W.; Curtis, E T., 1958: Limitations of the Economic Base Analysis. In: Social Forces, Chapel Hill/N. C. 36 (1958), S. 304-310. (Nachdruck in *Pfouts, R. W.* [Hrsg.] 1960).
Philippovich, E. v., 1916: Grundriß der Politischen Ökonomie. Bd. 1. Allgemeine Volkswirtschaftslehre. (11. Aufl.). Tübingen. (1. Aufl., Freiburg 1893).
Pick, G., 1922: Mathematischer Anhang. In: *Weber, A.*, 1922: Über den Standort der Industrie. 1. Teil. Reine Theorie des Standorts. (2.Aufl.). Tübingen. S. 225-246.
Picot, A.; Dietl, H., 1990: Transaktionskostentheorie. In: WiSt. Wirtschaftswissenschaftliches Studium. 19. S. 179-184.
Piore, M.; Sabel, Ch., 1984: The Second Industrial Devide. New York.
Porter, M. E., 1993: Nationale Wettbewerbsvorteile. Erfolgreich konkurrieren auf dem Weltmarkt. Wien.
Pottier, P., 1963: Axes de communication et développement économique. In: Revue Economique, Paris. 14 (1963), S. 58-132.

Prebisch, R., 1959: Commercial Policy in the Underdeveloped Countries. In: The American Economic Review. Papers and Proceedings, Menasha/Wis. 49 (1959), S. 251-273.
Pred, A., 1967: Behavoir and Location. Foundations for a Geographic and Dynamic Location Theory. Part 1. Lund Studies in Geography. Series B. 27.
– 1969: Behavior and Location. Foundation for a Geographic and Dynamic Location Theory. Part 2. Lund Studies in Geography Series B. 28.
Predöhl, A., 1925: Das Standortproblem in der Wirtschaftstheorie. In: Weltwirtschaftliches Archiv, Jena. 21 (1925), S. 294-321.
Pyke, F.; *Becattini, G.; Sengenberger, W.* (Hrsg.), 1990: Industrial Districts and Inter-firm Cooperation in Italy. Genf.
Quesnay, F., 1758: Tableau économique avec son explication, où extrait des économies royales des Sully. Versailles.
Ratzel, F., 1882: Anthropogeographie. Bd. 1. Leipzig.
Rauch, Th., 1984: An Accumulation Theory Approach to the Explanation of Regional Disparities in Underdeveloped Countries. In: Geoforum. Vol. 15. Nr. 2. S. 209-229.
Ravenstein, E. G., 1885: The Laws of Migration. In: Journal of the Royal Statistical Society. 48. S. 167-227.
– 1889: The Laws of Migration (Second Paper). In: Journal of the Royal Statistical Society. 52. S. 241-301.
– 1972: Die Gesetze der Wanderung I, II. In: *Széll, G.* (Hrsg.): Regionale Mobilität. München. S. 41-94. (Deutsche Übersetzung der Originalbeiträge).
Ricardo, D., 1817: Principles of Political Economy and Taxation. London, New York.
Richardson, H. W., 1969 a: Regional Economics: Location Theory, Urban Structure and Regional Change. New York.
– 1969 b: Elements of Regional Economics. Harmondsworth.
– 1973: Regional Growth Theory. London.
– 1975: Regional Growth Theory: A Reply to von Böventer. In: Urban Studies, Edinburgh. 12 (1975), S. 31-35.
– 1980: Polarization Reversal in Developing Countries. In: Papers of the Regional Science Association. 45. S. 67-85.
Richthofen, F. v., 1883: Aufgaben und Methoden der heutigen Geographie. Leipzig.
Rittenbruch, K., 1968: Zur Anwendbarkeit der Exportbasiskonzepte im Rahmen von Regionalstudien. Berlin.

Ritter, W., 1998: Allgemeine Wirtschaftsgeographie. Eine systemtheoretisch orientierte Einführung. (3. Aufl.). München.

Rivera-Batiz, L. A.; Romer, P., 1991a: Economic Integration and Endogenous Growth. In: Quarterly Journal of Economics. 106. S. 531-555.

Rivera-Batiz, L. H.; Romer, P., 1991b: International Trade with Endogenous Technological Change. In: European Economic Review. 35. S. 971-1001.

Roman, D. D.; Puett, J. F. jr., 1983: International Business and Technological Innovation. New York. Amsterdam. Oxford.

Romer, P. K., 1990: Endogenous Technological Change. In: Journal of Political Economy. 98. S. 71-102.

Roscher, W., 1849: Uber das Verhältnis der Nationalökonomie zum klassischen Altertum. Leipzig. Berichte der philosophisch-historischen Klasse der sächsischen Gesellschaft der Wissenschaft.

– 1878 a: Ansichten der Volkswirtschaft aus dem geschichtlichen Standpunkt. (3. Aufl.). Leipzig, Heidelberg. (1. Aufl. 1865).

– 1878 b: Studien über die Naturgesetze, welche den zweckmäßigen Standort der Industriezweige bestimmen. In: *Roscher, W.*, 1878: Ansichten der Volkswirtschaft aus dem geschichtlichen Standpunkt. (3. Aufl.). Leipzig, Heidelberg. (1. Aufl. 1865).

Rose, K., 1971: Grundlagen der Wachstumstheorie. Göttingen. UTB 22.

Rose, K.; Sauernheimer, K., 1995: Theorie der Außenwirtschaft. (12. Aufl.). München.

Rostow, W. W., 1960: The Stages of Economic Growth. A Non-Communist Manifesto. Cambridge/Mass.

Rühl, A., 1938: Einführung in die allgemeine Wirtschaftsgeographie. Leiden.

Ruppert, K (Hrsg.), 1973: Agrargeographie. Darmstadt. Wege der Forschung. 171.

Sabel, Ch. F., 1989: The Reemergence of Regional Economics. (WZB-discussion papers FS I 89-3). Berlin.

Schäffle, A., 1867: Das gesellschaftliche System der menschlichen Wirtschaft. Tübingen.

Sautter, H., 1983: Regionalisierung und komparative Vorteile im internationalen Handel. Tübingen.

Schätzl, L., 1973: Räumliche Industrialisierungsprozesse in Nigeria. Gießen. Gießener Geographische Schriften. 31.

– 1974: Zur Konzeption der Wirtschaftsgeographie. In: Die Erde, Berlin. 105 (1974), S. 124-134.

– 1983: Regionale Wachstums- und Entwicklungstheorien. In: Geographische Rundschau. 7. S. 322-327.

– 1992: Economic Geography. In: Ehlers, E. (Hrsg.): 40 Years After: German Geography. Developments, Trends and Prospects 1952-1992. Bonn. S. 173-194.
– 1994: Wirtschaftsgeographie 3, Politik. Paderborn. UTB 1383. (3. Aufl.).
– 2000a: Wirtschaftsgeographie 2, Empirie. Paderborn. UTB 1052. (3. Aufl.).
– 2000b: Steuerbarkeit globaler wirtschaftlicher Prozesse durch räumliche Planung? In: ARL, Urban 21 (Forschungs- und Sitzungsberichte). Hannover. S. 31-39.

Schaffer, F.; Poschwatta, W., 1984: Der Industrie-Standortkatalog als Grundlage kommunaler Gestaltungsmöglichkeiten der Wirtschaftsförderung in ländlichen Räumen, entwickelt am Beispiel des Landkreises Dillingen. Arbeitsmaterialien der Akademie für Raumforschung und Landesplanung. Nr. 71. Hannover.

Schamp, E., 1983: Grundansätze der zeitgenössischen Wirtschaftsgeographie. In: Geographische Rundschau. S. 74-81.

Schilling, A., 1968: Standortfaktorenkatalog für die Industrieansiedlung. Wien. Österreichisches Institut für Raumplanung. 27.

Schilling-Kaletsch, I., 1976: Wachstumspole und Wachstumszentren. Untersuchung zu einer Theorie sektoral und regional polarisierter Entwicklung. Hamburg. Arbeitsberichte und Ergebnisse zur wirtschafts- und sozialgeographischen Regionalforschung. 1.

Schliebe, K., 1982: Industrieansiedlungen. Das Standortwahlverhalten der Industriegebiete in den Jahren 1955-1979. Forschungen zur Raumentwicklung. Bd. 11. Bonn.

Schlüter, O., 1906: Die Ziele der Geographie des Menschen. München, Berlin.

Schmidt, H., 1966: Räumliche Wirkung der Investitionen im Industrialisierungsprozeß. Analyse des regionalen Wirtschaftswachstums. Köln, Opladen.

Schmidt, P. H., 1925: Wirtschaftsforschung und Geographie. Jena.
– 1932: Einführung in die allgemeine Geographie der Wirtschaft. Jena.

Schmölders, G., 1978: Verhaltensforschung im Wirtschaftsleben. Reinbek bei Hamburg.

Schmoller, G., 1884: Das Merkantilsystem in seiner historischen Bedeutung. Leipzig. Jahrbuch für Gesetzgebung, Verwaltung und Volkswirtschaft im Deutschen Reich. N. F. 8.

Schneider, E., 1959: Johann Heinrich von Thünen und die Wirtschaftstheorie der Gegenwart. In: Probleme des räumlichen Gleichgewichts in der Wirtschaftswissenschaft. Berlin. Schriften des Vereins für Socialpolitik. N. F. 14.

Schöller, P. (Hrsg.), 1972: Zentralitätsforschung. Darmstadt.

Schumann, J., 1977: Außenhandel III: Wohlfahrtseffekte. In: Handwörterbuch der Wirtschaftswissenschaften (HdWW). 1. S. 403-426.

Schumpeter, J. A., 1964: Theorie der wirtschaftlichen Entwicklung. (6.Aufl.). Berlin. (1. Aufl. 1911).

– 1939: Business Cycles. 2 Bde. New York. London.

Scott, A., 1988: New Industrial Spaces. Flexible Production Organization and Regional Development in North America and Western Europe. London.

Sedlacek, P., 1994: Wirtschaftsgeographie, Eine Einführung. (2. unveränd. Aufl.). Darmstadt.

Seers, D., 1974: Was heißt „Entwicklung"? In: *Senghaas, D.* (Hrsg.) 1974: Peripherer Kapitalismus, Analysen über Abhängigkeit und Unterentwicklung. Frankfurt/M. S. 39-67.

Senghaas, D. (Hrsg.), 1972: Imperialismus und strukturelle Gewalt. Analysen über abhängige Reproduktion. Frankfurt/M.

– (Hrsg.) 1974: Peripherer Kapitalismus. Analysen über Abhängigkeit und Unterentwicklung. Frankfurt/M.

– 1979: Dissociation and Autocentric Development. An Alternative Development Policy for the Third World. In: Applied Sciences and Development. 14. S. 43-55.

Sieber, H., 1968: Die realen Austauschverhältnisse zwischen Entwicklungsländern und Industriestaaten. Eine Verifizierung der These Prebischs. (Diss.). Tübingen, Zürich.

Siebert, H., 1970 a: Regional Science. In: Handwörterbuch der Raumforschung und Raumordnung. Bd. 3. (2. Aufl.). Hannover. Sp. 2690-2705.

– 1970 b: Regionales Wirtschaftswachstum und interregionale Mobilität. Tübingen.

– 1977 a: Außenhandelstheorie (2. Aufl.). Stuttgart, New York. UTB 212.

– 1977 b: Einführung in die Volkswirtschaftslehre. Teil II. Wirtschaftspolitische Ziele und makroökonomische Theorie. (4. Aufl.). Stuttgart.

– 1993: Internationale Wanderungsbewegungen – Erklärungsansätze und Gestaltungsfragen. In: Schweizerische Zeitschrift für Volkswirtschaft und Statistik. 129. S. 229-255.

– 1995: Internationale Migrationen aus wirtschaftswissenschaftlicher Sicht. In: Geographische Rundschau. 47. S. 405-409.

Smith, A., 1776: An Inquiry into Nature and Causes of the Wealth of Nations. Bd. 1, 2. London.

Smith, D. M., 1966: A Theoretical Framework for Geographical Studies of Industrial Location. In: Economic Geography, Worcester/Mass. 42 (1966), S. 95-113.

– 1981: Industrial Location. An Economic Geographical Analysis. (2. Aufl.). New York.

Soltwedel, R., 1998: Regionale Wirtschaftspolitik bei fortschreitender Globalisierung. Einige ordnungspolitische Überlegungen. Gesellschaft für Regionalentwicklung. Seminarberichte 40. S. 157-169.

Sombart, W., 1907: Der Begriff der Stadt und das Wesen der Städtebildung. Archiv für Sozialwissenschaft und Sozialpolitik, Tübingen. 25 (1907), S. 1-9.

Stavenhagen, G., 1970: Industriestandorttheorien und Raumwirtschaft. In: Handwörterbuch der Raumforschung und Raumordnung. Bd. 2. (2. Aufl.). Hannover. Sp. 1281-1309.

Steiner, M., 1987: Contrasts in Regional Potentials: Some Aspects of Regional Economic Development. In: Papers of the Regional Science Association. 61. S. 79-92.

Stemmler, U., 1991: Ansätze zur stärkeren Einbringung räumlicher Aspekte in die betriebliche Standortplanung. Diss. Frankfurt a. M.

Sternberg, R., 1998: Technologiepolitik und High-Tech Regionen – ein internationaler Vergleich. Münster, Hamburg. Wirtschaftsgeographie. Bd. 7. (2. Aufl.)

– 1995: Die Konzepte der flexiblen Produktion und der Industriedistrikte als Erklärungsansätze der Regionalentwicklung. In: Erdkunde. S. 161-175.

Stewart, J. Q.; Warntz, W., 1958: Physics of Population Distribution. In: Journal of Regional Science. 1. S. 99-123.

Stöhr, W. B., 1981: Development from Below: The Bottom-Up and Periphery-Inward Development Paradigm. In: *Stöhr, W. B.; Taylor, D. R. F.* (Hrsg.): Development from Above or Below? Chichester. S. 39-72.

– 1986: Regional Innovation Complexes. In: Papers of the Regional Science Association. 59. S. 29-44.

Storper, M.; Walker, R., 1989: The Capitalist Imperative. Territory, Technology, and Industrial Growth. New Nork, Oxford.

Stouffer, S. A., 1940: Intervening Opportunities: A Theory Relating Mobility and Distance. In: American Sociological Review. 5. S. 845-867.

– 1960: Intervening Opportunities and Competing Migrants. In: Journal of Regional Science. 2/1. S. 1-26.

Streit, M. E., 1971: Regionalpolitische Aspekte des Wachstumspolkonzepts. In: Jahrbuch für Sozialwissenschaft, Göttingen. 22 (1971), S. 221-234.

Technopolis, 1998: An International Comparative Study on Initiatives to Build, Develop and Support „Kompetenzzentren“. Brighton .

Thomale, E., 1972: Sozialgeographie. Eine disziplingeschichtliche Untersuchung zur Entwicklung der Anthropogeographie. Marburg. Marburger Geographische Schriften. 53.

Thoman, R. S.; Conkling, E. C.; Yeates, M. H., 1968: The Geography of Economic Activity. (2. Aufl.). New York.

Thomas, M. D., 1975: Growth Pole Theory, Technological Change, and Regional Economic Growth. In: Papers of the Regional Science Association. 34. S. 3-25.

Thünen, J. H. von, 1875: Der isolierte Staat in Beziehung auf Landwirtschaft und Nationalökonomie. Berlin. (Erste Auflage des 1. Teils 1826, der ersten Abteilung des 2.Teils 1850, der zweiten Abteilung des 2.Teils und des 3.Teils 1863).

Tichy, G., 1991: The Product-Cycle Revisited: Some Extensions and Clarifications. In: Zeitschrift für Wirtschafts- und Sozialwissenschaften. 111. S. 27-54.

Tiebout, Ch. M., 1956: Exports and Regional Economic Growth. In: The Journal of Political Economy. Chicago/Ill. 64. (1956), S. 160-164.

– 1960: Community Income Multipliers: A Population Growth Model. In: Journal of Regional Science, Philadelphia/Pa. 2 (1960), S. 75-84.

Törnqvist, G., 1962: Transport Costs as a Location Factor for Manufacturing Industry. Lund. Lund Studies in Geography. Series B. 23.

Van Grunsven, L., 1995: Industrial Regionalization and Urban-Regional Transformation in Southeast Asia: The SIJORI Growth Triangle Considered. In: Malaysian Journal of Tropical Geography. 26. S. 47-65.

Vernon, R., 1966: International Investment and International Trade in the Product Cycle. Quarterly Journal of Economics. Vol. 80. S. 190-207.

– 1979: The Product Cycle Hypothesis in a New International Environment. In: Oxford Bulletin of Economics and Statistics. Vol. 41. S. 255-267.

Voigt, F., 1960: Die volkswirtschaftliche Bedeutung des Verkehrssystems. Berlin. Verkehrswissenschaftliche Forschungen. 1.

Voppel, G., 1999: Wirtschaftsgeographie. Stuttgart, Leipzig.

Wagner, H.-G., 1994: Wirtschaftsgeographie. (2. Aufl.). Braunschweig. Das Geographische Seminar.

Waibel, L., 1927: Die Sierra Madre de Chiapas. In: Verhandlungen und wissenschaftliche Abhandlungen des 22. Deutschen Geographentags zu Karlsruhe 1927. (Zitiert nach: *Wirth, E.* [Hrsg.] 1969: Wirtschaftsgeographie. Darmstadt. Wege der Forschung. 219. S. 242-248).

– 1933: Das Thünensche Gesetz und seine Bedeutung für die Landwirtschaftsgeographie. In: Probleme der Landwirtschaftsgeographie. (Zitiert nach: *Rupert, K.* [Hrsg.] 1973: Agrargeographie. Darmstadt. Wege der Forschung. 171. S. 103-147).

Walter, H., 1983: Wachstums- und Entwicklungstheorien. Stuttgart, New York. UTB.

Watkins, M. H., 1963: A Staple Theory of Economic Growth. In: The Canadian Journal of Economics and Political Science, Toronto. 29 (1963), S. 141-158.

Weber, A., 1922: Über den Standort der Industrie. 1. Teil. Reine Theorie des Standorts. (2. Aufl.). Tübingen. (1. Aufl. 1909).

Weigt, E., 1960: Wirtschaftsgeographie, Stand und Entwicklung. In: Erdkunde, Bonn. 14 (1960). (Zitiert nach: *Wirth, E.* [Hrsg.] 1969: Wirtschaftsgeographie. Darmstadt. Wege der Forschung. 219. S. 486-502).

Weinstock, U., 1964: Das Problem der Kondratieff-Zyklen. Ein Beitrag zur Entwicklung einer Theorie der „langen Wellen" und ihrer Bedeutung. Schriftenreihe des IFO-Instituts für Wirtschaftsforschung. Nr. 58. Berlin. München.

Werlen, B., 1995: Sozialgeographie alltäglicher Regionalisierungen. Band 1: Zur Ontologie von Gesellschaft und Raum. Stuttgart.

– 1997: Band 2: Globalisierung, Region und Regionalisierung. Stuttgart.

Westermann Lexikon der Geographie: Tietze, W. (Hrsg.), i. A. d. Georg Westermann Verlages 1968-1970: Westermann Lexikon der Geographie. Bd. 1-4. Braunschweig 1968-1970.

White, R. W., 1974: Sketches of a Dynamic Central Place Theory. In: Economic Geography, Worcester/Mass. 50 (1974), S. 129-227.

Williamson, O. E., 1985: The Economic Institutions of Capitalism. Firms, Markets and Relational Contracting. New York, London.

Wirth, E. (Hrsg.), 1969: Wirtschaftsgeographie. Darmstadt. Wege der Forschung. 219.

– 1979: Theoretische Geographie. Grundzüge einer theoretischen Kulturgeographie. Stuttgart.

Wöhe, G., 1993: Einführung in die allgemeine Betriebswirtschaftslehre. (18. Aufl.). München.

Wulf, J., 1972: Ergebnisse der Wanderungsforschung und ihre Integration in raumwirtschaftliche Modelle. In: Zeitschrift für die gesamte Staatswissenschaft. 128. S. 473-497.

Zipf, G. K., 1946: The P_1P_2/D Hypothesis: On the Intercity Movement of Persons. In: American Sociological Review. 11. S. 577-686.

NAMENREGISTER

SACHREGISTER